高等院校自动化系列规划教材

MCU 与 PLC 系统开发综合实训

王　松　庄育锋　王昭洋　编著

北京邮电大学出版社
www.buptpress.com

内 容 简 介

本书从电气控制基础与继电接触器控制系统原理出发,详细介绍了PLC的产生与特点、PLC的基本组成、PLC的编程语言、PLC的工作方式、PLC的主要技术指标等内容,探讨了PLC系统与控制、无线传感器网络、ZigBee无线传感器网络通信标准,提供了丰富的微控制单元(MCU)与可编程逻辑控制器(PLC)系统仿真实验示例,并结合了微课视频,旨在培养读者解决实际问题的能力。

本书涵盖基础理论与实验原理、实验操作,通过循序渐进的方式引导读者深入学习MCU和PLC系统的相关知识。本书既可作为电气工程、自动化及相关专业的本科生教材,也可供相关领域的技术人员参考。

图书在版编目(CIP)数据

MCU与PLC系统开发综合实训 / 王松,庄育锋,王昭洋编著. -- 北京:北京邮电大学出版社,2025.
ISBN 978-7-5635-7543-5

Ⅰ.TP332

中国国家版本馆CIP数据核字第2025PL5385号

策划编辑:陶 恒	责任编辑:陶 恒 杨玉瑶　责任校对:张会良　封面设计:七星博纳

出版发行:北京邮电大学出版社
社　　址:北京市海淀区西土城路10号
邮政编码:100876
发 行 部:电话:010-62282185　传真:010-62283578
E-mail:publish@bupt.edu.cn
经　　销:各地新华书店
印　　刷:保定市中画美凯印刷有限公司
开　　本:787 mm×1 092 mm　1/16
印　　张:17.25
字　　数:440千字
版　　次:2025年6月第1版
印　　次:2025年6月第1次印刷

ISBN 978-7-5635-7543-5　　　　　　　　　　　　　　定价:49.00元

·如有印装质量问题,请与北京邮电大学出版社发行部联系·

前　　言

现代社会要求制造业能够快速响应市场需求,生产出小批量、多品种、多规格、低成本和高质量的产品。为满足这一要求,生产设备和自动生产线的控制系统必须具有极高的可靠性和灵活性。

可编程逻辑控制器(programmable logic controller,PLC)是专为工业生产设计的一种数字运算操作的电子装置。它采用可编程的存储器,用于存储程序、执行逻辑运算、顺序控制、定时、计数与算术操作等面向用户的指令,并通过数字或模拟输入、输出控制各种类型的机械或生产过程,是工业控制的核心部分。

微控制单元(microcontroller unit,MCU),又称单片机(microcontroller),是嵌入式系统的一个重要分支,随着单片机技术的飞速发展,单片机已广泛应用于工业自动化、测控、家用电器、航空航天、卫星遥感等领域,成为许多设备和仪器的核心部分。单片机是一种集成电路芯片,它采用超大规模集成电路技术将具有数据处理能力的中央处理器(CPU)、随机存储器(RAM)、只读存储器(ROM)、多种I/O接口和中断系统、定时器/计数器等集成到一块硅片上,构成一个小而完善的微型计算机系统。单片机的特点是编程、维护相对复杂,其常用C语言或者汇编语言编程,具有成本较低、I/O接口数量相对有限等特点。

PLC是已经调试成熟且稳定的单片机应用系统产品,具有较强的通用性。单片机可以构成各种各样的应用系统,使用范围很广,但单就"单片机"而言,它只是一种集成电路,还必须与其他元器件及软件构成系统才能应用。PLC应用面广、功能强大、使用方便,已经广泛地应用在各种机械设备和生产过程的自动控制系统中。PLC在其他领域(如民用和家庭自动化方面)也得到了迅速发展。随着PLC的不断发展,其功能不断增强,开放性不断提高,它不但是单机自动化中应用最广的控制设备,在大型工业网络控制系统中也占据不可动摇的地位。PLC应用面之广、普及程度之高,是其他计算机控制设备不可与之相比的。

本书立足培养高技术、高水平人才,严格按照规划教材的要求编写。在内容编排上,本书力求由浅入深、循序渐进,以增强可读性;分散难点,便于理解和学习;结合实例,突出实用性。本书具体内容安排如下。

第1章介绍了电气控制的基础知识及继电接触器控制系统原理,包括常用低压控制电器及其工作原理,如手动控制电器和自动控制电器。此外,第1章还详细讨论了三相异步鼠笼电动机的基本控制方法与应用,如直接启停控制、点动控制、异地控制、正反转控制,以及多台电动机联锁的控制。

第2章对PLC进行了全面介绍,回顾了PLC的发展历程及特点,并详细解释了PLC的基本组成,即PLC包括中央处理单元、存储器、输入单元、输出单元、电源、I/O扩展端口、外设接口等。同时,第2章也介绍了PLC的主要编程语言——梯形图和语句表,并探讨了

PLC 的工作方式和主要技术指标。

第 3 章深入探讨了 PLC 系统的软件安装指南，并介绍了 PLC 系统的基本指令，以及包括连接、插入、删除在内的初级指令和更复杂的中级电路设计；接着讨论了一些特定功能块，如自保持回路、计数器、定时器、特殊辅助继电器等实际运用案例。

第 4 章提供了多个基于 PLC 系统的实验示例，如交通信号灯控制、液体混合控制、自动售货系统、喷泉模拟系统、电梯控制、机械手操作、车床控制等。每个实验示例都详细描述了实验目的、所需设备、接线方式及具体实现步骤。

第 5 章对无线传感器网络（WSN）进行了全面介绍，回顾了 WSN 的发展历程，总结了 WSN 当前的研究现状和发展趋势，重点阐述了 WSN 的特点、体系结构、关键技术，并列举了几种典型短距离无线通信网络技术。

第 6 章对广泛应用的低功耗无线通信（ZigBee）技术做了详细的分析，覆盖了 ZigBee 标准概述、技术特点、协议框架、网络层规范、应用层规范及安全服务规范等方面的信息，使得读者可以全面掌握 ZigBee 技术的核心要素及其在网络组建中的应用。

第 7 章集中讲述了单片机相关的实验项目，从最基础的流水灯实验开始，逐步过渡到更加复杂的功能实现，如 AD 采集、PWM 调光、RFID 射频卡读取、步进电机控制等。第 7 章特别提到了利用 ZigBee 进行无线数据传输的高级实验，还包括了一个有趣的蜂鸣器音乐实验，展示了单片机在音频生成方面的潜力。通过一系列精心设计的实验，本书希望培养读者解决实际问题的能力。

感谢北京邮电大学给予作者将 MCU 与 PLC 系统开发综合实训课开成挑战课的机会，在授课过程中，作者积累了丰富的素材，从而能够通过丰富的实验案例向学生传授知识。感谢胡燕祝、李端玲、韦凌云、黄昔光、魏伟、唐于涛、徐湛、余瑾、姚燕、赵雷雷、丘广晖、宋钢、宋原、曹丹妮等老师和戚永兴、高晓慧工程师对本书提出的宝贵意见，感谢洪昀、靳海灵、郭正志、马逍悦、马欣雨、马雪珊、吴依玲、王艳红、梁子斌、崔占贺、王字榆等同学对本书做出的贡献，感谢 PLC 及实验箱的供应商欧姆龙、中海万隆和单片机的供应商创思通信。此外，本书中某些关于电器元件的视频素材来源于百度百科等网络资源，在此一并表示感谢。

由于作者水平有限，书中难免存在错漏之处，请读者批评指正。

目 录

第1章 电气控制基础与继电接触器控制系统原理 1

1.1 常用低压控制电器及其工作原理 1
   1.1.1 手动控制电器 1
   1.1.2 自动控制电器 4

1.2 三相异步鼠笼电动机的基本控制方法与应用 9
   1.2.1 三相异步鼠笼电动机的直接启停控制 9
   1.2.2 三相异步鼠笼电动机的点动控制 10
   1.2.3 三相异步鼠笼电动机的异地控制 11
   1.2.4 三相异步鼠笼电动机的正反转控制 12
   1.2.5 多台电动机联锁的控制 13

1.3 行程控制 14

1.4 时间控制 15

1.5 阅读控制电路图的基本方法 17

习题 20

第2章 可编程控制器概述 22

2.1 PLC的产生与特点 22
   2.1.1 PLC的产生与发展 22
   2.1.2 PLC的特点 23

2.2 PLC的基本组成 24

2.3 PLC的编程语言 30
   2.3.1 PLC的梯形图编程语言 31
   2.3.2 PLC的语句表编程语言 33

2.4 PLC的工作方式 33
   2.4.1 PLC的循环扫描工作方式 33
   2.4.2 PLC的I/O滞后现象 36

2.5 PLC的主要技术指标 37

习题 38

第 3 章　PLC 系统与控制······39

3.1　软件安装指南······39
3.1.1　软件的安装······39
3.1.2　软件的运行······51
3.1.3　硬件的连接······54
3.1.4　其他常见问题······57

3.2　基本指令······58
3.2.1　加载(LD)······58
3.2.2　与(AND)······63
3.2.3　或(OR)······65
3.2.4　加载位非(LDNOT)······68
3.2.5　与非(ANDNOT)······71
3.2.6　或非(ORNOT)······74

3.3　初级指令······77
3.3.1　线连接······77
3.3.2　程序的插入······82
3.3.3　程序的删除······84

3.4　中级电路······87
3.4.1　自保持回路······87
3.4.2　内部辅助继电器······88
3.4.3　计时器回路(TIM)······93
3.4.4　计时器的应用······96
3.4.5　计数器回路(CNT)······97
3.4.6　特殊辅助继电器······103
3.4.7　联锁(IL)与联锁解除(ILC)······103
3.4.8　跳转(JMP)与跳转结束(JME)······104
3.4.9　保持命令(KEEP)······105
3.4.10　微分命令(DIFU、DIFD)······107

第 4 章　PLC 系统仿真实验······112

4.1　软件仿真基本操作······112
4.2　硬件编程与调试······114
4.2.1　连接电路与电源······114
4.2.2　程序下载与验证······117
4.3　实验设备使用说明······120
4.3.1　实验设备组成及使用方法······120
4.3.2　电源系统介绍······120
4.3.3　输入输出端子区概述······121

4.3.4　实验区域功能解析 ·················· 122
4.4　实验原理 ································ 123
　　4.4.1　十字路口交通信号灯控制实验 ········ 123
　　4.4.2　液体混合控制实验 ·················· 126
　　4.4.3　自动售货系统实验 ·················· 128
　　4.4.4　喷泉模拟系统实验 ·················· 132
　　4.4.5　电梯实验 ·························· 138
　　4.4.6　机械手实验 ························ 142
　　4.4.7　半自动封闭电路模拟实验 ············ 145
　　4.4.8　车床控制实验 ······················ 148
　　4.4.9　冲压机床实验 ······················ 149
　　4.4.10　电机控制实验 ····················· 153
　　4.4.11　水塔水位实验 ····················· 156
　　4.4.12　运料小车实验 ····················· 158
　　4.4.13　装配流水线实验 ··················· 161
　　4.4.14　道岔控制实验 ····················· 165
　　4.4.15　计件实验 ························· 167
　　4.4.16　抢答器实验 ······················· 170
　　4.4.17　四节传送带实验 ··················· 173
　　4.4.18　洗衣实验 ························· 178
　　4.4.19　信号点灯实验 ····················· 180
　　4.4.20　邮件分拣实验 ····················· 182
　　4.4.21　自动洗车实验 ····················· 185

第5章　无线传感器网络 ························ 190

5.1　无线传感器网络概述 ······················ 190
5.2　无线传感器网络的发展历程 ················ 191
5.3　无线传感器网络的研究现状和前景 ·········· 192
5.4　无线传感器网络的特点 ···················· 192
5.5　无线传感器网络的体系结构 ················ 194
5.6　无线传感器网络的关键技术 ················ 196
5.7　无线传感器网络的应用与发展 ·············· 198
5.8　典型短距离无线通信网络技术 ·············· 199
5.9　无线传感器网络的主要研究领域 ············ 201
习题 ··· 203

第6章　ZigBee无线传感器网络通信标准 ········ 205

6.1　ZigBee标准概述 ·························· 205
6.2　ZigBee技术特点 ·························· 206

6.3 ZigBee 协议框架 ………………………………………………………………… 208
6.4 ZigBee 网络层规范 ……………………………………………………………… 209
6.5 ZigBee 应用层规范 ……………………………………………………………… 211
6.6 ZigBee 安全服务规范 …………………………………………………………… 213
习题 ………………………………………………………………………………… 213

第7章 单片机实验 ………………………………………………………………… 214

7.1 基础实验 ………………………………………………………………………… 214
    7.1.1 流水灯实验 ……………………………………………………………… 214
    7.1.2 按键控制流水灯实验 …………………………………………………… 216
    7.1.3 中断控制流水灯实验 …………………………………………………… 217
    7.1.4 查询方式使用定时器实验 ……………………………………………… 218
    7.1.5 串口收发字符串实验 …………………………………………………… 220
    7.1.6 串口发送指令控制LED实验 …………………………………………… 224
    7.1.7 AD采集内部温度串口显示实验 ………………………………………… 225
    7.1.8 睡眠定时器唤醒系统实验 ……………………………………………… 228
    7.1.9 看门狗实验 ……………………………………………………………… 229
    7.1.10 温度传感器实验 ………………………………………………………… 231
    7.1.11 温湿度传感器实验 ……………………………………………………… 234
    7.1.12 MQ-2气体传感器实验 ………………………………………………… 235
    7.1.13 红外传感器实验 ………………………………………………………… 237
    7.1.14 继电器模块实验 ………………………………………………………… 238
    7.1.15 光敏和热敏传感器实验 ………………………………………………… 239
    7.1.16 PWM调光实验 ………………………………………………………… 240
    7.1.17 MQ-2 ADC读模拟量实验 …………………………………………… 241
    7.1.18 ADC做电压表实验 …………………………………………………… 242
    7.1.19 红外对管计数器实验 ………………………………………………… 245
    7.1.20 RFID射频卡实验 ……………………………………………………… 246
    7.1.21 控制步进电机正反转实验 …………………………………………… 249
7.2 进阶实验:无线点灯实验 ……………………………………………………… 250
7.3 高级实验:ZigBee协议栈应用与组网 ………………………………………… 253
    7.3.1 无线收发控制LED实验 ………………………………………………… 253
    7.3.2 协议栈中串口基础实验 ………………………………………………… 256
    7.3.3 广播组网-无线数据传输实验 ………………………………………… 259
7.4 实战实验:ZigBee上位机采集和控制 ………………………………………… 261
7.5 蜂鸣器音乐实验 ………………………………………………………………… 263

参考文献 ……………………………………………………………………………… 267

第 1 章　电气控制基础与继电接触器控制系统原理

在现代化工农业生产中,生产机械的运动部件大多数是由电动机拖动的,人们通过对电动机的自动控制,实现对生产机械的自动控制。由各种有触点的控制电器组成的控制系统,称为继电接触器控制系统[1]。

本章介绍常用的低压控制电器的结构和工作原理,以及由它们组成的控制电路,使读者学会设计常用的控制电路,能熟练掌握继电接触器控制系统[2]。

微课视频 1.0

1.1　常用低压控制电器及其工作原理

低压控制电器的种类繁多,一般可分为手动和自动两类。手动控制电器必须由人工操纵,自动控制电器是随某些电信号(如电压、电流等)或某些物理量(如位移、压力、温度等)的变化而自动动作的。本节介绍部分常用的低压控制电器[3]。

1.1.1　手动控制电器

1. 闸刀开关

闸刀开关是最简单的一种手动控制电器。作为电源的隔离开关,其广泛用于各种配电设备和供电线路中。

闸刀开关按触刀片数可分为单极、双极、三极等,生产的产品型号有单投和双投等系列。

微课视频 1.1.1

图 1.1 为闸刀开关及其符号。

在用闸刀开关分断感性负载电路时,触刀和静触点之间会产生电弧。较大的电弧会灼伤触刀和触点,甚至使电源相间短路而造成火灾。因此,大电流的闸刀开关应设灭弧罩。

闸刀开关应垂直安装在控制板上,静触点应在上方。电源进线要接在静触点上,负载接在可动触刀一侧。这样,当断开触刀时,负载一侧就不会带电。

2. 组合开关

组合开关是一种多触点、多位置式、可以控制多个回路的控制电器。图 1.2 为一种组合开关。

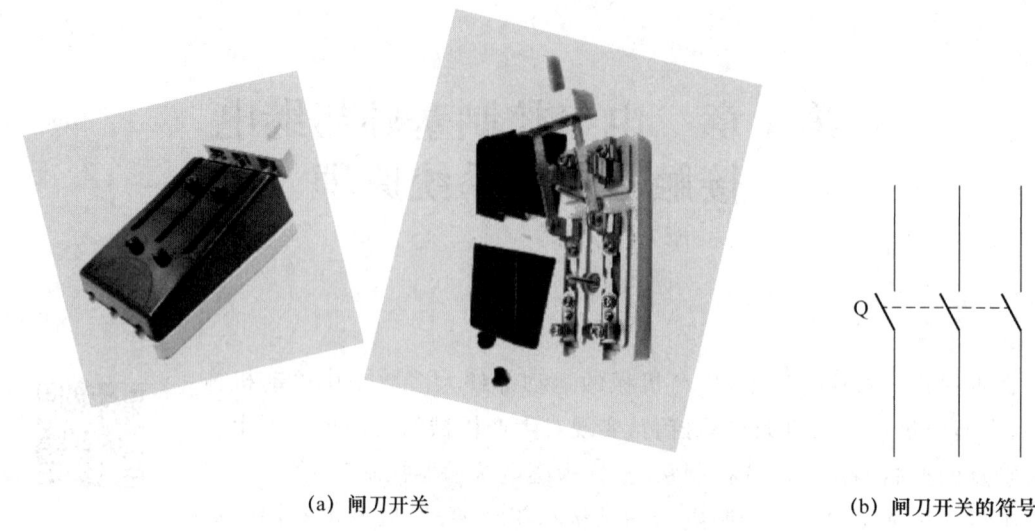

(a) 闸刀开关　　　　　　　　　　　　(b) 闸刀开关的符号

图1.1　闸刀开关及其符号

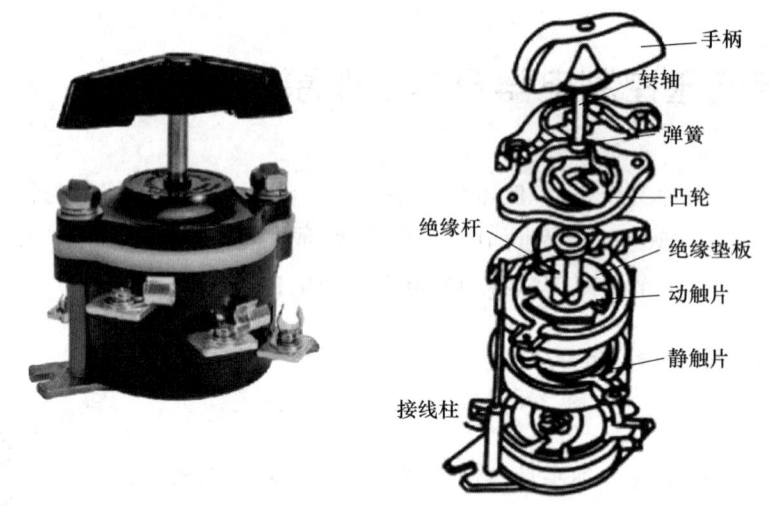

图1.2　组合开关

组合开关有三层绝缘垫板，每层垫板上都有一对铜质静触片和一个铜质动触片。静触片与外部的连接是通过接线端子实现的。各层垫板上的动触片都套在装有手柄的绝缘转轴上。不同层的动触片可以互相错开一个角度安装。在转动手柄时，各动触片均转过相同的角度，使一些动、静触片相互接通，另一些动、静触片被断开。根据实际需要，组合开关的绝缘垫板层数可以增减。常用的组合开关有单极、双极、三极、四极等多种。

图1.3为用组合开关控制三相异步电动机启、停的接线示意图。

在图1.3中，3个圆盘表示绝缘垫板，每层绝缘垫板边缘上的小圆圈表示静触片（图中省略了接线端子），两个静触片分别与电源和电动机相接。每层绝缘垫板中各有一个动触片,它们装在同一个轴(竖直虚线)上。在当前位置时,各动、静触片不相连。当手柄顺时针或逆时针旋转90°时,3个动触片分别与本层静触片相接触,使电动机与电源接通,于是电动机启动并运行。

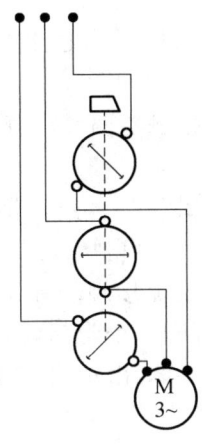

图1.3 组合开关控制电动机的接线示意图

3. 按钮

按钮是广泛使用的主令电器。图1.4为按钮的结构示意图、按钮的外形及按钮的符号。

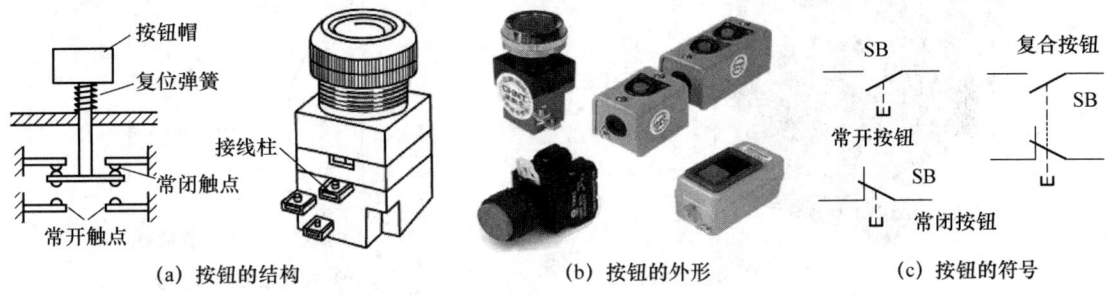

图1.4 按钮的结构示意图、外形及符号

图1.4(a)中有4个铜质静触点(上、下各2个),2对铜质动触点都固定在一个可以上、下移动的铜片上。未按动按钮之前,上面一对静触点与一对动触点接通,称为常闭触点;下面一对静触点与一对动触点断开,称为常开触点。

只具有常闭触点或只具有常开触点的按钮称为单按钮。既有常闭触点,又有常开触点的按钮称为复合按钮,图1.4(a)就属于复合按钮。请注意两种按钮符号的区别。

现就图1.4(a)分析按钮的功能。当按下按钮帽时,上下弹簧均被压缩,动触点与上面的静触点分开(即常闭触点断开)而与下面的静触点接通(即常开触点闭合)。当释放按钮帽时,在弹簧的作用下触点复位,即常开触点恢复断开,常闭触点恢复闭合。各触点的动作顺序为:当按动按钮时,常闭触点先断开,常开触点后闭合;当释放按钮时,常开触点先断开,常闭触点后闭合。了解按钮的这个动作顺序,对分析控制电路的功能非常重要。

1.1.2 自动控制电器

1. 交流接触器

交流接触器常用来接通和断开电动机或其他设备的主电路,是一种失压保护电器。

微课视频 1.1.2

接触器可分为直流接触器和交流接触器两类。直流接触器的线圈使用直流电,交流接触器的线圈使用交流电。

图 1.5 为 CJ20-25 交流接触器及其符号。交流接触器的主要组成部分是电磁铁和触点。电磁铁是由静铁心、动铁心、线圈和支撑弹簧(图中没画出)组成的。触点可以分为主触点和辅助触点两类。例如,CJ20-25 型交流接触器有 3 个常开主触点,4 个辅助触点(图中没画出,动铁心的两侧各安置了一个常开和一个常闭触点)。交流接触器的主、辅助触点通过绝缘支架(图中没画出)与动铁心连成一体,由动铁心带动各触点一起动作。

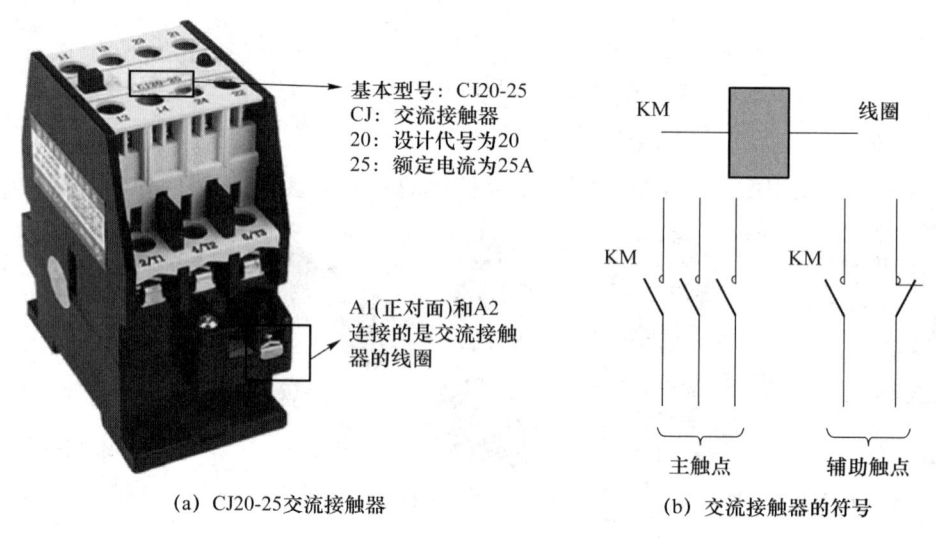

(a) CJ20-25 交流接触器　　(b) 交流接触器的符号

图 1.5　CJ20-25 交流接触器及其符号

对于如图 1.5(a)所示的交流接触器,当线圈通电时,动铁心被吸合下落(支撑弹簧被压缩),带动常开的主、辅助触点均闭合,常闭的辅助触点均断开。当线圈欠电压或失去电压时,动铁心在支撑弹簧的作用下迅速弹起,带动主、辅助触点均恢复常态。

主触点能通过大电流,一般接在主电路中。辅助触点承受的电流较小,一般接在控制电路中。主触点流过负载的电流。当主触点断开感性负载电路时,触点间将产生电弧,易烧坏触点或引起电源短路,所以 10 A 以上的交流接触器都配有灭弧罩。一般主触点都做成有两个断点的桥式形状,如图 1.5(a)所示,以降低接触器断电时加在主触点上的电压,使电弧快速熄灭。

选用接触器时,应该注意主触点的额定电流,线圈电压的大小、种类,触点数量等。

2. 中间继电器

中间继电器具有记忆、传递、转换信息等控制功能。它主要用在控制电路中,也可用来直接控制小容量电动机或其他电器。

中间继电器的结构与交流接触器基本相同,只是其电磁机构尺寸较小、结构紧凑、触点数量较多。由于触点通过的电流较小,所以中间继电器一般不配灭弧罩。

选用中间继电器时,主要考虑线圈电压种类及触点数量。在选择接触器和中间继电器时,务必注意其线圈电源的种类以及线圈额定电压值的大小。例如,额定值为 220 V 的交流接触器线圈误接入 380 V 的交流电源中,或额定值为 220 V 的交流接触器线圈误接入 220 V 的直流电源中,都会立即烧坏电器。

3. 热继电器

热继电器主要用来对电器设备进行过载保护,使之免受长期过载电流的危害。

热继电器的主要组成部分是发热元件、双金属片、执行机构、整定装置和触点。图 1.6 为热继电器及其符号。

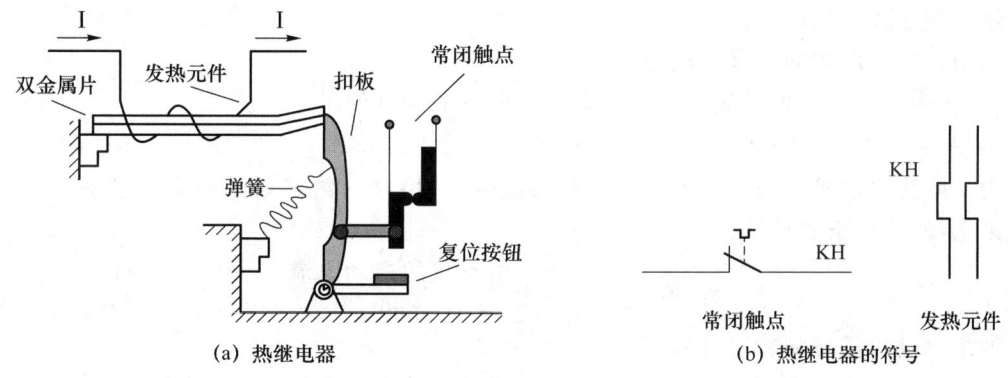

图 1.6 热继电器及其符号

发热元件是电阻不太大的电阻丝,它接在主电路中,流过负载的电流。双金属片是由两种膨胀系数不同的金属片压制成型的,热元件绕在双金属片上(两者相互绝缘)。

热继电器的过载保护原理是:当主电路过载一段时间后,热元件发热导致双金属片膨胀而向上弯曲(设双金属片的下片膨胀系数大),使双金属片与扣板脱离;扣板上端在弹簧拉力的作用下向左移动,使常闭触点断开,切断了接触器线圈的电路(在控制电路中,常闭触点与接触器的线圈串联);主电路中由于接触器的主触点断开而使负载断电,从而实现了过载保护。断电后,双金属片冷却,恢复常态,此时按下复位按钮可使常闭触点复位。

热继电器是利用热效应原理工作的。由于热惯性,当电动机启动和短时过载时,热继电器是不会动作的,这就避免了不必要的停机。由于发生短路时,热继电器不能立即动作,所以热继电器不能用作短路保护电器。

热继电器的主要技术数据是整定电流。所谓整定电流,是指当热元件中通过的电流超过此值的 20% 时,热继电器应在 20 min 内动作。每种型号的热继电器的整定电流都有一定范围。例如,JR0-40 型的整定电流为 0.6~40 A,热元件有 9 种规格。一般按整定电流与电动机的额定电流基本一致的原则选用热继电器。使用时,通过整定装置进行整定。

4. 熔断器

熔断器是有效的短路保护电器。熔断器中的熔体是由电阻率较高的易熔合金制作的。当线路中发生短路时,熔断器会立即熔断。故障排除后,更换熔体即可。

图 1.7(a)~图 1.7(c)为常见熔断器,图 1.7(d)是熔断器的符号。其中,图 1.7(a)是管

式熔断器,图 1.7(b)是瓷插式熔断器,图 1.7(c)是螺旋式熔断器。

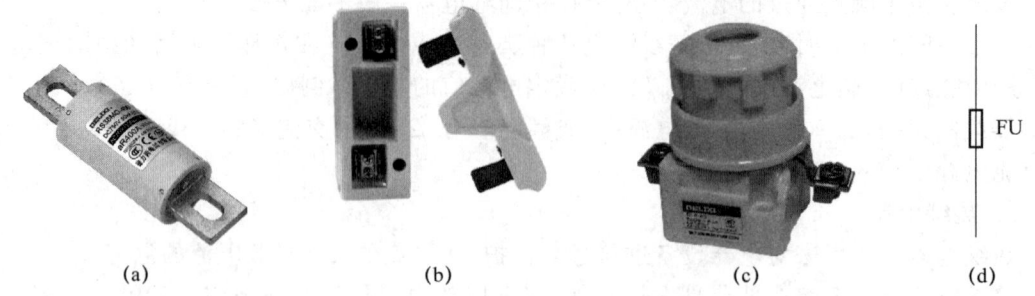

图 1.7 常见熔断器及其符号

熔体的选择方法如下:

照明灯支线熔丝的选择方法为

熔丝额定电流≥支线上所有照明灯的工作电流

① 一台电动机的熔丝

为了防止电动机启动时电流较大而将熔丝烧断,熔丝的额定电流不能按电动机的额定电流来选择,应按下式计算:

$$熔丝的额定电流 \geqslant \frac{电动机的启动电流}{2.5}$$

如果电动机需要频繁启、停,则

$$熔丝的额定电流 \geqslant \frac{电动机的启动电流}{1.6 \sim 2}$$

② 几台电动机合用的总熔丝

熔丝额定电流=(1.5~2.5)×容量最大的电动机的额定电流+其余电动机的额定电流之和。

熔丝的额定电流有 4 A、6 A、10 A、15 A、20 A、25 A、35 A、60 A、80 A、100 A、125 A、160 A、200 A、225 A、260 A、300 A、350 A、430 A、500 A、600 A 等多种。

5. 自动空气开关

自动空气开关是一种常用的低压控制电器,它不仅具有开关的作用,还有短路、失压和过载保护的功能。

图 1.8 为自动空气开关。图中的主触点是通过手动操作机构闭合的。其工作原理为:在正常情况下,连杆和锁钩扣在一起,过流脱扣器的衔铁释放,欠压脱扣器的衔铁吸合。当过流时,因过流脱扣器的衔铁吸合而顶开锁钩,使主触点断开,以切断主电路;当欠压或失压时,因欠压脱扣器的衔铁释放而顶开锁钩,使主触点断开,以切断主电路。

6. 行程开关

行程开关是根据运动部件的位移信号而动作的电器,其主要作用是行程控制和限位保护。

常用的行程开关有撞块式(也称直线式)和滚轮式。滚轮式又分为自动恢复式和非自动恢复式。对于非自动恢复式,需要运动部件反向运行时的撞压使之复位。

撞块式和滚轮式行程开关的工作机理相同,当运动部件速度较慢时要选用滚轮式。下面以撞块式行程开关为例说明行程开关的工作原理。

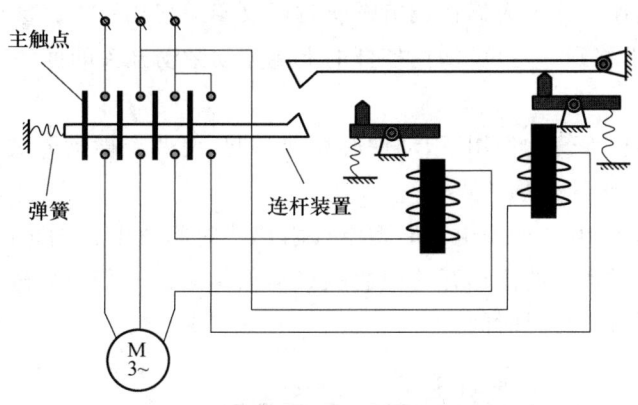

图1.8 自动空气开关

图1.9(a)为撞块式行程开关,图1.9(b)为行程开关的符号。撞块由运动机械撞压。常态(撞块未受压)时,撞块式行程开关的常闭触点闭合,常开触点断开;当撞块受压时,常闭触点先断开,常开触点后闭合;释放块时,常开触点先断开,常闭触点后闭合。

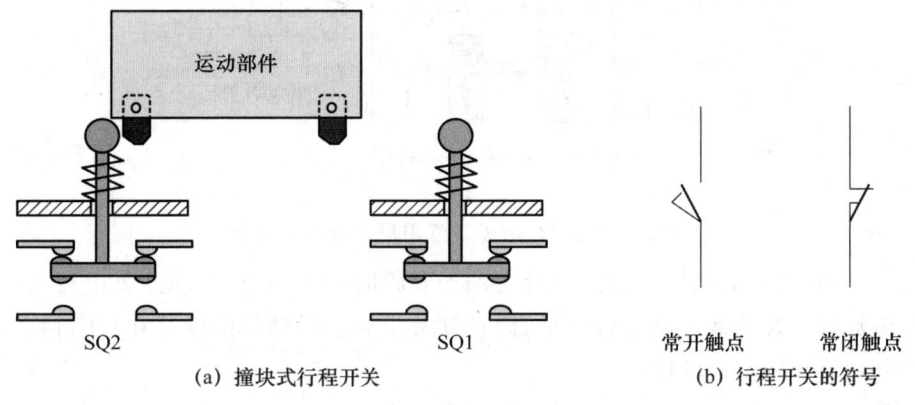

图1.9 撞块式行程开关及行程开关的符号

7. 时间继电器

时间继电器是实现时间控制的电器,较常见的有电磁式、电动式、空气阻尼式和电子式等。下面介绍空气阻尼式时间继电器。

空气阻尼式时间继电器可分为通电延时型和断电延时型两类。图1.10为通电延时型空气阻尼式时间继电器。其主要组成部分是电磁机构(电磁铁)、延时机构(空气室)和触点系统(微动开关)。空气室中伞形活塞的表面固定着一层橡皮膜,该橡皮膜将空气室分为上、下两个空间。活塞杆的下端固定着杠杆的一端。两个微动开关分别是延时动作的微动开关和瞬时动作的微动开关。两个微动开关里各有一个常开和常闭触点。

空气阻尼式时间继电器是利用空气阻尼作用达到延时控制的,其原理如下。

当电磁铁的线圈通电时,动铁心被吸下,弹簧被压缩。动铁心上的挡板迅速压下微动开关的撞块,使其中的常开和常闭触点立即动作。此时,动铁心与活塞杆的下端之间出现一段间隙。在释放弹簧的作用下,活塞杆向下移动,造成上空气室空气稀薄。活塞受到下空气室空气的压力,不能迅速下移。人们在调节螺丝时可改变进气孔的进气量,使活塞以需要的速度下移。当活塞杆下移到一定位置时,杠杆的上端撞动微动开关的撞块,使其中的常开和常闭触点动作。

当线圈断电时,在弹簧的作用下,动铁心立即弹起,使两个微动开关中的全部触点立即复位。空气由出气孔迅速排出。

由上述可知,图 1.10 中的通电延时型空气阻尼式时间继电器的延时时间为:自线圈通电时刻开始,直到延时动作的微动开关中的触点动作结束。人们可以通过调节螺丝来调节进气孔的大小,从而改变延时时间。

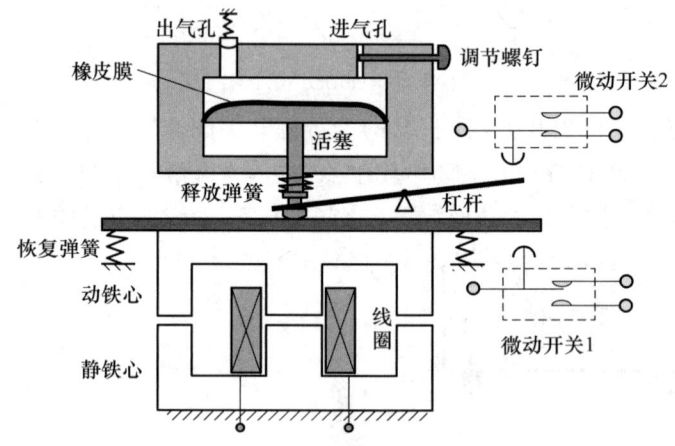

图 1.10 通电延时型空气阻尼式时间继电器

图 1.10 中的时间继电器触点分为延时动作和瞬时动作两类:微动开关中有延时断开的常闭触点和延时闭合的常开触点各一个,微动开关中有瞬时动作的常开和常闭触点各一个。请注意两个微动开关符号的区别。

若将图 1.10 中的动、定铁心交换位置安装,通电延时型空气阻尼式时间继电器就变成了断电延时型空气阻尼式时间继电器。断电延时型空气阻尼式时间继电器的定时时间,是从电磁铁线圈断电时刻开始,直到延时动作的微动开关中触点复位结束。

空气阻尼式时间继电器的延时范围有 0.4～60 s 和 0.4～180 s 两种。与电磁式和电动式时间继电器相比,其结构较简单,但准确度较低。

电子式时间继电器的体积和重量小,定时准确度高,可靠性高,所以已被广泛应用。

近年来,各种控制电器的功能和造型都在不断地改进。例如,LC 和 CA-DN 系列产品将交流接触器、时间继电器等制作为组件式结构。当使用交流接触器而嫌其触点不够用时,人们可以把一组或几组触点组件插入接触器上固定的座槽中,于是这些组件的触点受接触器电磁机构驱动,从而节省了中间继电器;当需要使用时间继电器时,人们可以把空气阻尼组件插入接触器的座槽中,于是接触器的电磁机构替代了空气阻尼时间继电器的电磁机构;等等。由于将控制电器制作为组件式结构节省了一些电器(省掉了这些电器较大的电磁机构),因此,这不仅大大减小了控制柜的体积和重量,也节省了电能,是一举多得的举措。

1.2 三相异步鼠笼电动机的基本控制方法与应用

任何复杂的继电器控制系统,都是由各种基本的控制电路组成的。因此,掌握一些基本控制单元电路,是设计和阅读较复杂的控制电路的基础。

三相异步鼠笼电动机是广泛使用的一类电动机。下面就以这类电动机的控制为例,介绍继电器控制电路的组成和工作原理。

设计和阅读继电器控制电路时,首先要了解控制电路原理图的绘制方法。其原则如下:

(1) 明确主电路与控制电路

主电路是电源与负载相连的电路。控制电路是由按钮、各种继电器的线圈、各种开关的触点等组成的电路。主电路和控制电路可以使用不同的电源。

(2) 使用统一的图形和文字符号

同一电器的各组成部分可以分别画在主电路和控制电路中,但要使用统一的图形和文字符号进行标注。

(3) 按常态绘制触点状态

电器上的所有触点均按没有通电和没有发生机械动作时的状态进行绘制。

(4) 有序排列电器符号

控制电路中的电器符号一般按自上而下的顺序排列成多个横行(也称梯级),母线(电源线)画在两侧。注意,各种电器的线圈不能串联连接。

1.2.1 三相异步鼠笼电动机的直接启停控制

图 1.11 为具有短路、过载和失压保护的三相异步鼠笼电动机直接启停控制电路。图 1.11 的主电路是由闸刀开关 Q、熔断器 FU、接触器的 3 个主触点 KM、热继电器的 3 个热元件 KH 和三相鼠笼电动机 M 组成的。

微课视频 1.2.1

图 1.11 的控制电路接在 1、2 点之间。SB1 是一个按钮的常闭触点,SB2 是另一个按钮的常开触点。接触器的线圈及其辅助常开触点均标注 KM。KH 是热继电器的常闭触点。

1. 控制原理

在图 1.11 中,闭合开关 Q 为电动机启动做好准备。按一下启动按钮 SB2,接触器线圈 KM 通电,其接在主电路中的 3 个主触点 KM 闭合,电动机 M 通电并启动。释放 SB2,由于线圈 KM 通电时,其常开辅助触点 KM 已闭合,于是接触器线圈通过其闭合的辅助触点 KM 仍继续通电,使其所有的常开主、辅助触点均保持闭合状态,电动机 M 可继续运行。接触器 KM 的这个常开触点称为自锁触点。按下停止按钮 SB1 时,线圈 KM 断电,使接触器的各触点均恢复常态,主电路断电,电动机停转。

2. 保护措施

(1) 短路保护

图 1.11 中的熔断器 FU 起短路保护作用。一旦发生短路,熔断器的熔体将立即熔断,从而切断主电路的电源,电动机立即停转,避免电源中通过短路电流。

（2）过载保护

图 1.11 中的热继电器 KH 起过载保护作用。过载一段时间后,主电路中的热元件 KH 发热,导致双金属片动作,控制电路中的常闭触点 KH 断开,因而接触器线圈 KM 断电主触点 KM 断开,电动机停转。另外,当电动机在单相运行时(断一根火线),由于仍有两个热元件通有过载电流,故电动机动作,从而保护电动机不会长时间单相运行。

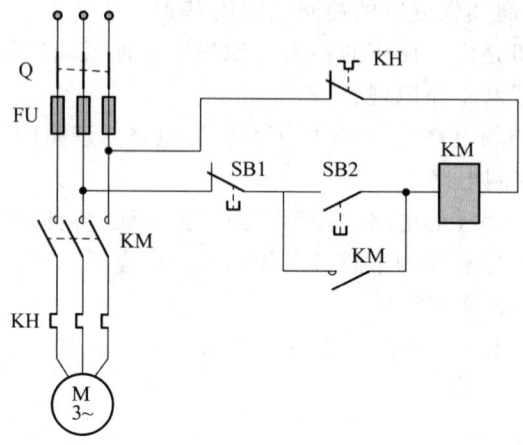

图 1.11　三相异步鼠笼电动机直接启停控制电路

（3）失压保护

图 1.11 中的交流接触器 KM 起失压保护作用。当停电或电源电压严重下降时,接触器的动铁心释放,常开主、辅助触点均断开,于是电动机自动脱离电源,停止转动。复电时,若不重新按下启动按钮 SB2,电动机是不会自行启动的。这种功能称为零压或失压保护。如果用闸刀开关直接控制电动机,若在停电时没有及时断开闸刀,那么复电时电动机就会自行启动,可能会造成生产事故或人身伤害。因此,在继电器控制电路中必须设置失压保护。

1.2.2　三相异步鼠笼电动机的点动控制

所谓点动控制,就是按下按钮时电动机转动,释放按钮时电动机停转。若将图 1.11 中与启动按钮 SB2 并联的触点 KM 去掉,就可以实现这种控制。但是这样处理后,电动机只能实现点动控制。

微课视频 1.2.2

如果电动机既需要实现点动控制又需要连续运行(也称长动),那么可以对自锁触点进行控制。例如,可将自锁触点 KM 与一个手动开关 S 串联,控制电路如图 1.12 所示(其主电路同图 1.11)。当 S 闭合时,自锁触点 KM 起作用,可以对电动机实现长动控制;当 S 断开时,自锁触点 KM 不起作用,电动机只能实现点动控制。

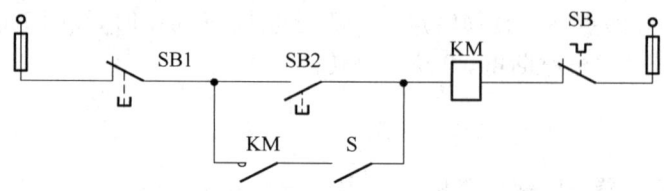

图 1.12　点动控制方案(一)

图 1.12 所示的点动控制电路操作起来不是很方便,因此常用如图 1.13 所示的电路实现点动控制(其主电路同图 1.11)。

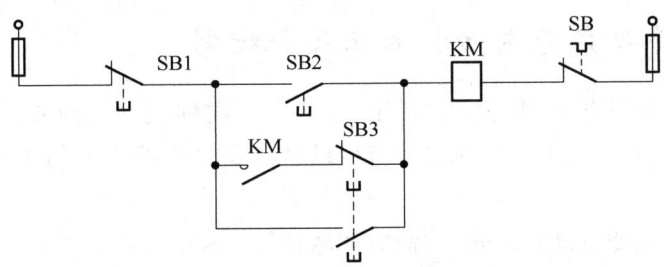

图 1.13　点动控制方案(二)

在图 1.13 中,SB1 是停止按钮,SB2 是启动按钮,SB3 是点动按钮。其点动控制原理是:当按下按钮 SB3 时,其常闭触点先断开、常开触点后闭合,线圈 KM 通电,电动机启动;当松开按钮 SB3 时,其常开触点先断开,线圈 KM 断电,当其常闭触点后闭合时,因触点 KM 已断开,所以线圈 KM 没有通电回路,于是电动机停转,实现了点动控制。

1.2.3　三相异步鼠笼电动机的异地控制

所谓异地控制,就是在多处设置的控制按钮,这些按钮均能对同一台电动机实施启、停等控制。图 1.14 为在两地控制一台电动机的控制电路,其主电路同图 1.11。该电路的接线原则是:启动按钮相并联,停止按钮相串联。

微课视频 1.2.3

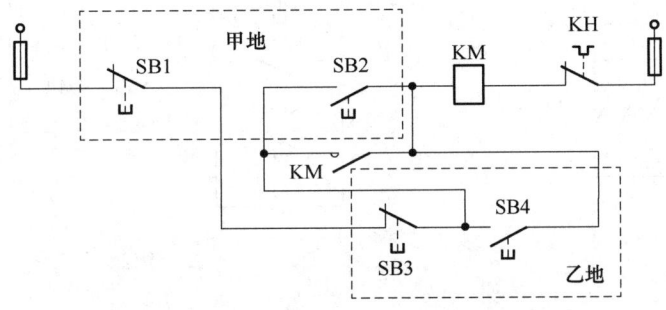

图 1.14　在两地控制一台电动机的控制电路

图 1.14 控制电路的功能如下:

在甲地:按下启动按钮 SB2,控制电路的电流经触点 KH→线圈 KM→按钮 SB2→按钮 SB3→按钮 SB1,构成通路,使线圈 KM 通电,电动机启动;释放按钮 SB2,靠触点 KM 的自锁作用保持线圈 KM 通电,电动机可持续运行;按下停止按钮 SB1,使线圈 KM 断电,电动机停转。

在乙地:按下启动按钮 SB4,控制电路的电流经触点 KH→线圈 KM→按钮 SB4→按钮 SB3→按钮 SB1,构成通路,使线圈 KM 通电,电动机启动;释放按钮 SB4,靠触点 KM 的自锁作用保持线圈 KM 通电,电动机可持续运行;按下停止按钮 SB3,使线圈 KM 断电,电动机停转。

由图 1.14 可以看出,从甲地引出 3 根线到乙地,再在乙地接上一组按钮即可实现异地控制。同理,在多处设置的按钮组,只要符合接线原则,都可以实现异地控制。

1.2.4 三相异步鼠笼电动机的正反转控制

微课视频 1.2.4

生产机械常要求其运动部件能进行正、反两个方向的运动。例如,机床工作台的前进与后退,机床主轴的正转与反转,起重机的提升与下降,等等。

欲使三相异步鼠笼电动机反转,只需对调电动机 3 根电源线的任意 2 根。图 1.15 就是实现反转控制的电路。在图 1.15(a)中,当正转接触器 KMF 通电时,电动机正转;当反转接触器 KMR 通电时,由于主电路调换了两根电源线,故实现了电动机反转。

由图 1.15(a)可知,若两个接触器同时通电,通过它们的主触点会造成电源短路。所以在正反转控制电路中,要确保两个接触器不会同时通电,这种功能称为互锁或联锁控制。

下面分析具有互锁功能的正反转控制电路。在如图 1.15(b)所示的控制电路中,正转接触器 KMF 的常闭辅助触点与反转接触器 KMR 的线圈串联,而反转接触器 KMR 的常闭辅助触点与正转接触器 KMF 的线圈串联。这两个常闭触点称为互锁触点。这样,当正转接触器 KMF 线圈通电,即电动机正转时,互锁触点 KMF 断开了反转接触器 KMR 线圈的电路,因此,即使误按下反转启动按钮 SBR,反转接触器 KMR 的线圈也不能通电;而当反转

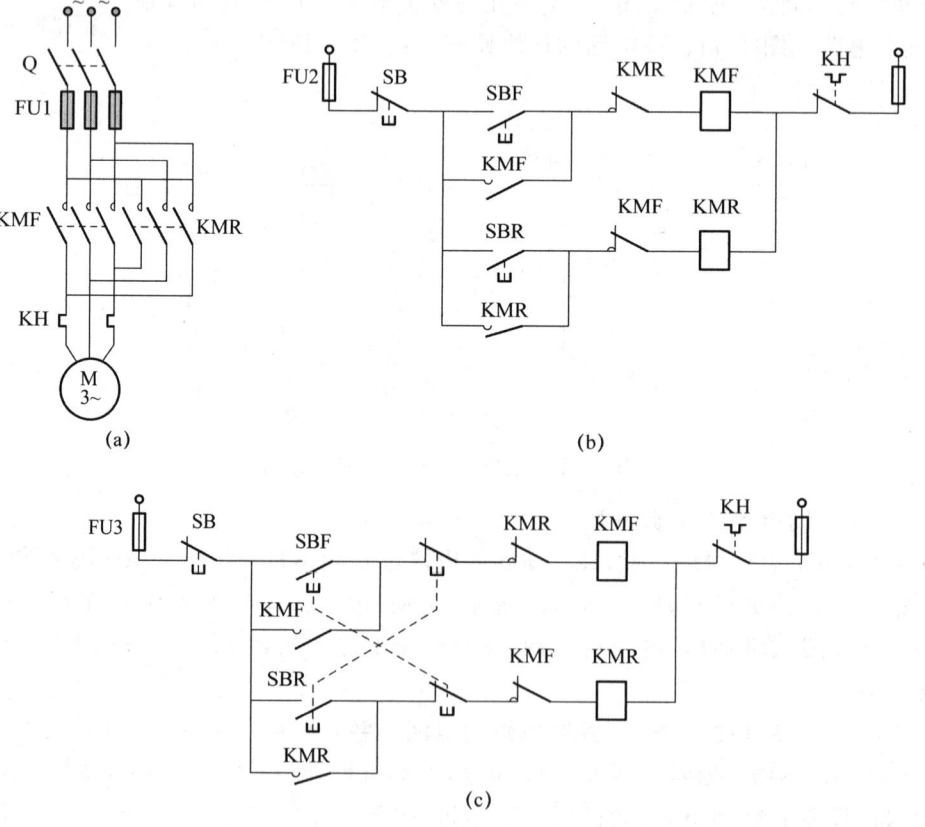

图 1.15 三相异步鼠笼电动机的正反转控制电路

接触器线圈 KMR 通电,即电动机反转时,互锁触点 KMR 断开了正转接触器 KMF 线圈的电路,因此,即使误按下正转启动按钮 SBF,正转接触器也不能通电,从而实现了互锁功能。

图 1.15(b)控制电路的缺点是,在正转过程中需要反转时,必须先按停止按钮 SB,待互锁触点 KMF 闭合后,再按反转启动按钮 SBR 才能使电动机反转,操作很不方便。

在如图 1.15(c)所示的控制电路中,按钮 SBF 和 SBR 都是复合按钮。当电动机正转过程中欲反转时,可直接按下反转启动按钮 SBR,首先它的常闭触点断开,使接触器线圈 KMF 断电(主触点 KMF 断开),反转控制电路中的常闭触点 KMF 恢复闭合;然后按钮 SBR 的常开触点闭合,反转接触器线圈 KMR 通电,实现了电动机反转。该正反转控制电路操作较为方便,但不适合用来控制频繁进行正、反转操作的电动机。

1.2.5 多台电动机联锁的控制

在生产实践中,常见到用多台电动机拖动一套设备的情况。为了满足各种生产工艺的要求,几台电动机的启、停等动作常常有顺序上和时间上的约束。

微课视频 1.2.5

下面以图 1.16 为例介绍这类控制。图 1.16 的主电路中有 M1 和 M2 两台电动机。控制要求是:启动时,只有 M1 先启动,M2 才能启动;停转时,只有 M2 先停转,M1 才能停转。

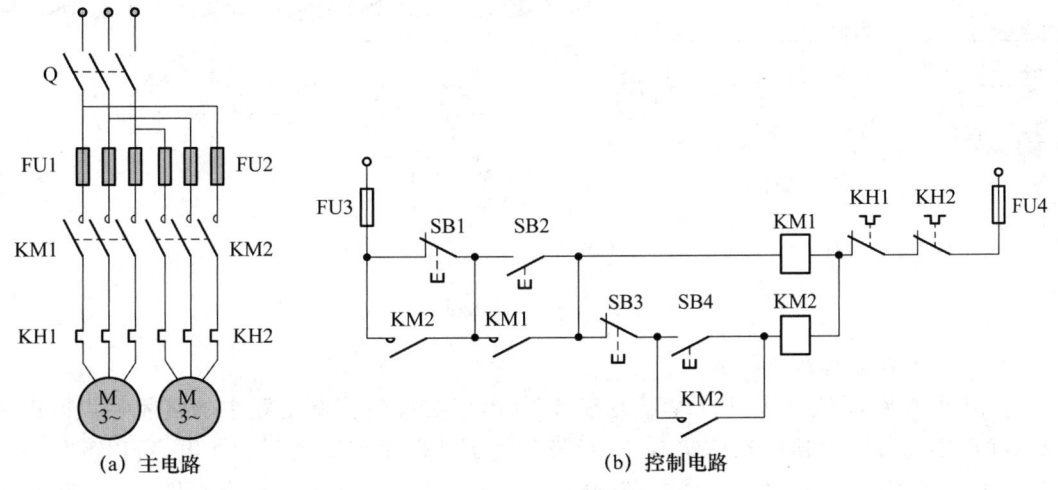

(a) 主电路 (b) 控制电路

图 1.16 两台电动机连锁的主、控制电路

启动的操作为:首先按下启动按钮 SB2,线圈 KM1 通电并自锁,M1 启动并运行;然后按下启动按钮 SB4,线圈 KM2 通电并自锁,M2 启动并运行。若在 M1 启动之前按下启动按钮 SB4,由于接触器 KM1 和 KM2 的常开触点都没闭合,线圈 KM2 是不会通电的即 M2 不能先于 M1 启动。

停车的操作为:首先按下停止按钮 SB3,线圈 KM2 断电,M2 停转;然后按下停止按钮 SB1,线圈 KM1 断电,M1 停转。由图 1.6(b)可知,线圈 KM2 通电时会将按钮 SB1 短接。因此,若在 M2 停转之前按下停止按钮 SB1,线圈 KM1 是不会断电的,即 M1 不能先于 M2 停转。

1.3 行程控制

利用行程开关可以对生产机械实现行程、限位、自动循环、终端保护等控制。

图 1.17 是一个行程控制的例子。部件 A 由一台三相异步鼠笼电动机 M 拖动,滚轮式行程开关 ST1 和 ST2 分别安装在工作台的原位和终点,如图 1.17(a)所示。由装在部件 A 上的挡块来撞动行程开关的滚轮。图 1.17(b)是行程控制电路,主电路同三相异步鼠笼电动机的正反转控制电路〔图 1.15(a)〕。

微课视频 1.3

图 1.17(b)的行程控制电路对运动部件 A 实施的控制为
(1) 当部件 A 停在原位时,启动时只能前进不能后退;
(2) 当部件 A 前进到终点时,立即后退,退回原位自停;
(3) 在部件 A 前进或后退途中均可停,再启动时 A 既可前进也可后退;
(4) 若在部件 A 前进或后退途中(A 不停在终点)停电,复电时 A 不会自行启动;
(5) 若部件 A 在运行途中受阻,那么在一定时间内其拖动电动机应自行断电停转。

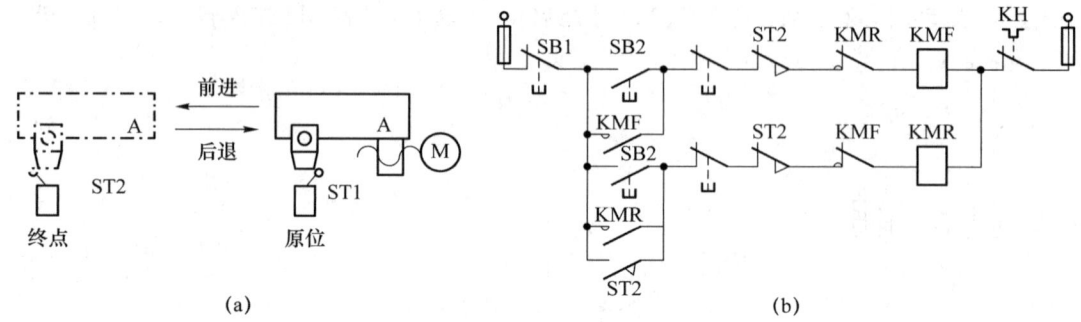

图 1.17 行程控制

图 1.17 的控制原理如下:

① 部件 A 在原位时压下行程开关 ST1,其串接在反转控制电路中的常闭触点 ST1 断开。此时,即使按下反转启动按钮 SBR,反转接触器线圈 KMR 也不会通电,所以部件 A 在原位时电动机不能启动反转。当按下正转启动按钮 SBF 时,正转接触器线圈 KMF 通电,使电动机正转并带动部件 A 前进。可见部件 A 在原位时只能前进,不能后退。

② 当到达终点时,部件 A 上的撞块压下行程开关 ST2,其接在正转控制电路中的常闭触点 ST2 断开,使正转接触器线圈 KMF 断电,而接在反转控制电路中的常开触点 ST2 闭合,使反转接触器线圈 KMR 通电,于是电动机反转并带动部件 A 后退。

③ 当部件 A 退回原位时,部件 A 上的撞块压下行程开关 ST1,使反转接触器线圈 KMR 断电,电动机停止转动,部件 A 自动停在原位。

④ 在部件 A 前进或后退途中,当按下停止按钮 SB 时,线圈 KMF 或 KMR 均断电,电动机停转。再启动时,由于行程开关 ST1 和 ST2 均不受压,因此,既可以按下正转启动按钮 SBF 使部件 A 前进,又可以按下反转启动按钮 SBR 使部件 A 后退。

⑤ 在部件 A 运行途中若停电,由于断电时自锁触点均已经断开,故当复电时,只要部件 A 不停在终点,电动机不会自行启动,部件 A 就不会自行启动了。

⑥ 部件 A 运行途中若受阻,则拖动电动机会出现堵转现象,其主电路电流很大,会使串联在主电路中的热元件 KH 发热。一段时间后,串联在控制电路中的热继电器常闭触点 KH 会断开,使两个接触器 KMF 和 KMR 的线圈均断电,于是电动机自动停转。

行程开关不仅可用作行程控制,也可用于限位或终端保护。例如,在图 1.17 中,可在 ST1 的右侧和 ST2 的左侧各再设置一个起保护作用的行程开关,该组行程开关的常闭触点分别与 ST1 和 ST2 的常闭触点串联。当 ST1 或 ST2 失灵时,则部件 A 会继续运行而超出原定的行程范围。但当部件 A 撞动保护行程开关时,因保护行程开关动作而使线圈 KMF 或 KMR 断电,于是电动机自动停转,实现了限位或终端保护。

1.4 时间控制

微课视频 1.4

在自动化生产线中,常要求各项操作之间或各种工艺过程之间有准确的时间间隔,或者按一定的时间启动或关停某些设备,等等。这些控制要由时间继电器完成。本节利用三相异步鼠笼电动机的启动和制动两个例子,说明时间继电器的使用方法。

1. 三相异步鼠笼电动机的 Y-Δ 启动控制

鼠笼电动机的启动电流很大。为了减小启动电流对电网的影响,常采用多种方法以减小鼠笼电动机的启动电流,Y-Δ 换接启动是方法之一。所谓 Y-Δ 换接启动,就是当启动电动机时,将其三相绕组连接成星形,电动机启动后再将其三相绕组换接成三角形,以保证电动机能全压运行。显然,这必须依靠各种电器实现绕组的自动换接操作。

鼠笼电动机 Y-Δ 启动的控制电路有多种形式,图 1.18 为其中的一种。三相绕组的星形连接和三角形连接如图 1.18(b)所示。为控制绕组星形接法启动的时间,控制电路使用了通电延时的时间继电器 KT。

图 1.18 中使用了时间继电器的两个触点,一个是延时动作的常闭触点,另一个是瞬时动作的常开触点。请注意这两个触点在电路中的作用。

鼠笼电动机 Y-Δ 启动控制电路(图 1.18)的功能可简述为

按 SB2→ 线圈 KM1 通电 —延时→ 线圈 KM1 断电

线圈 KT 通电　　　　　　 线圈 KM3 断电

线圈 KM3 通电　　　　　 线圈 KM2 通电 → 线圈 KM3 通电

线圈 KM2 断电

　(Y 启动)　　　　　(Y-Δ 换接)　　(Δ 运行)

图 1.18 的控制电路是在接触器 KM3 断电的情况下进行 Y-Δ 换接的。这样做的好处是:在主电路断电的情况下进行电动机绕组的换接,可以避免由于接触器 KM1 和 KM2 交接时可能引起的电源短路。

2. 三相异步鼠笼电动机的能耗制动控制

一般电动机断电后,由于惯性作用其转速下降到零需要一段时间。在需要电动机快速停转的场合,为了缩短其惯性转动的时间,常采用各种制动措施。

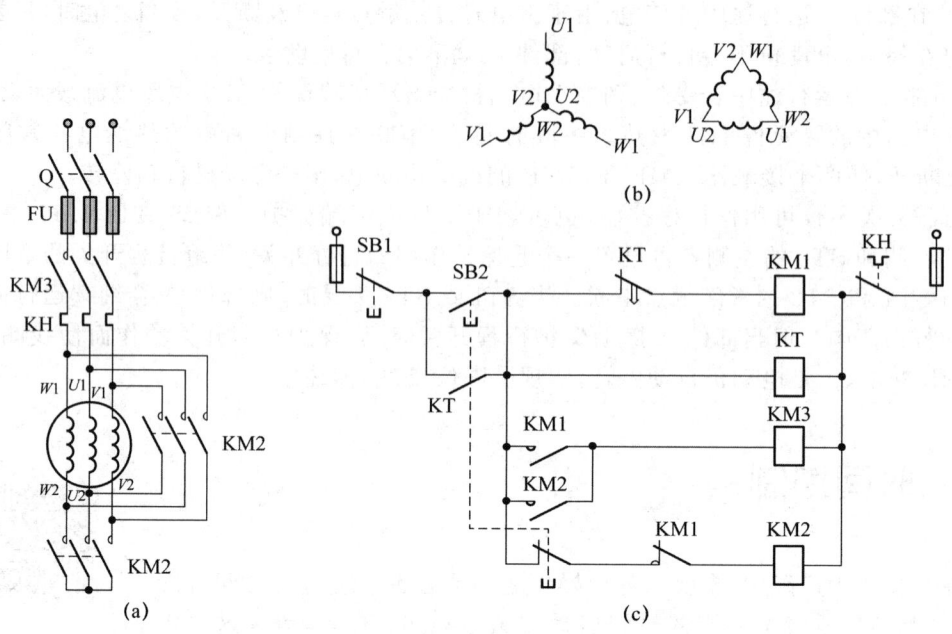

图 1.18　三相鼠笼电动机 Y-Δ 启动的控制

鼠笼电动机的制动方法有多种,能耗制动是其中一种。所谓能耗制动,就是设法消耗电动机断电后惯性转速的动能而使其快速停止转动。

电动机采用能耗制动时,其主电路需配备直流电源。当需要制动时,将直流电源接入电动机的绕组中,于是电动机开始制动,转速急剧下降。当电动机转速接近零时,要及时切断直流电源,为下一次启动做好准备。

鼠笼电动机能耗制动有多种形式的控制电路,图 1.19 的电路是其中一种。图中使用通电延时的时间继电器 KT 来控制能耗制动的时间。该电路用了时间继电器的两个触点,一个是延时动作的常闭触点,另一个是瞬时动作的常开触点,请注意它们在电路中的作用。

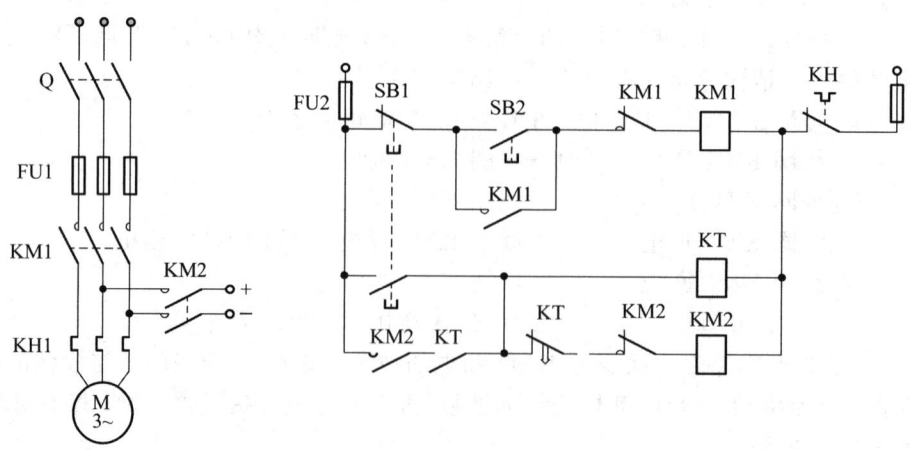

图 1.19　鼠笼电动机能耗制动的控制电路

在图 1.19 中,设电动机已处于运转状态。能耗制动控制的功能可简述为

按 SB1→ 线圈 KM1 断电—延时→常用触点 KT 断开
　　　　线圈 KT 通电　　　　　线圈 KT 断电
　　　　线圈 KM2 通电　　　　线圈 KM2 断电（切除直流电源）
（电动机断电,制动开始）　　（制动结束,电动机停转）

使用空气阻尼式时间继电器进行时间控制时,初学者常犯的错误是：在控制电路中只安排了时间继电器的触点而没有连接其线圈。在此提醒读者注意。

1.5　阅读控制电路图的基本方法

微课视频 1.5

一般用电力拖动的设备都提供多种图纸。例如,电器控制原理图、电器设备安装图、电器设备布线图等。

启用一台设备,必须首先了解其功能及使用方法。不搞清楚这些问题就无法进行操作,更谈不上充分发挥设备的全部功能。不正确的操作甚至会造成设备损坏或人身安全事故。而熟练地阅读设备的控制电路原理图是了解设备功能和操作方法的重要途径。欲顺利地阅读控制电路图,要有一个经验积累的过程。而熟悉阅读控制电路图的步骤和方法,对尽快提高读图能力是大有益处的。

本节将简要介绍阅读控制电路图的基本方法。

1. 查阅设备和生产机械的有关资料

在阅读控制电路图之前,要详细了解设备和生产机械的全部功能。一般情况下,设备和生产机械的功能与生产工艺有密切联系,因此,还要详细了解生产工艺对设备的各种要求。

2. 阅读主电路图

其一,看主电路里有哪些负载。若有电动机,要看是直流还是交流的电动机；若有电磁铁,要看是直流还是交流的电磁铁；等等。其二,看每台电动机有无启动措施,若有,是采取哪种启动方式；看每台电动机有无制动措施,若有,是采取哪种制动方法；看每台电动机有无调速要求,若有,是采取哪种调速方法；等等。其三,看主电路里有哪些触点,各属于哪种电器。其四,在主电路中还设有各种保护措施,要注意各种保护是通过什么元件实现的。

3. 阅读控制电路图

其一,一般主电路中各触点的动作是由控制电路中电器的工作状态决定的,所以不能孤立地阅读控制电路图。要先将主电路中各种电器的触点与控制电路中的电器一一对应,了解当控制电路中某电器通、断电时,主电路中哪个负载会有相应动作。其二,分析控制电路中的各接触器、时间继电器、行程开关、中间继电器等相互之间有什么联系。其三,观察控制电路中有无工艺触点。与生产工艺相关的工艺触点与生产过程的进程密切相关,读图时,要将其与工艺过程联系起来阅读。

阅读控制电路的功能时,一般要先分析各负载的启动控制过程,要观察启动过程中,主电路各负载在启动过程中是否有顺序和时间上的约束；再分析各负载的停机控制过程,注意各负载停机时有否顺序和时间上的要求。

4. 阅读保护措施

一般控制系统中都设置各种保护措施。除对电路实施短路、过载和失压保护外,为防止某些装置的压力、温度等超标影响系统的安全,也设置了相关的保护措施。

对于复杂的控制电路,可以先将其分解成若干个小环节。基本读懂每个环节后,再整体地联系起来阅读。

下面以图 1.20 为例,练习阅读控制电路的功能。

在图 1.20 的主电路中,有一台他励直流电动机,有两个接触器的线圈和两个电阻。显然,KM3 和 KM4 必须是直流的接触器。

如图 1.20 所示,当电阻 R_S 与电枢串联时,可实现电动机电枢串联电阻,降压启动。待电动机启动并开始运行后,应及时将电阻 R_S 短接。当电阻 R_B 与电动机电枢连接时,可实现电动机的能耗制动。在电动机制动期间,要确保电阻 R_B 与电枢可靠连接。当制动结束时,电阻 R_B 应自动脱离电枢,为下次电动机启动做好准备。

在图 1.20 的主电路中,接触器 KM4 的常开触点与电阻 R_S 并联,当 KM4 的常开触点闭合时,电阻 R_S 短接。显然,接触器 KM4 与电动机的启动过程相关联。接触器 KM3 的常开触点与控制电路中的接触器 KM2 的线圈串联,而接触器 KM2 的常开触点与电阻 R_B 串联。当 KM3 和 KM2 的线圈均通电时,能使电阻 R_B 与电动机电枢连接。显然,接触器 KM3 和 KM2 与电动机的制动过程相关联。

在图 1.20 的控制电路中,有接触器 KM1 和 KM2(KM1 和 KM2 可以是直流的接触器,也可以是交流的接触器)的线圈,有一个启动按钮和一个停车按钮。显然,电动机启动和运行过程中,接触器 KM1 的线圈应处于通电状态,在电动机制动期间,KM1 的线圈应处于断电状态。

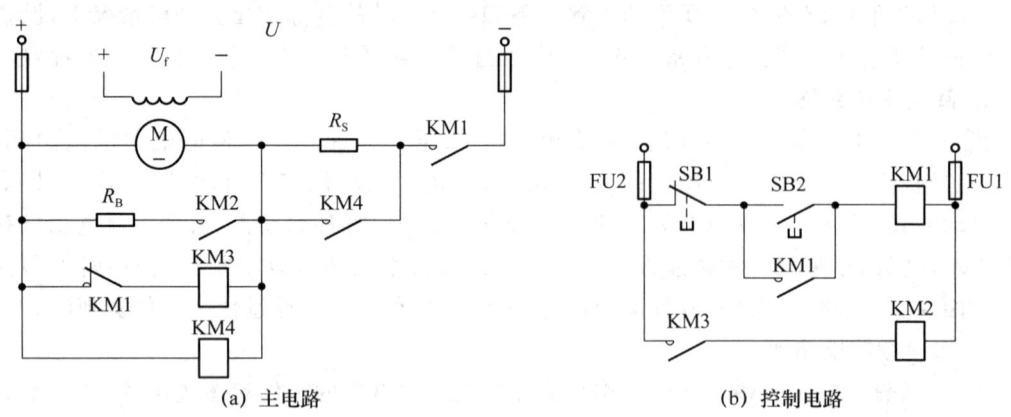

图 1.20 他励直流电动机的启动和制动控制电路

图 1.20 的控制电路的功能分析如下。

启动过程:首先接通主电路里电枢和励磁绕组的电源。按一下启动按钮 SB2,接触器 KM1 的线圈通电并自锁,电阻 R_S 与电动机电枢串联开始启动。由于励磁绕组的磁通 U_f 保持恒定,所以在电动机转速升高过程中,电的反电动势逐渐增大。当反电动势增大到足以使接触器 KM4 的电磁机构动作时,KM4 的常开触点闭合,将电阻 R_S 短接,至此,电动机的启动结束并开始全压运行。在电动机运行过程中,接触器 KM4 的线圈能一直保持通电。由于接触器 KM3、KM2 的线圈均断电,故确保了电阻 R_B 不会与电枢连接。

制动过程:按一下停止按钮 SB1,接触器 KM1 的线圈断电,电枢脱离电源。与线圈

KM3 串联的常闭触点 KM1 恢复闭合。由于转速不突变,电枢的反电动势足以使接触器 KM3 的电磁机构动作,而使接触器 KM2 的线圈通电,于是制动电阻 R_B 与电枢接通,制动开始。

随着转速的下降,反电动势不断减小。当反电动势减小到一定程度时,接触器 KM4 和 KM3 的电磁机构复位,常开触点 KM3 断开,线圈 KM2 随之断电,常开触点 KM2 断开,电阻 R_B 自动脱离电,至此,制动结束。

通过本章的学习可知,继电器控制电路设计的关键是学会灵活、巧妙地组合与配搭多种电器的各个组成部分,以期完成不同的控制功能。

本章介绍的继电接触器控制是一种传统的控制方式。继电器控制的优点是:控制电路直观、易懂,操作比较方便。相较于使用微机控制,其投资较小。

随着工业生产对自动化程度要求的不断提高,继电接触器控制已难以胜任。继电接触器控制的劣势主要表现在以下几个方面。

1. 可靠性差

在继电接触器控制系统中,需要使用大量的接触器、各种开关、电磁阀等电器元件。由于制作材料和制作工艺的限制,决定了电器元件自身固有的缺点。例如,触点的抖动、器件机械机构偶尔的失灵、电弧对电器触点的损害、触点的熔焊等,况且器件都难免老化。另外,由于控制电路受焊接和组装时制作工艺水平的限制,触点的虚焊或脱焊等现象也时有发生。凡此种种,大幅降低了继电接触器控制系统的可靠性。

2. 灵活性差

当今,任何一种产品的换代周期都很短,这就要求其生产线必须随之频繁地变更。生产线发生变动,一般就需要修改控制电路。而修改控制电路,不仅原有的电器元件需更换,甚至原有的控制电路也要被废弃,实际上需要重新设计控制电路。显然,传统的继电器控制对频繁变动的生产线很不适应,这是其致命的缺点。

3. 控制系统的设计周期长

继电接触器控制系统是靠增减电器元件的数量、调整控制电路的接线来改变控制功能的。控制电路的每一种设计方案都需要经过选件、布线、焊接、组装和调试的过程,而对控制方案每做一点改动都需要经过这样的过程。而且,控制系统设计的方案必须结合生产工艺在现场进行调试,一般现场调试的准备工作量也很大。因此,继电器控制系统的设计比较耗费时间。

4. 通用性差

继电器控制系统的控制电路是针对某一设备或生产机械设计的,如果改换设备或生产机械,一般原有的器件和控制电路就会被完全废弃。

5. 维修工作量大

由于继电接触器控制存在诸多不可靠因素,故继电器控制系统必须做定期维修。因为维修过程中常需更换电器元件,所以重新焊接、组装等操作是不可避免的。因此,继电器控制系统的维修十分耗费人力、物力,而且工作量大、时间长。另外,受维修人员操作技能的影响,维修后的控制电路也难免出现新的不可靠因素。不仅如此,由停产维修所造成的损失也是不可估量的。

由于继电接触器控制存在以上缺点,故更完备的控制装置应运而生,它就是第 2 章要介绍的可编程控制器。

习　　题

1. 在图 1.11 中，如果将 SB2 换成不能自动复位的开关，那么电路是否有失压保护作用？图 1.18 采用了一个复合按钮做启动按钮，这有什么好处？图 1.19 的停车按钮是一个复合按钮，这有什么好处？

2. 图 1.19 采用了什么措施来防止接触器 KM1 和 KM2 同时通电？

3. 某机床的主轴和润滑油泵各由一台鼠笼式电动机带动。现要求：
(1) 主轴必须在油泵启动后才能启动；
(2) 主轴能用电器实现正反转，并能单独停车；
(3) 有短路、零压及过载保护。
试绘出符合上述全部要求的主电路和控制电路。

4. 能在两处控制一台电动机的启、停和点动的控制电路如题图 4 所示。

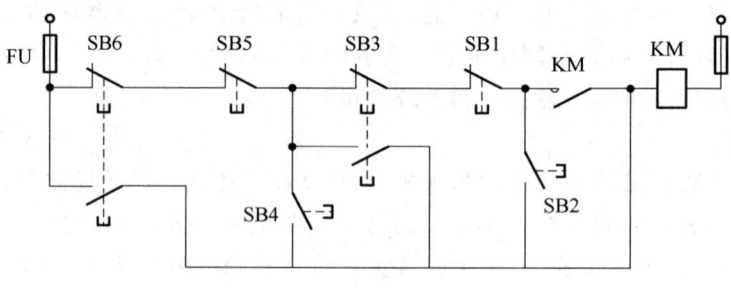

题图 4

(1) 试画出相应的主电路的电路图。
(2) 简述在各处启、停、点动电动机的操作方法。
(3) 该控制电路有无零压和过载保护？
(4) 对题图 4 做怎样的修改，可以在 3 处对一台电动机实现上述控制？

5. 如题图 5 所示，运动部件 A 由电动机 M 拖动，其原位和终点分别设置行程开关 ST1 和 ST2。其主电路同电动机正反转的主电路。试回答下列问题：
(1) 简述电路对部件 A 实现何种控制；
(2) 说明电路有哪些保护措施，各由何种电器实现。

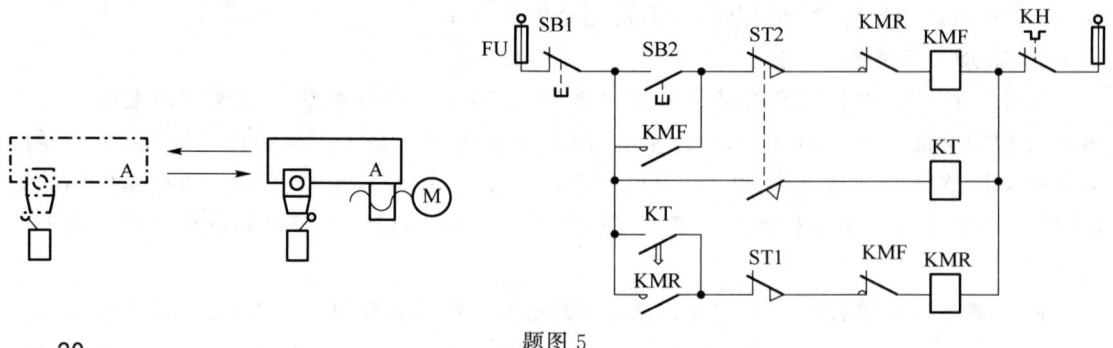

题图 5

6. M1 和 M2 为三相异步电动机。对控制要求(1)和(2)，试分别画出满足要求的主电路和控制电路。

(1) M1 启动后 M2 才能启动，M2 能点动。

(2) M1 先启动，经过一定延时后 M2 能自行启动，M2 启动后 M1 立即停车。

7. 如题图 7 所示，M 为三相异步鼠笼电动机，R 为大功率电阻。试回答下列问题：

(1) 指出其电路对电动机实现何种控制功能；

(2) 说明电路中有哪些保护措施，各由何种电器实现。

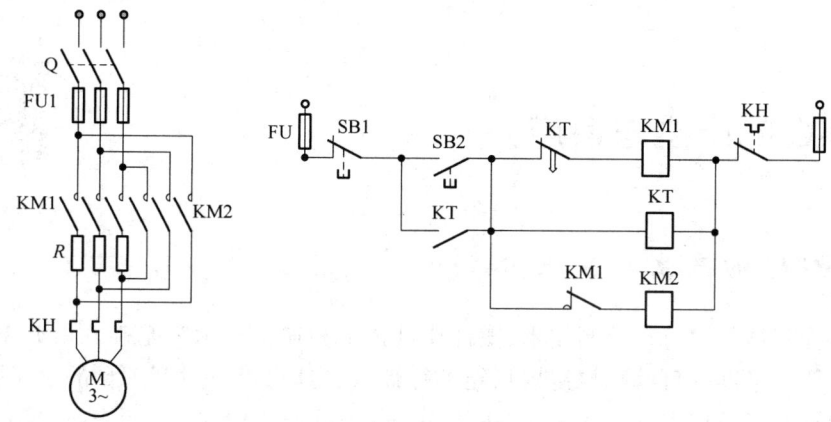

题图 7

8. 题图 8 为电动葫芦的控制电路。电动葫芦是一种小型起重设备，它可以被方便地移动到需要的场所。全部按钮均装在一个按钮盒中，操作员可手持按钮盒进行现场操作。试回答下列问题：

(1) 提升、下放、前移、后移各怎样操作？

(2) 该电路中采用了哪些互锁措施？

(3) 该电路完全采用点动控制，从实际操作的角度考虑有何好处？

(4) 该电路中的几个行程开关各起什么作用？

(5) 两个热继电器的常闭触点串联使用有何作用？

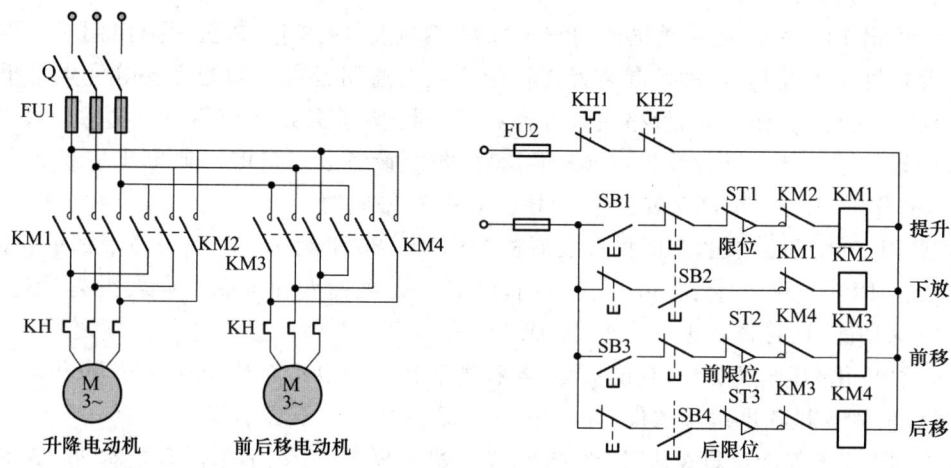

题图 8

第 2 章　可编程控制器概述

2.1　PLC 的产生与特点

微课视频 2.1

2.1.1　PLC 的产生与发展

可编程控制器是以自动控制技术、微计算机技术和通信技术为基础发展起来的新一代工业控制装置。早期的可编程控制器只能进行计数、定时,以及对开关量的逻辑控制,因此被称为可编程逻辑控制器(programmable logic controller,PLC)[4]。后来,可编程控制器用微处理器作为其控制核心,功能远远超过了逻辑控制的范畴,于是人们又将其称为 Programmable Controller,简称 PC。但是个人计算机也常简称 PC,为了避免混淆,可编程控制器仍被称为 PLC。

1987 年,国际电工委员会(IEC)在可编程控制器国际标准草案第 3 稿中对可编程控制器的定义是:可编程控制器是一种数字运算操作的电子系统,专为在工业环境下应用而设计的可编程控制器采用可编程序的存储器,用来在其内部存储执行逻辑运算、顺序控制、定时计数和算术运算等操作的指令,并通过数字式、模拟式的输入和输出,控制各种机械或生产过程。可编程控制器及其有关外部设备都按易于与工业控制系统连成一个整体、易于扩充其功能的原则设计。

首先提出 PLC 概念的是美国通用汽车公司(GM)。1968 年,该公司提出用一种新型控制装置替代继电器控制,这种控制装置要将计算机的通用、灵活、功能完备等优点与继电器控制的简单、易懂、操作方便、价格便宜等特点结合起来,而且还要使不是很熟悉计算机的人也能方便地使用。基于这种设想,1969 年,美国数字设备公司(DEC)研制出了世界上第一台 PLC,并在 GM 的汽车自动装配生产线上试用,获得成功。

凭借 PLC 优越的性能,其问世后发展极为迅速。20 世纪 70 年代,日本、法国等相继研制出自己的 PLC。到 20 世纪 80 年代中期,PLC 的处理速度和可靠性大大提高,不但增加了多种特殊功能,而且体积进一步缩小,成本大幅下降。20 世纪 90 年代中期之后,PLC 几乎完全计算机化,其速度更快、功能更强,各种智能化模块也不断被开发出来,一些厂家还推出了 PLC 的计算机辅助编程软件,许多小型 PLC 的性能也不容小觑[5]。

现在,PLC 不仅能进行逻辑控制,在模拟量的闭环控制、数字量的智能控制、数据采集系统监控、通信联网及集散控制等方面都得到了广泛的应用。如今,大、中型,甚至小型

PLC 都配有 A/D、D/A 转换及算术运算功能,有的还具有 PID 控制功能。这些功能为 PLC 应用于模拟量的闭环控制、运动控制、速度控制等提供了硬件基础。PLC 具有输出和接收高速脉冲的功能,配合相应的传感器及伺服装置,可以实现数字量的智能控制,配合可编程设备(PT)。PLC 可以实时显示采集到的现场数据及分析结果,为分析、研究系统运行状态提供依据。利用 PLC 的自检信号可实现系统监控。PLC 具有较强的通信功能,可与计算机或其他智能装置进行通信和联网,从而能方便地实现集散控制。功能完备的 PLC 不仅能满足控制的要求,还能满足现代化生产管理的需要。

为进一步扩大 PLC 在工业自动化领域的应用范围,适应大、中、小型企业的不同需要,PLC 产品大致向两个方向发展:小型 PLC 向体积缩小、功能增强、速度加快、价格低廉的方向发展,使之能更加广泛地取代继电器控制、更便于实现机电一体化;中、大型 PLC 向高可靠性、高速度、多功能、网络化的方向发展,将 PLC 系统的控制功能和信息管理功能融为一体,使之能对大规模、复杂系统进行综合性的自动控制。

2.1.2 PLC 的特点

PLC 优越的性能表现在以下几个方面。

1. 灵活性和通用性强

PLC 是通过存储在机内的程序实现各种控制功能的。因此,只需修改程序即可改变 PLC 控制系统的功能,而 PLC 外部的接线改动极少,甚至不必改动。一台 PLC 可以用于不同的控制系统,只不过需要改变其程序。其灵活性和通用性是继电器控制无法比拟的。

2. 抗干能力强、可靠性高

在 PLC 控制系统中,大量的开关动作是由无触点的半导体电路完成的,且 PLC 在硬件和软件方面都采取了强有力的措施,使之具有极高的可靠性和抗干扰能力。故 PLC 可以直接安装在工业现场而稳定地工作,因此,PLC 被誉为"专为适应恶劣的工业环境而设计的计算机"。

PLC 在硬件和软件方面主要采取以下措施来提高可靠性。

(1) 硬件方面采取的措施

电源变压器、CPU、编程器等主要部件均采用严格屏蔽措施,以防外界干扰;供电系统及输入电路采用多种形式的滤波,以消除或抑制高频干扰,同时也削弱了各部分之间的相互影响;PLC 内部所需的+5 V 电源采用多级滤波,并采用集成电压调整器,以消除交流电网波动引起的过压或欠压的影响;采用光电隔离措施,有效地隔离了内部与外部电路之间的直接电联系,以减少故障和误动作;采用模块式结构的 PLC,一旦某一模块有故障,可以迅速地更换模块,从而尽可能缩短系统的故障停机时间。

(2) 软件方面采取的措施

其一,对于掉电、欠电压、后备电池电压过低、强干扰信号等,PLC 通过监控程序定时地进行检测,当检测到故障时,立即把当前状态保存起来,并禁止对程序进行任何操作,以防止存储信息被冲掉,待故障排除后,立即恢复到故障前的状态继续执行程序。其二,PLC 设置了监视定时器,如果程序每次循环的执行时间超过了规定值,表明程序已进入死循环,则立即报警。其三,加强对程序的检查和校验,发现错误立即报警,并停止程序的执行。其四,利用后备电池对用户程序及动态数据进行保护,确保停电时信息不会丢失。

3. 编程语言简单易学

虽然 PLC 是以微计算机技术为核心的控制装置,但是它不要求使用者精通计算机的硬件和软件知识。大多数 PLC 采用类似继电器控制电路的"梯形图"语言编程,清晰直观,编程方便,简单易学,了解继电器控制的电气技术人员很容易接受。

4. PLC 与外部设备的连接简单、使用方便

使用微机控制时,为使微机与控制现场的设备连接起来,要在接口电路上做大量工作。而 PLC 的输入、输出接口已经做好,其输入接口可直接与按钮、传感器等输入设备连接,输出接口具有较强的驱动能力,可直接与接触器、电磁阀等连接,使用非常方便。

5. PLC 的功能多、功能的扩展能力强

其一,PLC 利用程序进行定时、计数、顺序、步进等控制,十分准确可靠。其二,PLC 具有 A/D 和 D/A 转换、数据运算和数据处理、运动控制等功能。因此,PLC 既可对开关量进行控制,又可对模拟量进行控制。其三,PLC 具有通信联网功能,因此,PLC 可以控制一台单机、一个机群或多条生产线,既可以现场控制,又可以远距离对生产过程进行监控。PLC 的功能扩展极为方便,硬件配置相当灵活。改变特殊功能单元的种类和个数,相应地修改用户程序,就可以随时改变系统的控制功能。

6. PLC 控制系统的设计、调试周期短

由于 PLC 是通过程序实现对系统的控制的,设计人员可以在实验室里设计和修改程序,并对系统的生产过程进行模拟运行调试,使现场调试的工作量大幅减少。

7. PLC 体积小、重量轻、易于实现机电一体化

PLC 内部电路主要采用半导体集成电路,其结构紧密、体积小、重量轻、功耗低,而且能适应各种恶劣的环境,因此,PLC 已成为机电一体化十分理想的控制装置。

2.2 PLC 的基本组成

微课视频2.2

根据结构形式的不同,PLC 可分为整体式(也称箱体式)和组合式(也称模块式)两类。

整体式 PLC 的基本组成如图 2.1 所示。整体式结构的 PLC 是将中央处理单元(CPU)、存储器、输入单元、输出单元、电源、外设接口、I/O 扩展端口等组装在一个箱体内,构成主机。另外,还有独立的 I/O 扩展单元等与主机配合使用。整体式 PLC 的结构紧密、体积小,小型机常采用这种结构。

组合式 PLC 的基本组成如图 2.2 所示。组合式结构的 PLC 是将 CPU、输入单元、输出单元、智能 I/O 单元、通信单元等分别做成相应的电路板或模块,各模块可以插在底板上,模块之间通过底板上的总线相互联系。装有 CPU 的单元称为 CPU 模块,其他单元称为扩展模块。CPU 模块与各扩展模块之间若通过电连接,距离一般不超过 10 m。中、大型机常采用组合式 PLC。由于组合式 PLC 系统配置灵活,有的小型机也采用这种结构。

下面介绍 PLC 各组成部分及其作用。图 2.1 和图 2.2 分别为整体式和组合式 PLC 的基本组成。

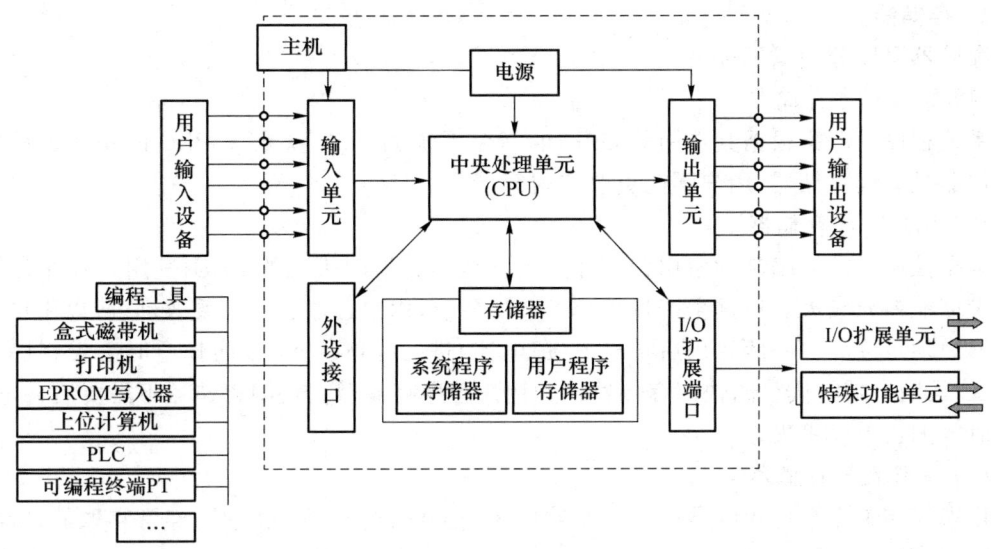

图 2.1　整体式 PLC 的基本组成

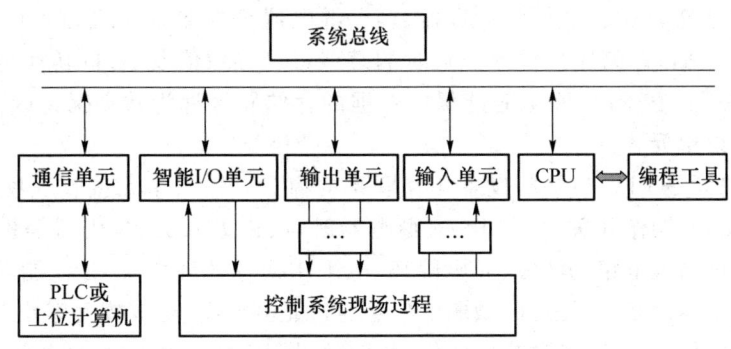

图 2.2　组合式 PLC 的基本组成

1．中央处理单元

CPU 是 PLC 的核心部件,能指挥 PLC 按照预先编好的用户程序完成各种任务。其作用如下:

① 接收、存储由编程工具输入的用户程序和数据,并可通过显示器显示出程序的内容和存储地址。

② 检查、校验用户程序。对正在输入的用户程序进行检查,发现语法错误立即报警,并停止输入;若在程序运行过程中发现错误,则立即报警或停止程序的执行。

③ 接收、调用现场信息。将接收到的现场输入的数据保存起来,在需要该数据的时候将其调出并送到需要该数据的地方。

④ 执行用户程序。当 PLC 进入运行状态后,CPU 根据用户程序存放的先后顺序,逐条读取、解释和执行程序,完成用户程序中规定的各种操作,并将程序执行的结果送至输出端,以驱动 PLC 外部的负载。

⑤ 故障诊断。诊断电源、PLC 内部电路的故障,根据故障或错误的类型,通过显示器显示出相应的信息,以提示用户及时排除故障或纠正错误。

2. 存储器

存储器可以分为以下 3 种。

（1）系统程序存储器

系统程序是厂家根据其选用的 CPU 的指令系统编写的，决定了 PLC 的功能。系统程序存储器是只读存储器，用户不能更改其内容。

（2）用户程序存储器

根据控制要求而编制的应用程序称为用户程序。不同机型的 PLC，其用户程序存储器的容量可能差异较大。根据生产过程或工艺的要求，用户程序经常需要改动，所以用户程序存储器必须可读写。一般要用后备电池（锂电池）进行掉电保护，以防掉电时丢失程序。有的 PLC 采用可随时读写的快闪存储器作为用户程序存储器。快闪存储器不需要后备电池，掉电时数据也不会丢失。

（3）工作数据存储器

用来存储工作数据的区域称为工作数据区。工作数据是经常变化、经常存取的，所以这种存储器必须可读写。

在工作数据区中开辟有元件映像寄存器和数据表。其中，元件映像寄存器用来存储开关量、输入、输出状态，以及定时器、计数器、辅助继电器等内部器件的 ON/OFF 状态。数据表用来存放各种数据，存储用户程序执行时的某些可变参数值及 A/D 转换得到的数字量和数学运算的结果等。在 PLC 断电时能保持数据的存储器区称为数据保持区。

3. 输入/输出单元

输入/输出单元是 PLC 与外部设备相互联系的窗口。输入单元接收现场设备向 PLC 提供的信号，如由按钮、操作开关、限位开关、继电器触点、接近开关、拨码器等提供的开关量信号。这些信号经过输入电路的滤波、光电隔离、电平转换等处理变成 CPU 能够接收和处理的信号。输出单元将经过 CPU 处理的微弱电信号通过光电隔离、功率放大等处理转换成外部设备所需要的强电信号，以驱动各种执行元件，如接触器、电磁阀、电磁铁、调节阀、调速装置等。

下面介绍几种常用的 I/O 单元的工作原理。

（1）开关量输入单元

按照输入端电源类型的不同，开关量输入单元可分为直流输入单元和交流输入单元。

① 直流输入单元

直流输入单元的电路如图 2.3 所示，外接的直流电源极性可任意设置（见图 2.3 中点划线）。虚线框内是 PLC 内部的输入电路，框外左侧为外部用户接线。图中只画出了对应于一个输入点的输入电路，各个输入点所对应的输入电路均相同。

在图 2.3 中，T 为一个光电耦合器，发光二极管与光电三极管封装在一个管壳中。当发光二极管（LED）中有电流时，其发光，此时光电三极管导通。R 为限流电阻，R 和 C 构成滤波电路，可滤除输入信号中的高频干扰。LED 显示该输入点的状态。工作原理是：当 S 闭合时，光电耦合器导通，LED 点亮，表示输入开关 S 处于接通状态。此时 A 点为高电平，该电平经滤波器送到内部电路中。当 CPU 访问该路信号时，将该输入点对应的输入映像寄存器状态置 1。当 S 断开时，光电耦合器不导通，LED 不亮，表示输入开关 S 处于断开状态。此时 A 点为低电平，该电平经滤波器送到内部电路中。当 CPU 访问该路信号时，将该输入点对应的输入映像寄存器状态置 0。

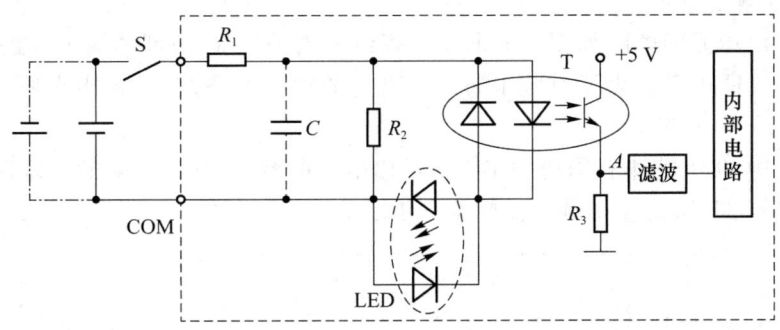

图 2.3 直流输入单元的电路

有的 PLC 内部提供 24 V 的直流电源,这时直流输入单元无须外接电源,用户只需将开关接在输入端子和公共端子之间即可,这就是所谓无源式直流输入单元。无源式直流输入单元简化了输入端的接线,方便了用户。

② 交流输入单元

交流输入单元的电路如图 2.4 所示。虚线框内是 PLC 内部的输入电路,框外左侧为外部用户接线。图中只画出了对应于一个输入点的输入电路,各个输入点所对应的输入电路均相同。

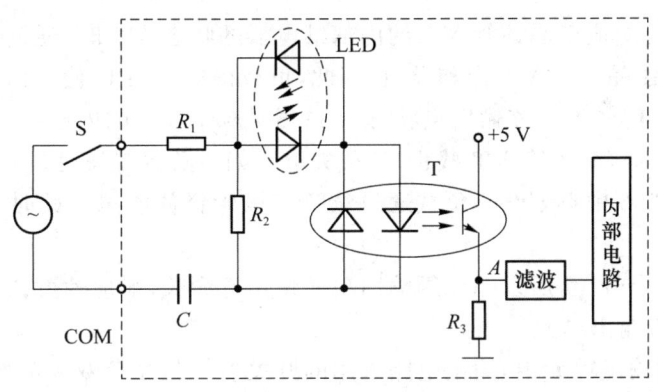

图 2.4 交流输入单元的电路

在图 2.4 中,电容器 C 为隔直电容,在交流电路中相当于短路。R_1 和 R_2 构成分压电路。此电路中的光电耦合器中是两个反向并联的 LED,任意一个二极管发光都可以使光电三极管导通。图中显示两个 LED 也是反向并联的,故这个电路可以接收外部的交流输入电压,其工作原理与直流输入电路基本相同。

PLC 的输入电路有共点式、分组式、隔离式之别。共点式的输入单元只有一个公共端子(COM),外部各输入元件都有一个端子与 COM 相接;分组式是将输入端子分为若干组,每组各共用一个公共端子;隔离式输入单元中具有公共端子的各组输入点之间互相隔离,可各自使用独立的电源。

(2) 开关量输出单元

按输出电路所用开关器件的不同,PLC 的开关量输出单元可分为晶体管输出单元、双向晶闸管输出单元和继电器输出单元。

① 晶体管输出单元

晶体管输出单元的电路如图 2.5 所示。虚线框内是 PLC 内部的输出电路，框外右侧为外部用户接线。图中只画出了对应于一个输出点的输出电路，各个输出点所对应的输出电路均相同。

在图 2.5 中，T 为光电耦合器，LED 指示输出点的状态，VT 为输出晶体管，VD 为保护二极管，FU 为熔断器，防止负载短路时损坏 PLC。

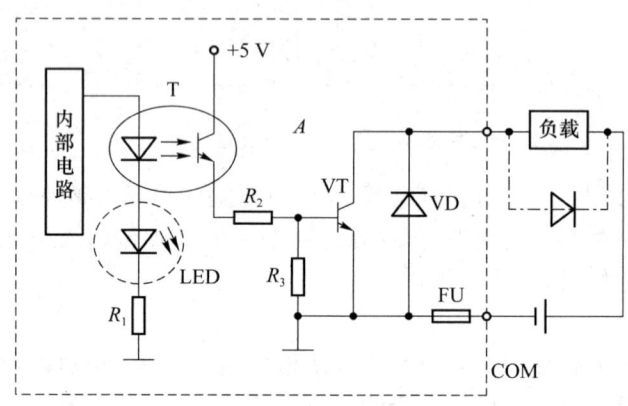

图 2.5　晶体管输出单元的电路

工作原理是：当对应于晶体管 VT 的内部继电器的状态为 1 时，通过内部电路使光电耦合器 T 导通，从而使晶体管 VT 饱和导通，因此，负载得电。CPU 使与该点对应的输出锁存器为高电平，LED 点亮，表示该输出点状态为 1；当对应于 VT 的内部继电器的状态为 0 时，光电耦合器 T 不导通，晶体管 VT 截止，负载失电。如果负载是感性的，则必须与负载并接续流二极管（见图 2.5 中点划线），负载通过续流二极管释放能量。此时 LED 不亮，表示该输出点的状态为 0。

晶体管为无触点开关，所以晶体管输出单元使用寿命长，响应速度快。

② 双向晶闸管输出单元

在双向晶闸管输出单元中，输出电路采用的开关器件是光控双向晶闸管，电路如图 2.6 所示。虚线框内是 PLC 内部的输出电路，框外右侧为外部用户接线。图中只画出了对应于一个输出点的输出电路，各个输出点所对应的输出电路均相同。

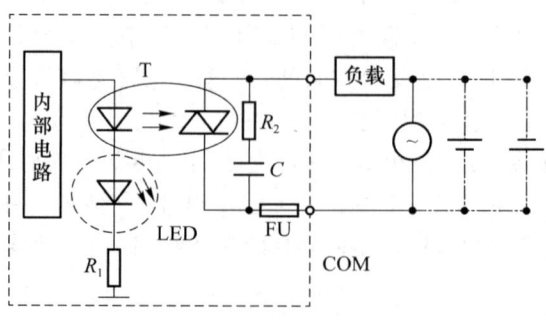

图 2.6　双向晶闸管输出单元的电路

在图 2.6 中，T 为光控双向晶闸管（两个晶闸管反向并联），LED 为输出点状态指示，

R_2、C 构成阻容吸收保护电路，FU 为熔断器。

工作原理是：当对应于 T 的内部继电器的状态为 1 时，发光二极管导通发光，不论外接电源极性如何，都能使双向晶闸管 T 导通，负载得电，同时输出指示灯 LED 点亮，表示该输出点接通；当对应于 T 的内部继电器的状态为 0 时，T 关断，负载失电，指示灯 LED 不亮。

双向晶闸管输出型 PLC 的负载电源可以根据负载的需要选用直流或交流。

③ 继电器输出单元

继电器输出单元的电路如图 2.7 所示。虚线框内是 PLC 内部的输出电路，框外右侧为外部用户接线。图中只画出了对应于一个输出点的输出电路，各输出点所对应的输出电路均相同。

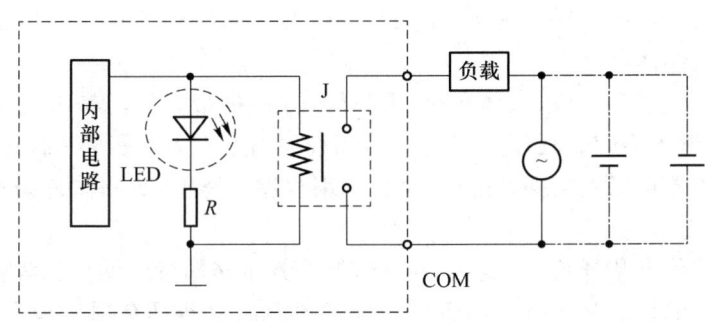

图 2.7 继电器输出单元的电路

在图 2.7 中，LED 为输出点状态显示器，为一个小型直流继电器。

工作原理是：当对应于 J 的内部继电器状态为 1 时，得电吸合，其常开触点闭合，负载得电。指示灯 LED 点亮，表示该输出点接通。当对应于 J 的内部继电器状态为 0 时，J 失电，其常开触点断开，负载失电。指示灯 LED 不亮，表示该输出点断开。

继电器输出型 PLC 的负载电源可以根据需要选用直流或交流。继电器触点寿命一般为 10 万～30 万次，因此，在需要输出点频繁通断的场合（如高频脉冲输出），应选用晶体管或晶闸管输出型 PLC。另外，继电器从线圈得电到触点动作存在延迟时间，是造成输出滞后于输入的原因之一。

PLC 输出电路也有共点式、分组式、隔离式之别。共点式中，输出只有一个公共端子；分组式是将输出端子分为若干组，每组共用一个公共端子；隔离式中，具有公共端子的各组输出点之间互相隔离，可各自使用独立的电源。

4. 电源

PLC 中一般配有开关式稳压电源为内部电路供电。开关电源的输入电压范围宽、体积小、重量轻、效率高、抗干扰性能好。有的 PLC 能向外部提供 24 V 的直流电源，可给输入单元所连接的外部开关或传感器供电。

5. I/O 扩展端口

大部分 PLC 都有 I/O 扩展端口。主机可以通过扩展端口连接 I/O 扩展单元来增加 I/O 点数，也可以通过扩展端口连接各种特殊功能单元以扩展 PLC 的功能。

6. 外设接口

一般 PLC 都有外设接口。通过外部设备端口，PLC 可与各种外部设备连接。例如，连接编程器可以输入、修改用户程序或监控程序的运行；连接终端设备 PT 可以进行程序的设计、调试和系统监控;连接打印机可以打印用户程序、PLC 运行过程中的状态、故障报警的种类和时间等;连接 EPROM 写入器可以将调试好的用户程序写入 EPROM,以免被误改动等;有的 PLC 可以通过外部设备端口与其他 PLC、上位计算机进行通信或加入各种网络等。

7. 编程工具

编程工具是开发应用和检查维护 PLC 及监控系统运行不可缺少的外部设备。编程工具的主要作用是编辑程序、调试程序和监控程序的执行,还可以在线测试 PLC 的内部状态和参数,与 PLC 进行人机对话等。编程工具可以是专用编程器,也可以是计算机辅助编程软件。

(1) 专用编程器

专用编程器是生产厂家提供的与该厂家 PLC 配套的编程工具。专用编程器分为简易编程器和图形编程器两种。

简易编程器的优点是价格低、体积小、重量轻、方便携带。但简易编程器不能直接输入梯形图程序,只能输入语句表程序。使用简易编程器编程时,简易编程器必须与 PLC 相连接。有的简易编程器可以直接插在 PLC 主机的编程器插座上,有的简易编程器必须借助专用电缆与 PLC 相连。

图形编程器的优点是屏幕大、显示功能强,但是其价格昂贵。图形编程器可以直接输入梯形图程序。图形编程器分手持式和台式。台式图形编程器具有用户程序存储器,可以把用户输入的程序存放在自己的存储器中,也可以把用户程序下载到 PLC 中。一般的台式图形编程器还能提供盒式带录音机接口和打印机接口,可将用户程序转存到磁带上或打印出来;有的还带有磁盘驱动器,可将程序转存到磁盘上。

专用编程器可以不参与现场运行,所以一台编程器可以供多台 PLC 使用。

(2) 计算机辅助编程软件

许多厂家给自己的 PLC 产品设计了计算机辅助编程软件。当 PLC 与装有编程软件的计算机连接通信时,可进行计算机辅助编程。如今,计算机辅助编程软件的功能已经非常强了,可以编辑、修改用户的程序,监控系统运行,采集和分析数据,在屏幕上显示系统运行状况,对工业现场和系统进行仿真,实现计算机和 PLC 之间的程序传送,打印文件,等等。

8. 特殊功能单元

一般情况下,特殊功能单元本身是一个独立的系统。对于组合式 PLC,特殊功能单元是 PLC 系统中的一个模块,与 CPU 通过系统总线相连接,并在 CPU 的协调管理下独立地进行工作(不参与循环扫描)。对于整体式 PLC,主机通过扩展端口与特殊功能单元连接。常用的特殊功能单元有 A/D 单元、D/A 单元、高速计数器单元、位置控制单元、PID 控制单元、温度控制单元、各种通信单元等。

2.3 PLC 的编程语言

各种机型的 PLC 都具有其自己的编程语言。一般情况下,小型 PLC 常使用梯形图和语句表编程语言,有的大、中型 PLC 也使用功能块和结构文本编程语言。

微课视频 2.3

功能块是一种将处理功能标准化的基本程序单元。功能块由 PLC 生产厂家以库文件的形式提供或由用户自己定义。在设计和调试程序时使用功能块可提高设计质量、缩短设计周期,并使程序更易于理解。OMRON 新型号的 PLC(如 CS1、CJ1、CP1H 等)都支持功能块编程,其库文件可安装在编程软件 CX-P(5.0 及以上版本)中,使用很方便。

结构文本编程语言可以处理复杂的运算和控制,如复杂的数学运算、数据处理、图形显示、打印报表等功能,而用梯形图语言描述这些高级功能就不方便了。结构文本编程语言不仅节省时间,而且程序简洁、清晰、易读,不易出错。OMRON 新型号的 PLC(如 CS1CJI、CPIH 等)都配有这种编程语言。编程软件 CX-P(5.0 及以上版本)支持用户使用结构文本编程语言编程。本节将介绍小型 PLC 常用的梯形图和语句表编程语言。

2.3.1 PLC 的梯形图编程语言

梯形图编程语言是由若干图形符号组合的图形语言。不同厂家的 PLC 各有自己的一套梯形图符号。梯形图编程语言具有继电器控制电路的形象、直观的优点。

为了更好地理解 PLC 的控制原理,本小节先将继电器控制中使用的物理的继电器与 PLC 编程语言中的继电器相比较,找出它们的异同;再将继电器控制与 PLC 控制的梯形图相比较,观察两种梯形图在工作原理上的差别。

表 2.1 为物理的继电器与 PLC 编程语言中的继电器的梯形图符号。图 2.8(a)和图 2.8(b)都是电动机直接启、停控制的梯形图。其中图 2.8(a)是用继电器控制的,图 2.8(b)是用 PLC 控制的。

表 2.1 两种继电器符号对照

触点		物理的继电器	PLC 编程语言中的继电器
线圈		□	○
触点	常开		─┤├─
	常闭		─┤/├─

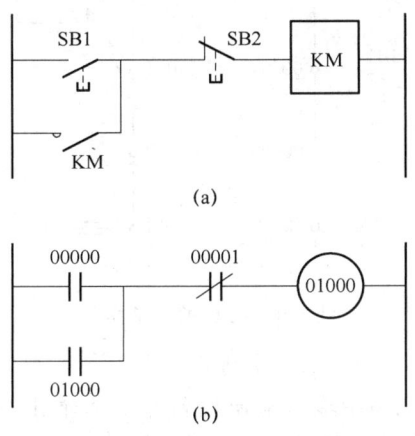

图 2.8 两种控制方式的梯形图

1. 两种继电器的区别

① 继电器控制电路中使用的是物理的继电器，各继电器与其他电器之间必须用硬接线实现连接；PLC 的继电器不是物理的电器，而是 PLC 内部的寄存器位，常称为"软继电器"。"软继电器"与物理继电器有着相似的功能。例如，当其线圈通电时，其所属的常开触点闭合，常闭触点断开；当其线圈断电时，其所属的常开触点和常闭触点均恢复常态。PLC 梯形图中的接线称为"软接线"，这种"软接线"是通过编写程序实现的。

② PLC 的每一个继电器都对应着内部的一个寄存器位，由于可以无限次地读取某一寄存器位的内容，因此，可以认为 PLC 的继电器有无数个常开、常闭触点可供用户使用。而物理继电器的触点个数是有限的。

③ PLC 的输入继电器是由外部信号驱动的。在梯形图中，只能使用输入继电器的触点，并不出现其线圈。而物理继电器触点的状态取决于其线圈状态（通、断电），若控制电路中不接继电器线圈而只接其触点，则触点永远不会动作。

2. 两种梯形图的区别

两种梯形图形式很相似，但存在着本质的差别。

① PLC 梯形图左、右侧的两条线也称为母线，但与继电器控制电路的两根母线不同。继电器控制电路的母线与电源连接，每一梯级在满足一定条件时将通过两条母线形成电流通路，从而使继电器动作；PLC 梯形图的母线并不接电源，它只表示每一个梯级的起始和结束，且 PLC 的每一个梯级中并没有实际的电流通过。通常说 PLC 的某个线圈通电了，只不过是为了分析问题方便而假设的概念电流通路，且此概念电流只能从左向右流动。这是 PLC 梯形图与继电器控制电路的本质区别。

② 继电器控制是通过改变梯形图中电器间的硬接线来实现不同的控制，而 PLC 是通过编写不同的程序来实现各种控制的。

图 2.9 是对应图 2.8(b) 梯形图的 PLC 外部接线图。图中只画出部分输入输出端子。00000、00001 等是输入端子，01000、01001 等是输出端子，COM 是输入和输出各自的公共端。

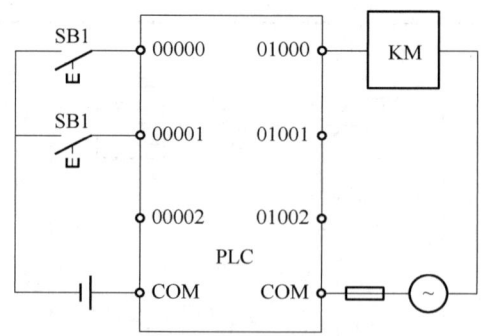

图 2.9　PLC 的外部接线

现就图 2.9 和图 2.8(b)，分析 PLC 控制的原理。

参照图 2.5～图 2.7，图 2.9 中输入输出设备与输入输出继电器的关系为：当启动按钮 SB1 闭合时，00000 输入端子对应的输入继电器线圈通电，其触点相应动作；当停止按钮 SB2 闭合时，00001 输入端子对应的输入继电器线圈通电，其触点相应动作。当 01000 输出端子对应的输出继电器线圈通电时,外部负载接触器 KM 的线圈通电。

图 2.8(b)启、停电动机的过程如下:

按一下启动按钮 SB1,00000 输入端子对应的输入继电器线圈通电,其常开触点 00000 闭合。由于没有按动 SB2,所以常闭触点 00001 处于闭合状态。因此,输出继电器 01000 线圈通电,使接触器 KM 通电。由于 KM 的主触点接在电动机的主电路中,于是电动机启动。释放启动按钮 SB1 后,由于 01000 线圈通电,其常开触点 01000 闭合,起自锁作用。

在电动机运行过程中按一下停止按钮 SB2,00001 输入端子对应的输入继电器线圈通电,其常闭触点 00001 断开,输出继电器 01000 线圈断电,使接触器 KM 断电,电动机停转。

2.3.2 PLC 的语句表编程语言

语句表编程语言类似计算机的汇编语言,用助记符来表示各种指令的功能。对于同样功能的指令,不同厂家的 PLC 使用的助记符一般不同。

指令语句是 PLC 用户程序的基础元素,多条语句的组合构成了语句表。一个复杂的控制功能是用较长的语句表来描述的。

对于图 2.8(b)的梯形图,其语句表示为

LD   00000   (常开触点 00000 与左母线连接)
OR   01000   (常开触点 01000 与常开触点 00000 相并联)
ANDNOT   00001   (串联一个常闭触点 00001)
OUT   01000   (输出到继电器 01000)

语句表不如梯形图那样形象、直观,但是在使用简易编程器向 PLC 输入用户程序时,必须把梯形图程序转换成语句表才能输入。

2.4 PLC 的工作方式

微课视频 2.4

在继电器控制电路中,当某些梯级同时满足导通条件时,这些梯级中的继电器线圈会同时通电,也就是说,继电器控制电路是一种并行工作方式。PLC 采用循环扫描的工作方式,在 PLC 执行用户程序时,CPU 对梯形图自上而下、自左向右地逐次进行扫描,程序的执行是按语句排列的先后顺序进行的。这样,PLC 梯形图中各线圈状态的变化在时间上是串行的,不会出现多个线圈同时改变状态的情况,这是 PLC 控制与继电器控制最主要的区别。

2.4.1 PLC 的循环扫描工作方式

PLC 的循环扫描工作方式可以看成一种由系统软件支持的扫描设备,不论用户程序运行与否,CPU 都要周而复始地进行循环扫描,并执行系统程序所规定的任务。每一个循环所经历的时间称为一个扫描周期。每个扫描周期又分为几个工作阶段,每个工作阶段完成不同的任务。图 2.10 为 CPM1A 的扫描工作流程图。

PLC 上电后,首先进行初始化,然后进入循环扫描工作过程。一次循环扫描过程可归

纳为5个工作阶段，如图2.10(b)所示。

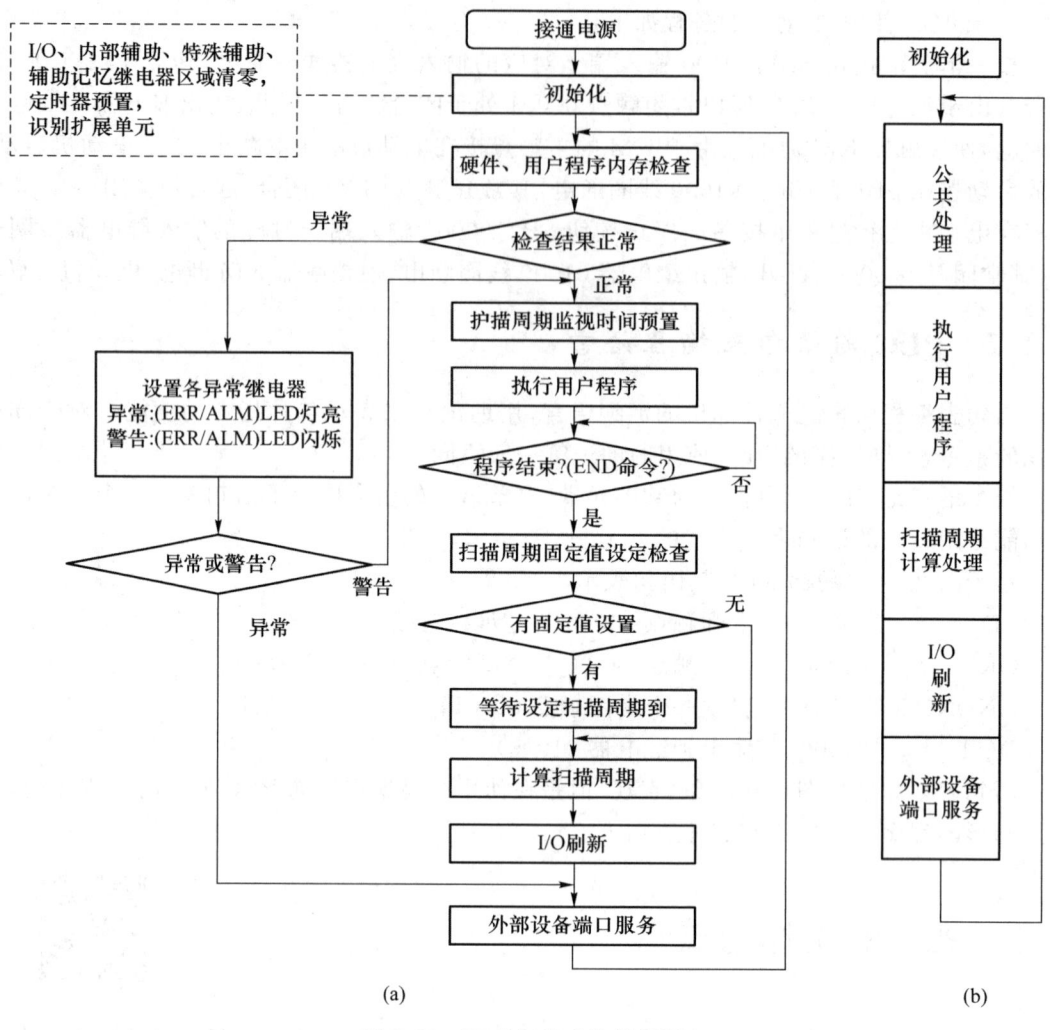

图2.10 PLC扫描工作流程图

循环扫描各阶段完成的任务如下。

1. 公共处理阶段

在每一次扫描开始之前，CPU都要进行监视定时器复位、硬件检查、用户内存检查等操作。如果有异常情况，CPU除故障显示指示灯亮外，还要判断并显示故障的性质。如果属于一般性故障，则只报警不停机，等待处理。如果属于严重故障，则停止PLC的运行。公共处理阶段所用的时间一般是固定的，不同机型的PLC有所差异。

2. 执行用户程序阶段

在执行用户程序阶段，CPU对用户程序按先上后下、先左后右的顺序逐条地进行解释和执行。CPU从输入映像寄存器和元件映像寄存器中读取各继电器当前的状态，根据用户程序给出的逻辑关系进行逻辑运算，再将运算结果写入元件映像寄存器。

执行用户程序阶段的扫描时间不是固定的，主要取决于以下几方面。

① 用户程序中语句数量。用户程序的语句数量不同，所需要的扫描时间必然不同。因此，为了减少扫描时间，用户应使所编写的程序尽量简洁。

② 每条指令的执行时间不同。对同一种控制功能,若选用不同的指令进行编程,扫描时间会有很大差异。因为有的指令执行时间只有几微秒,而有的则多达上百微秒。所以在实现同样控制功能的情况下,应选择那些执行时间短的指令来编写程序。

③ 程序中有改变程序执行流向的指令。例如,有的用户程序中安排了跳转指令,当条件满足时某段程序被扫描并执行,否则不扫描该段程序且跳过该段程序去执行下面的程序;有的用户程序使用了子程序调用指令,当条件满足时就停止执行当前程序,去执行预先编排的子程序,当条件不满足时就不扫描子程序;有的用户程序安排了中断控制程序,当有中断申请信号时就转去执行中断处理子程序,否则就不扫描中断处理子程序;等等。

由此可见,执行用户程序的扫描时间是影响扫描周期长短的主要因素,而且,在不同时间执行用户程序,其扫描时间也不尽相同。

3. 扫描周期计算处理阶段

若预先将扫描周期设定为固定值(对于 CPM1A/CPM2A,可由用户在 DM6619 中设定),则进入等待状态,直至达到该设定值时,扫描继续进行。若设定扫描周期为不定值(即扫描周期取决于用户程序的长短等),则要进行扫描周期的计算。

计算处理扫描周期所用的时间很短,对一般 PLC 都可视为零。

4. I/O 刷新阶段

在 I/O 刷新阶段,CPU 要做两件事情。其一,CPU 要从输入电路中读取各输入点的状态,并将此状态写入输入映像寄存器中,也就是刷新输入映像寄存器的内容。自此,输入映像寄存器就与外界隔离了,无论输入点的状态怎样变化,输入映像寄存器的内容都保持不变,直到下一个扫描周期的 I/O 刷新阶段才会写进新内容。这就是说,各输入映像寄存器的状态要保持一个扫描周期不变。其二,CPU 要将所有输出继电器的元件映像寄存器的状态传送到相应的输出锁存电路中,再经输出电路的隔离和功率放大传送到 PLC 的输出端,驱动外部执行元件动作。

I/O 刷新阶段的时间长短取决于 I/O 点数的多少。

5. 外部设备端口服务阶段

在外部设备端口服务阶段,CPU 完成与外部设备端口连接的外围设备的通信处理。

完成上述各阶段的处理后,返回公共处理阶段,周而复始地进行扫描。

图 2.11 为信号从 PLC 的输入端子到输出端子的传递过程。

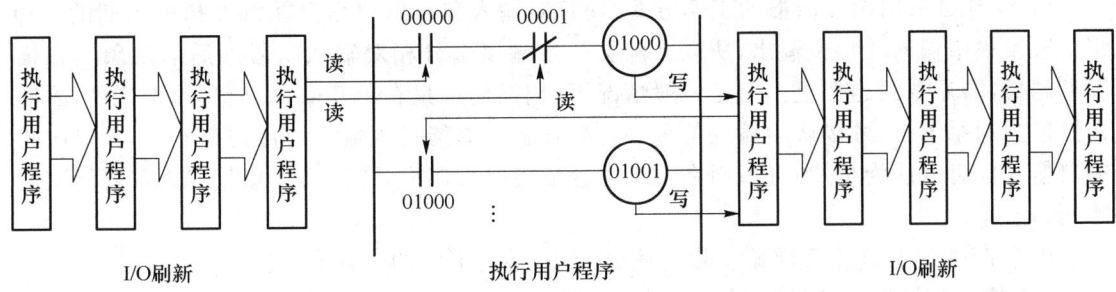

图 2.11 PLC 信号的传递过程

在 I/O 刷新阶段,CPU 从输入电路的输出端读出各输入点的状态,并将其写入输入映像寄存器中。在紧接着的下一个扫描周期的执行用户程序阶段,CPU 从输入映像寄存器和元件映像寄存器中读出各继电器的状态,并根据此状态执行用户程序,再将执行结果写入元件映像寄存器中。在 I/O 刷新阶段,CPU 将输出映像寄存器的状态写入输出锁存电路,再经输出电路传递到输出端子。

在执行用户程序阶段,要注意所使用的输入和输出数据的问题。设输入数据为 X,输出数据为 Y。在第 n 次扫描执行用户程序时,所依据的输入数据是第 $n-1$ 次扫描 I/O 刷新阶段读取的 X_{n-1};执行用户程序过程中,元件像寄存器中的数据既有第 $n-1$ 次扫描存入的数据 Y_{n-1},又有本次执行程序的中间结果。第 n 次扫描的 I/O 刷新时输出的数据是 Y_n。

如图 2.11 所示,在某一个扫描周期里执行用户程序的具体过程是:执行第 1 个梯级时,CPU 从输入映像寄存器中读出 00000 号输入继电器的状态,设其为 1;再读出 00001 号输入电器的状态,设其为 0。由 00000 和 00001 的状态结算出 01000 号继电器当前的状态是 1。若此前 01000 的状态是 0,则 CPU 用当前的 1 去改写元件映像寄存器中 01000 对应的位。下一步再执行第 2 个梯级,从元件映像寄存器中读出 01000 号电器的状态 1(即前一步存入的),结算出 01001 号继电器的状态是 1。若此前 01001 的状态是 0,则 CPU 用当前的 1 去改写元件映像寄存器中 01001 对应的位。本次扫描 I/O 刷新的结果是:01000 为 1,01001 为 1。

由上述分析可以得出执行用户程序扫描阶段的特点。其一,在执行用户程序的过程中,输入映像寄存器的状态不变。其二,元件映像寄存器的内容随程序的执行而改变,前一步的结算结果随即作为下一步的结算条件,这一点与输入映像寄存器完全不同。其三,程序的执行是由上而下进行的,所以各梯级中的继电器线圈不可同时改变状态。其四,执行用户程序的结果要保持到下一个扫描周期的用户程序执行阶段。在编写应用程序时,务必要注意 PLC 的这种循环扫描工作方式,不少应用程序的错误就是由于忽视了这个问题而造成的。

PLC 的循环扫描工作方式也为 PLC 提供了一条死循环自诊断功能。PLC 内部设置了一个监视定时器 WDT,其定时时间可设置为大于用户程序的扫描时间,在每个扫描周期的公共处理阶段,它将监视定时器复位。正常情况下,监视定时器不会动作。如果由于 CPU 内部故障使程序执行进入死循环,那么扫描周期将超过监视定时器的定时时间。这时监视定时器 WDT 动作,使 PLC 运行停止,以提示用户排查故障。

2.4.2 PLC 的 I/O 滞后现象

由于 PLC 采用循环扫描的工作方式,而且对输入和输出信号只在每个扫描周期的 I/O 刷新阶段集中输入并集中输出,所以必然会产生输出信号相对输入信号滞后的现象。扫描周期越长,滞后现象越严重。但是一般情况下,扫描周期只有十几毫秒,最多几十毫秒,因此在慢速控制系统中,可以认为输入信号一旦变化就立即能进入输入映像寄存器中,其对应的输出信号也可以认为是及时的;而在要求快速响应的控制中,该滞后现象就成为需要解决的问题。

PLC 产生的 I/O 滞后现象。除上述原因外,还与下面的因素有关。

(1) 输入滤波器对信号的延迟作用。由于 PLC 的输入电路中设置了滤波器,滤波器的时间常数越大,对输入信号的延迟作用越强。从输入端 ON 到输入滤波器输出 ON 所经历的时间为输入 ON 延时(CPM1A 系列默认设置时间为 8 ms)。有的 PLC 输入电路滤波器的时间常数可以调整。

(2) 输出继电器的动作延迟。对于电器输出型的 PLC,把从输出锁存器 ON 到输出触点 ON 所经历的时间称为输出 ON 延时,一般需十几毫秒。因此,在要求输入、输出有较快响应的场合,最好不要使用继电器输出型的 PLC。

(3) 用户程序的语句编排。在学习了 PLC 的编程以后就会知道,用户程序的语句编排不当也会影响 I/O 滞后时间。

以 20 点的继电器输出型的 CPM1A 为例,可以按下面的方法估算 I/O 响应时间。

设输入 ON 延时为 8 ms,公共处理和 I/O 刷新时间为 2 ms,执行用户程序时间为 14 ms(一般为十几至几十毫秒),输出 ON 延时为 15 ms。

① 输入状态经过一个扫描周期在输出得到响应,称为最小 I/O 响应时间。例如,在第 1 个扫描周期的 I/O 刷新阶段,输入点的状态已经在输入电路的输出端反映出来了,CPU 将其写入输入映像寄存器,经过程序执行后,结果在第 2 个扫描周期的 I/O 刷新阶段被输出。

最小 I/O 响应时间=输入 ON 延时+公共处理和 I/O 刷新时间+执行程序时间+输出 ON 延时=(8+(2+14)+15) ms=39 ms

② 输入状态经过两个扫描周期在输出得到响应,称为最大 I/O 响应时间。例如,在第 1 个扫描周期的 I/O 刷新阶段刚结束,输入点的状态在输入电路的输出端反映出来,由于错过了 I/O 刷新阶段,只能等到第 2 个扫描周期的 I/O 刷新阶段才能被 CPU 读取到输入映像寄存器中,经过程序执行后,结果在第 3 个扫描周期的 I/O 刷新阶段被输出。

最大 I/O 响应时间=输入 ON 延时+(公共处理和 I/O 刷新时间+执行程序时间)×2+输出 ON 延时=(8+(2+14)×2+15) ms=55 ms

对一般工业控制设备或者对输入信号变化较慢的系统来说,这种滞后现象是完全允许的。若在需要输出对输入做出快速响应的场合,则可采用快速响应模块、高速计数模块,以及中断处理等措施来尽量减少滞后时间。

2.5 PLC 的主要技术指标

微课视频 2.5

在描述 PLC 的性能时,经常用到以下术语:位(bit)、数字(digit)、字节(byte)及字(word)。位指二进制数的一位,仅有 1、0 两种取值。1 个位对应 PLC 的 1 个继电器,某位的状态为 1 或 0,分别对应该继电器线圈得电(ON)或失电(OFF)。4 位二进制数构成 1 个数字,这个数字可以是 0000~1001(十进制数),也可以是 0000~1111(十六进制数)。2 个数字或 8 位二进制数构成 1 个字节,2 个字节构成 1 个字。在 PLC 术语中,字也称为通道。1 个字含 16 位,即一个通道含 16 个继电器。

PLC 的主要性能指标包括以下几个方面。

1. 存储容量

存储容量指的是用户程序存储器的容量。用户程序存储器的容量,决定了 PLC 可以容纳用户程序的长短。一般以字为单位来计算,每 1024 个字为 1K 个字。小型 PLC 的存储容量一般在几 K 至几十 K 个字,中、大型 PLC 的存储容量可在几百 K 至几 M(1 M 个字=1 024 K 个字)个字。也有的 PLC 用存放用户程序的指令条数来描述容量。

2. 输入/输出点数

I/O 点数即 PLC 面板上的输入/输出端子的个数。I/O 点数越多,外部可接的输入器件和输出器件越多,控制规模就越大。因此,I/O 点数是衡量 PLC 性能的重要指标之一。

3. 扫描速度

扫描速度是指 PLC 执行程序的速度,是衡量 PLC 性能的重要指标之一。一般以扫描 1K 个字所用的时间来衡量扫描速度。PLC 用户手册一般会给出执行各条指令所用的时间,通过用各种 PLC 执行相同操作所用的时间,可粗略衡量其扫描速度的快慢。

4. 编程指令的种类和条数

编程指令的种类及条数是衡量 PLC 控制能力强弱的重要指标。编程指令的种类及条数越多,处理能力、控制能力就越强。

5. 内部器件的种类和数量

内部器件包括各种继电器、计数器/定时器、数据存储器等。其种类越多、数量越大,存储各种信息的能力和控制能力就越强。

6. 扩展能力

PLC 的扩展能力是衡量 PLC 控制功能的重要指标。大部分 PLC 可以用 I/O 扩展单元进行 I/O 点数的扩展。当今,多数 PLC 可以使用各种特殊功能模块进行各种功能的扩展。

7. 特殊功能单元的数量

PLC 不但能完成开关量的逻辑控制,而且利用特殊功能单元可以完成模拟量控制、位置和速度控制以及通信联网等功能。特殊功能单元种类的多少和功能的强弱是衡量 PLC 产品水平高低的一个重要指标。特殊功能单元的种类日益增多,功能越来越强。

习 题

1. 物理的继电器与 PLC 编程语言中的继电器有何区别?
2. 与继电器控制相比,简述 PLC 控制的主要优点。
3. 整体式和组合式 PLC 主要由哪几个部分组成?
4. PLC 的 CPU 有何作用?
5. PLC 有几种存储器?各有何作用?
6. PLC 的外部设备端口和扩展端口各有何作用?
7. 在 PLC 输入和输出电路中,为什么要设置光电隔离器?
8. PLC 的编程工具有哪几种?
9. PLC 的梯形图和语句表编程语言各有何特点?
10. 继电器控制与 PLC 控制的梯形图有何区别?
11. 什么是 PLC 的扫描周期?扫描过程分为哪几个阶段?各阶段分别完成什么任务?
12. 扫描周期的长短主要取决于哪些因素?
13. 执行用户程序阶段的特点是什么?
14. 什么是 PLC 的输入/输出滞后现象?造成这种现象的主要原因是什么?

第 3 章　PLC 系统与控制

PLC 系统与控制是现代工业自动化的核心组成部分，人们通过可编程逻辑控制器 (PLC)来实现对机械设备和生产过程的精确控制[6]。PLC 是一种专为工业环境设计的微型计算机系统，它通过执行用户编写的程序来接收传感器信号、处理数据，并向执行机构发送控制命令。PLC 系统由系统程序和用户程序两部分组成：系统程序由制造商预装，不可更改，负责管理和调度 PLC 的基本功能；用户程序则由用户根据具体的应用需求编写，以实现特定的控制逻辑。

欧姆龙 PLC 编程软件 CX-Programmer 是一款强大的工具，它为用户提供了一个基于 CPS(component and network profile sheet)的集成开发环境，支持多种编程语言，如梯形图、结构文本等[7]。CX-Programmer 支持欧姆龙多个系列的 PLC 产品[8]，如 CS/CJ、CV、C、FQM、CP1H/CP1L/CP1E 等，使得用户能够轻松地开发、调试和维护控制程序。此外，该软件还提供了离线仿真功能，允许用户在没有实际 PLC 的情况下进行程序测试和验证，极大地提高了开发效率和程序质量。

本章将介绍 CX-Programmer 软件的安装步骤、基本操作、指令使用和中级电路设计方法，以帮助学生熟悉编程 PLC 的重要工具。

3.1　软件安装指南

3.1.1　软件的安装

为了引导学生顺利安装并启动欧姆龙 PLC 编程软件 CX-Programmer，本小节将介绍详细的安装步骤。

微课视频 3.1.1

1. 解压与启动安装程序

将压缩包"CXONE v4.40"解压到 D 盘，打开文件夹，双击运行"setup.exe"文件，如图 3.1 所示。

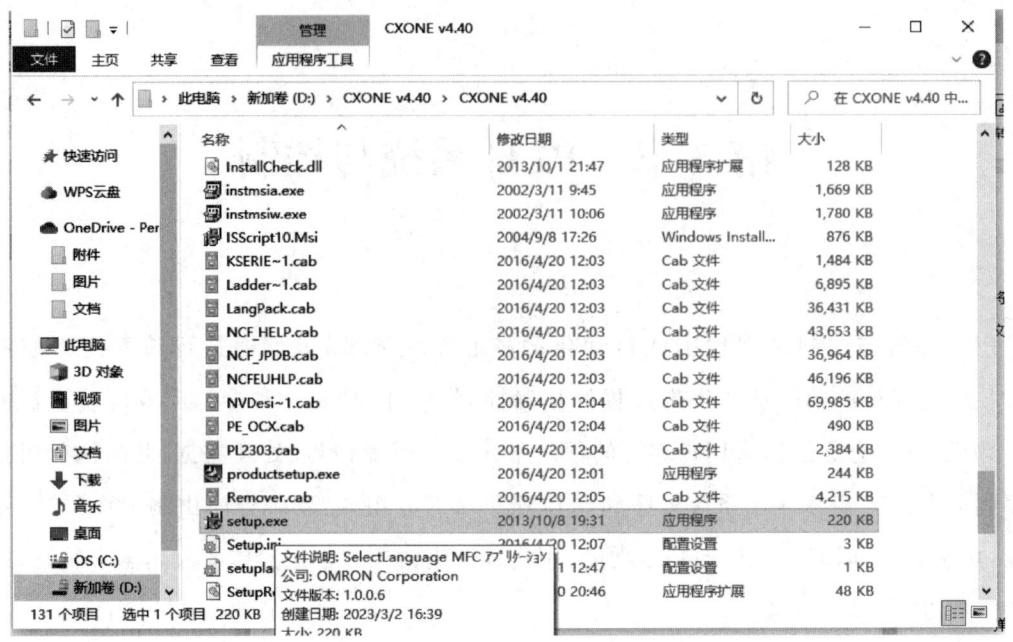

图 3.1 启动安装程序

2. 安装向导

(1) 弹出"语言选择"窗口,从列表中选择需要安装的语言,单击"确定"按钮,如图 3.2 所示。

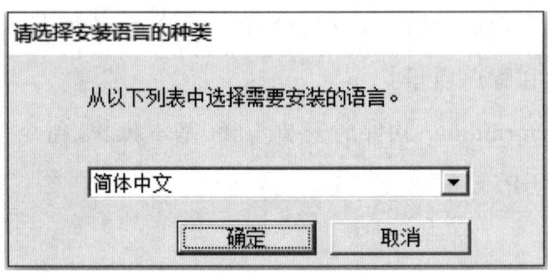

图 3.2 "语言选择"窗口

(2) 当右下角出现"安装"窗口时,等待进度条自动加载完毕,如图 3.3 所示。

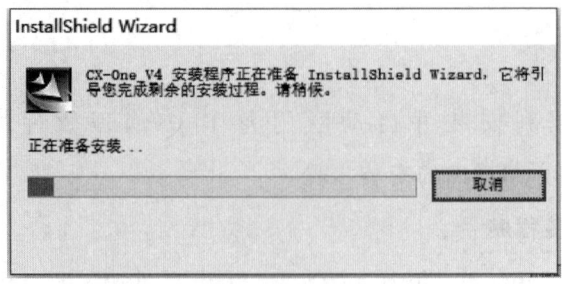

图 3.3 "安装"窗口

(3) 进度条自动加载完毕后,弹出"安装向导"窗口,再次单击"确定"按钮,如图3.4所示。

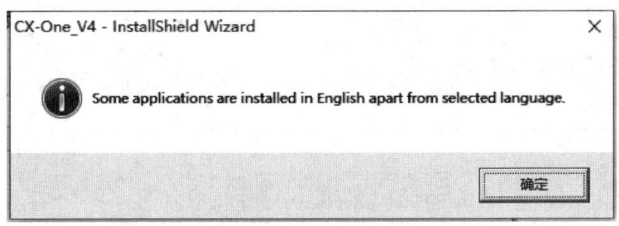

图3.4 "安装向导"窗口

(4) 出现"欢迎使用"界面时,单击"下一步"按钮,继续安装,如图3.5所示。

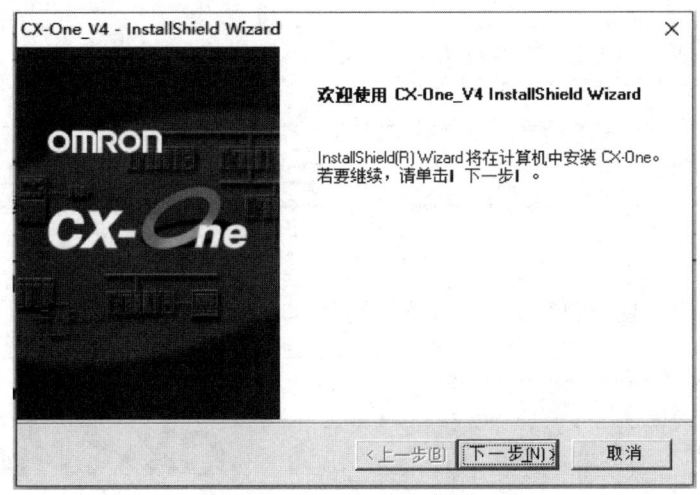

图3.5 "欢迎使用"界面

(5) 进入"许可证协议"窗口,阅读协议内容,并勾选"我接受许可证协议中的条款(A)"选项,如图3.6所示。

图3.6 "许可证协议"窗口(一)

(6) 单击"下一步"按钮,如图 3.7 所示。

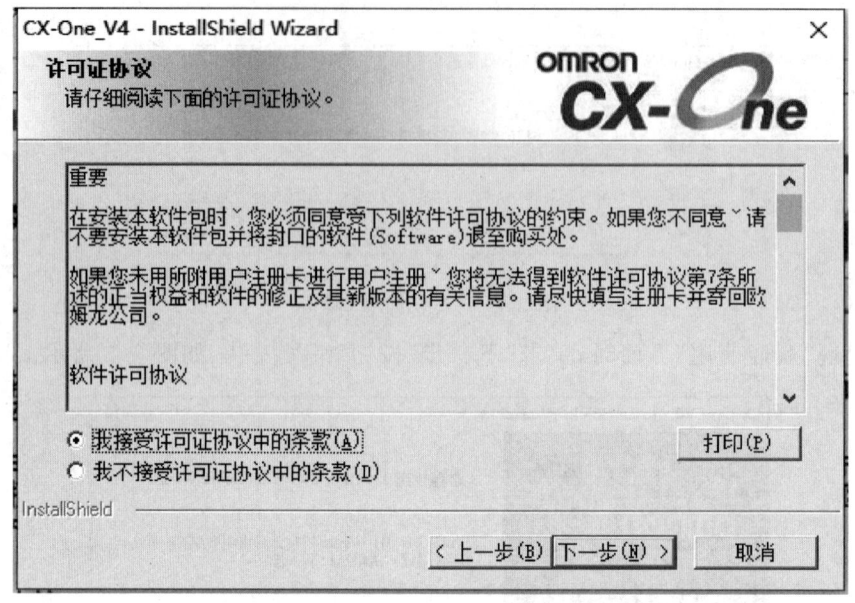

图 3.7 "许可证协议"窗口(二)

(7) 出现"用户信息"窗口,如图 3.8 所示。

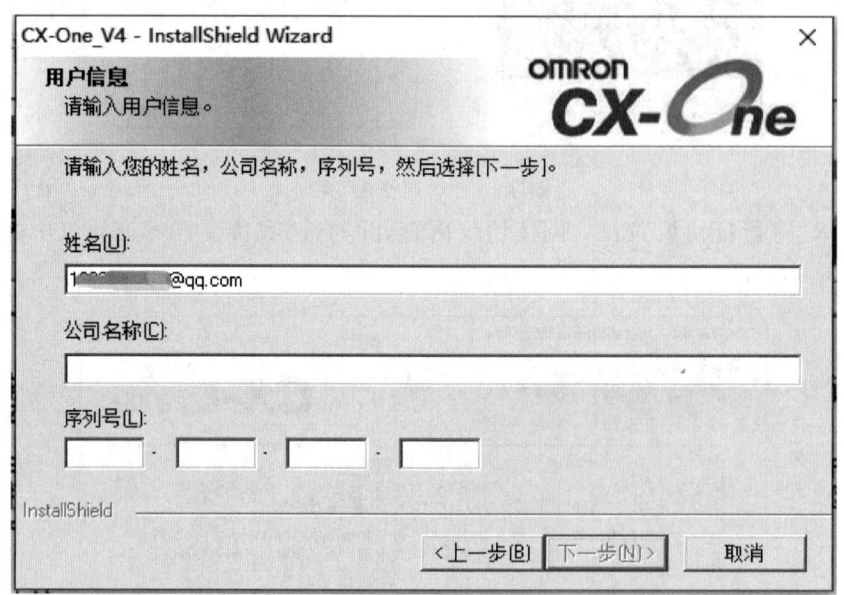

图 3.8 "用户信息"窗口

(8) 输入"姓名"和"公司名称"(可以随意填写),并在"序列号"栏手动输入序列号(若该窗口卡顿,则在计算机的任务管理器中结束任务,再重新启动),如图 3.9 所示。

(9) 单击"下一步"按钮,出现"区域信息"窗口,如图 3.10 所示。

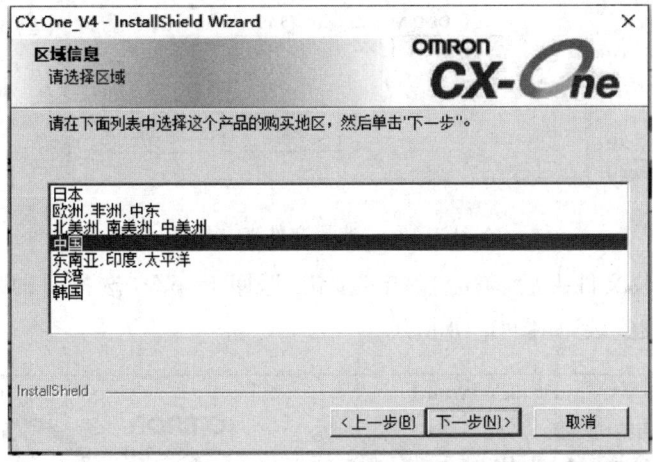

图 3.9　输入"姓名"、"公司名称"及"序列号"

图 3.10　"区域信息"窗口

3．选择安装位置

（1）单击"下一步"按钮，进入"选择目的地位置"窗口，如图 3.11 所示。

图 3.11　"选择目的地位置"窗口

（2）建议将程序安装到内存较为充裕的 D 盘（可以在 D 盘中手动新建一个名为"CX_ONE"的文件夹，并作为安装位置），如图 3.12 所示。

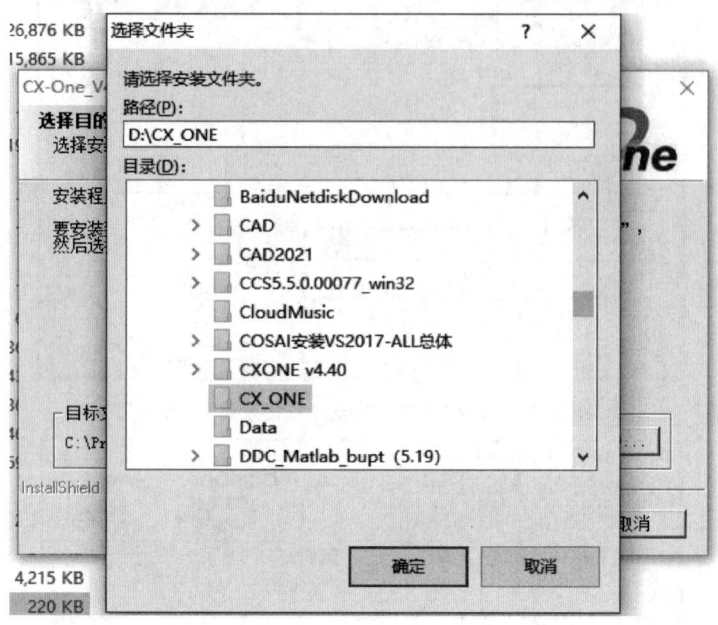

图 3.12　"选择文件夹"窗口

（3）选择好安装文件夹后，单击"确定"按钮，返回上一级"选择目的地位置"窗口，单击"下一步"按钮，继续安装，如图 3.13 所示。

图 3.13　安装位置确认

4. 安装选项

（1）进入"安装类型"窗口，单击"下一步"按钮，继续安装，如图 3.14 所示。

图 3.14 "安装类型"窗口

（2）继续单击"下一步"按钮，直到出现"选择 OMRON FB Library 的目标位置"窗口，如图 3.15 所示。

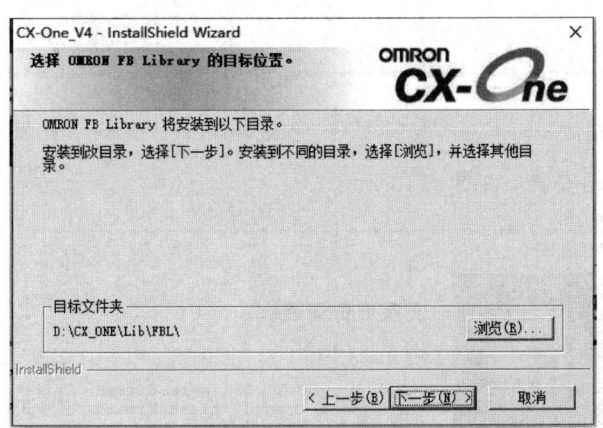

图 3.15 "选择 OMRON FB Library 的目标位置"窗口

（3）再次单击"下一步"按钮，直至出现"选择程序文件夹"窗口，如图 3.16 所示。

图 3.16 "选择程序文件夹"窗口

(4) 单击"安装"按钮,开始安装程序,如图 3.17 所示。

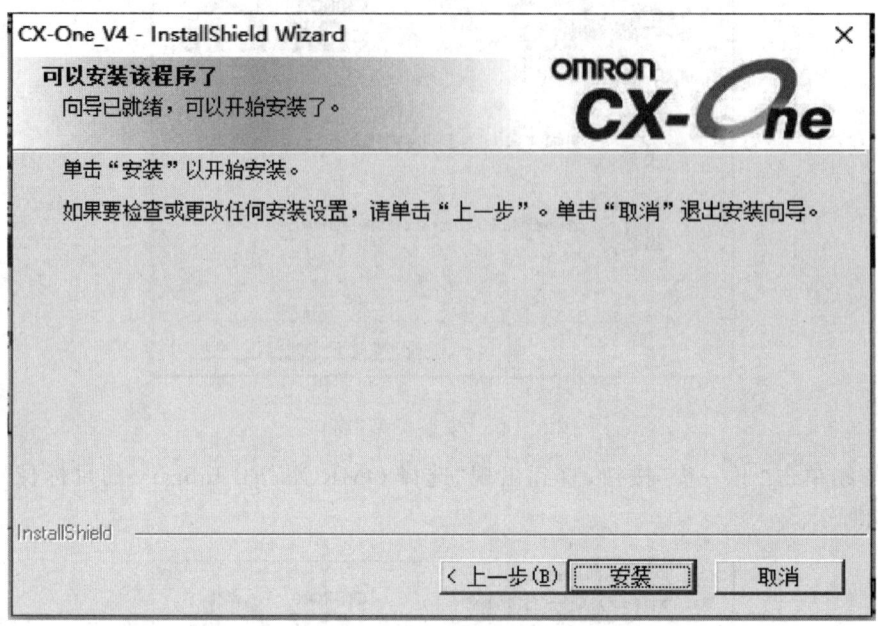

图 3.17　安装确认

(5) 等待程序自动安装,如图 3.18 所示。

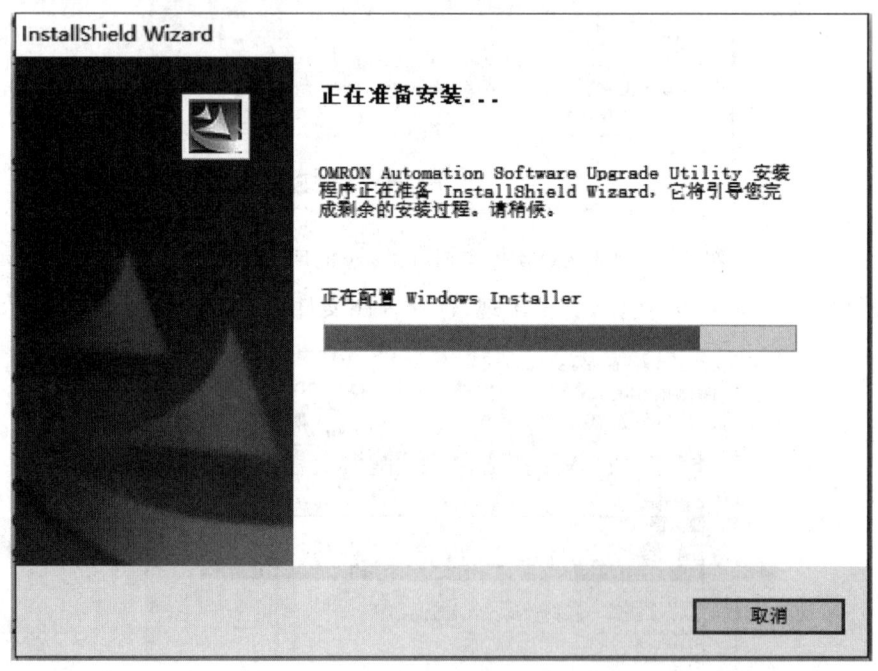

图 3.18　程序自动安装

(6) 安装大约需要 10~20 min,等待程序自动安装,如图 3.19 和图 3.20 所示。

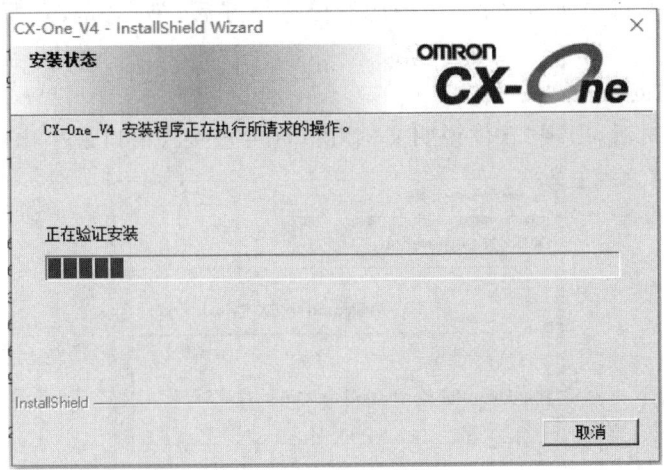

图 3.19 "安装状态"窗口

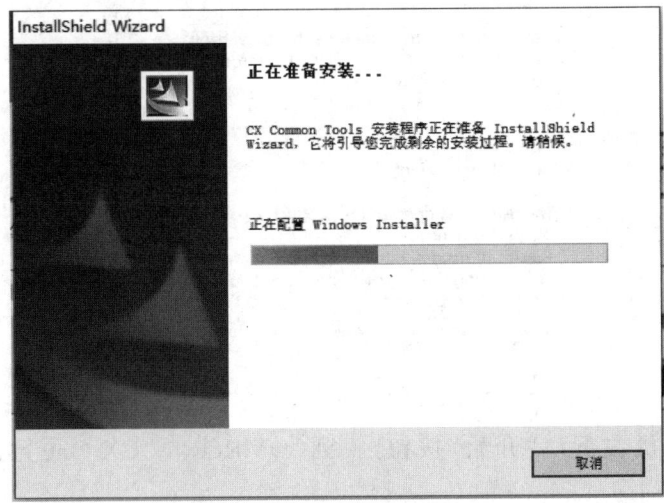

图 3.20 配置进度

5. 完成安装并重启

(1) 完成安装后,软件会弹出提示对话框,询问用户是否立即重启计算机,如图 3.21 所示。

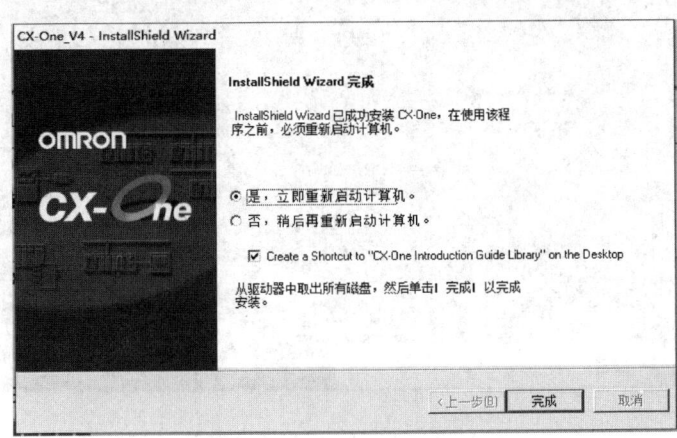

图 3.21 提示对话框

(2)在确保计算机中所有文件、文档均已保存完好后,单击"是,立即重新启动计算机"选项。

6. 启动 CX-Programmer

(1)重启计算机后,出现"软件说明文档"窗口(可直接将窗口最小化),如图 3.22 所示。

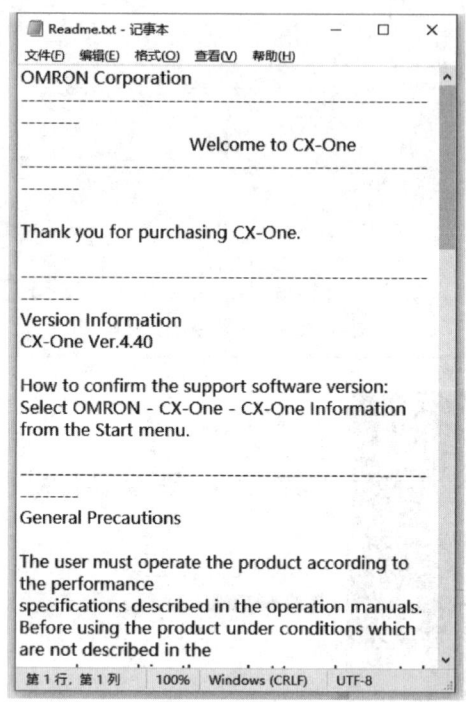

图 3.22 "软件说明文档"窗口

(2)单击计算机左下角"开始"按钮,找到"OMRON"-"CX-One"文件夹,如图 3.23 所示。

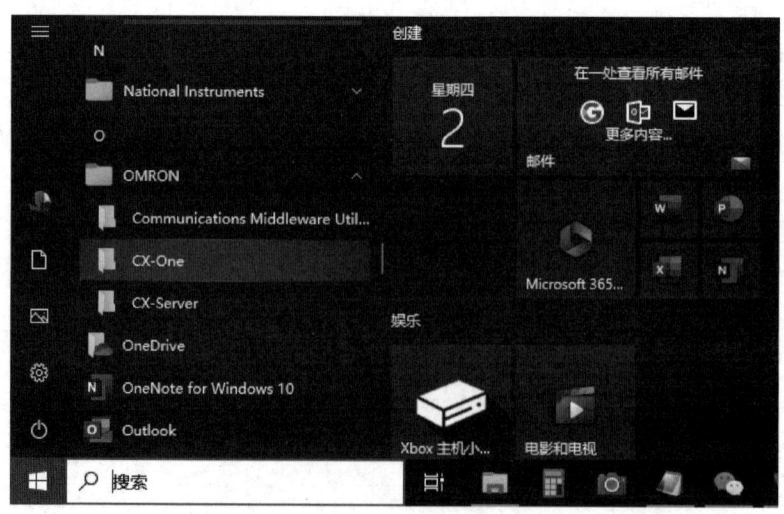

图 3.23 "CX-One"文件夹索引

第 3 章　PLC 系统与控制

（3）单击打开"CX-One"文件夹，如图 3.24 所示。

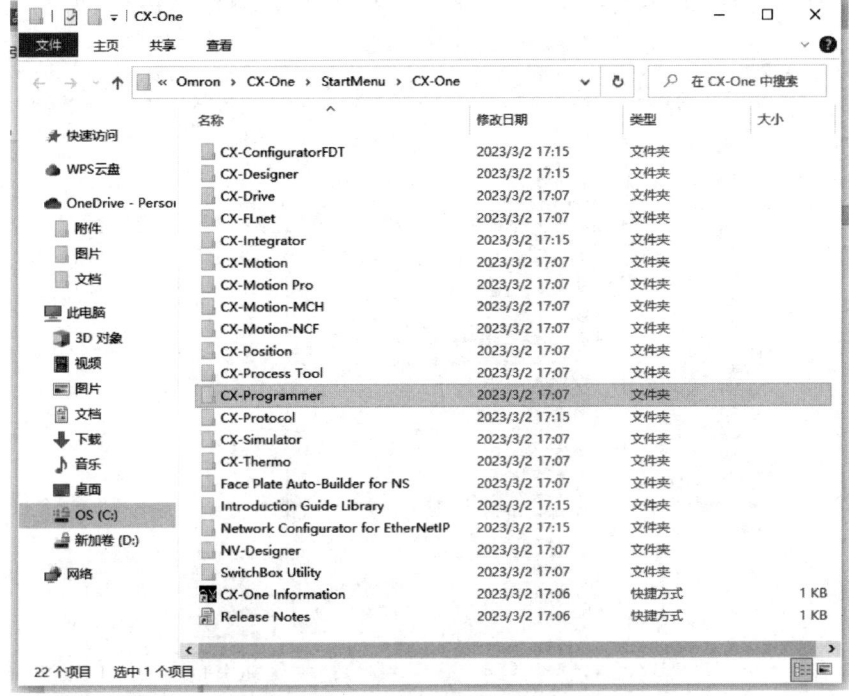

图 3.24　"CX-One"文件夹

（4）在"CX-One"文件夹中，找到"CX-Programmer"文件夹并双击打开，如图 3.25 所示。

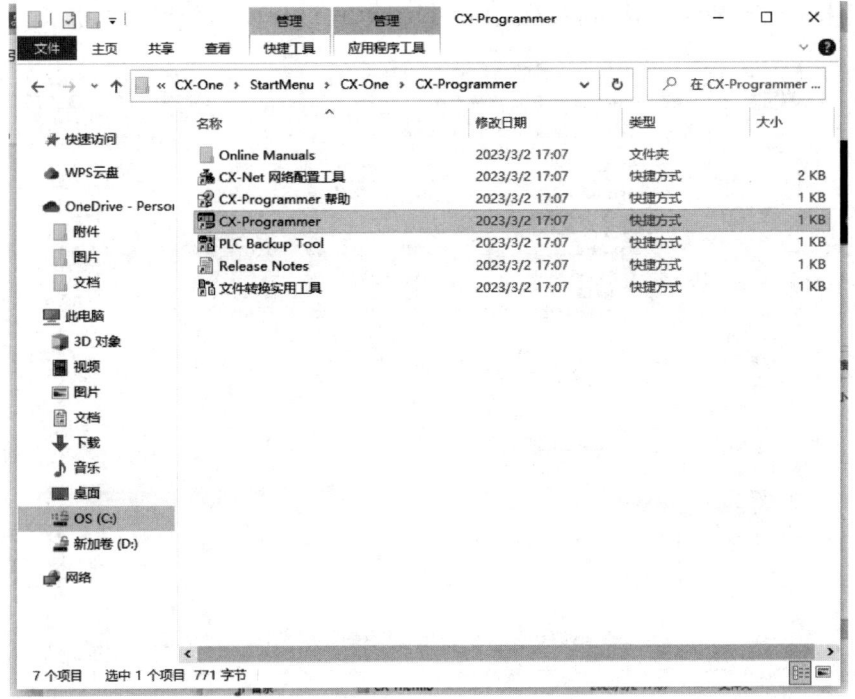

图 3.25　"CX-Programmer"文件夹

(5) 在"CX-Programmer"文件夹中找到"CX-Programmer"程序图标,单击鼠标右键,选择"发送到(N)"→"桌面快捷方式"菜单项,以便下次快速访问,如图 3.26 所示。

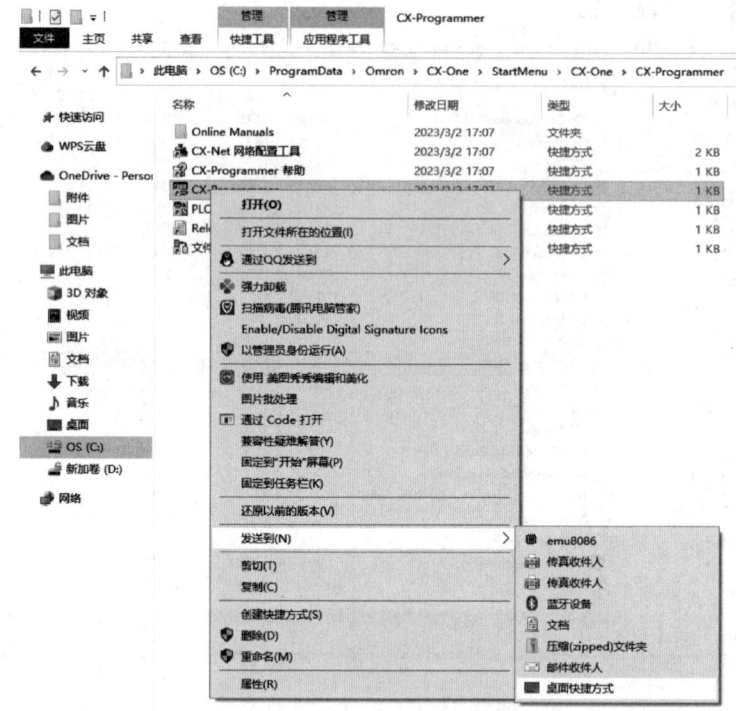

图 3.26 创建软件快捷方式

(6) 双击桌面上的"CX-Programmer"快捷方式,启动软件,如图 3.27 所示。

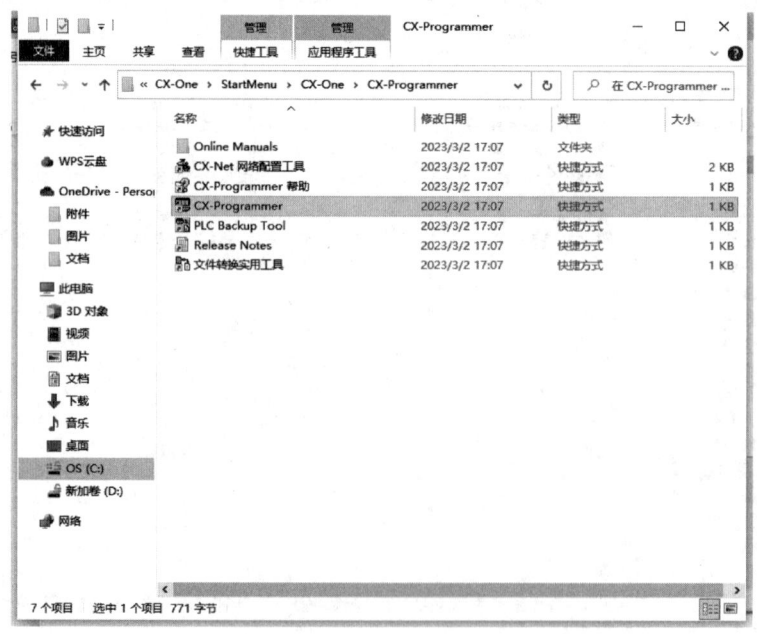

图 3.27 软件启动

(7) 打开软件的初始界面,此时 CX-Programmer 已成功安装并准备好使用,如图 3.28 所示。

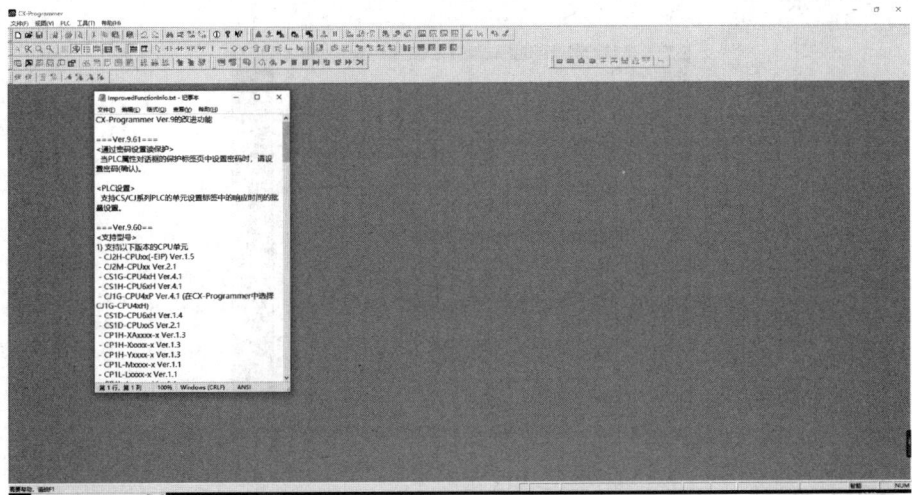

图 3.28 "CX-Programmer"的初始界面

3.1.2 软件的运行

在使用 CX-Programmer 软件为 PLC 编写程序时,需要先建立一个工程文件,程序及相关的内容都包含在该文件中。建立新工程的操作步骤如下:

微课视频 3.1.2

(1) 单击界面左上角按钮,新建文件,如图 3.29 所示。

图 3.29 建立工程文件

(2) 弹出"变更 PLC"窗口,如图 3.30 所示。

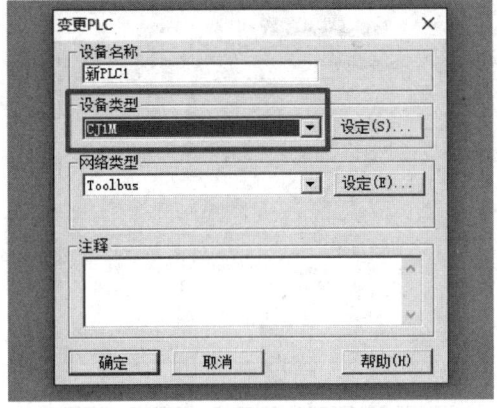

图 3.30 "变更 PLC"窗口

(3) 将"设备类型"设置为实验箱型号(实验室所用器材为 CP1E 或 CP2E),以 CP1E 为例,如图 3.31 所示。

图 3.31 "设备类型"设置

(4) 单击右侧"设定"按钮,如图 3.32 所示。

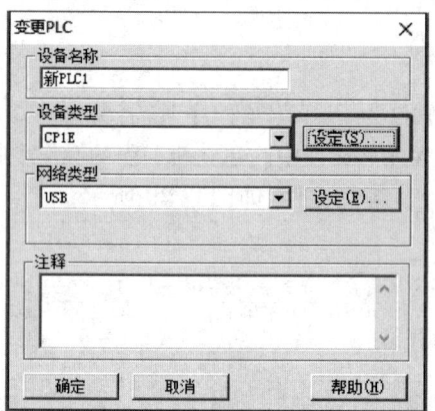

图 3.32 "CP1E"设定

(5) 出现"设备类型设置[CP1E]"窗口,如图 3.33 所示。

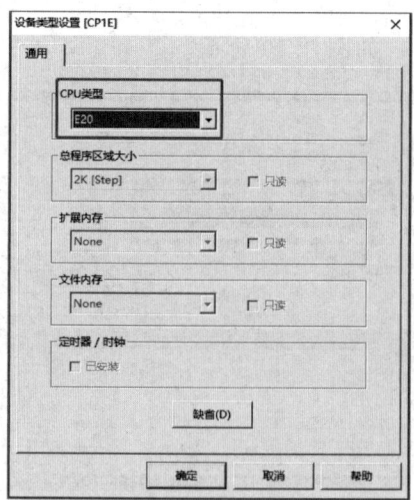

图 3.33 "设备类型设置[CP1E]"窗口

(6) 将"CPU 类型"设置为 N30,如图 3.34 所示。

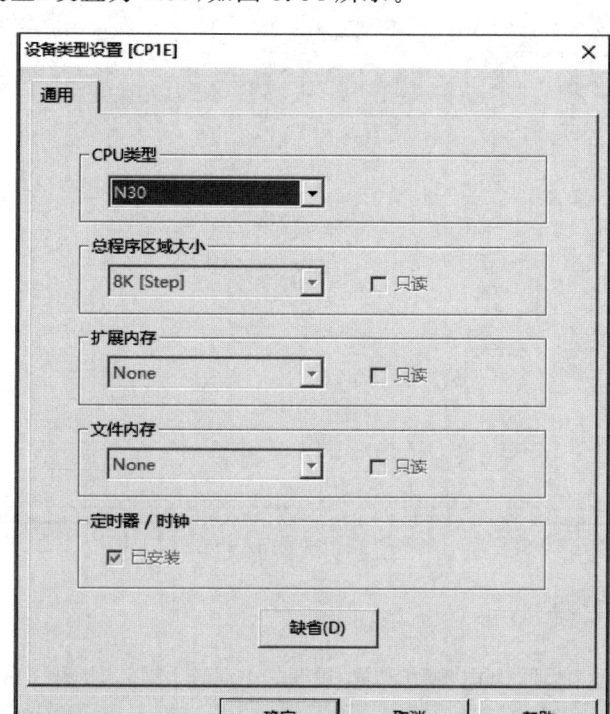

图 3.34 "CPU 类型"设置

(7) 单击"确定"按钮,"设备类型设置[CP1E]"窗口自动关闭,返回"变更 PLC"窗口,如图 3.35 所示。

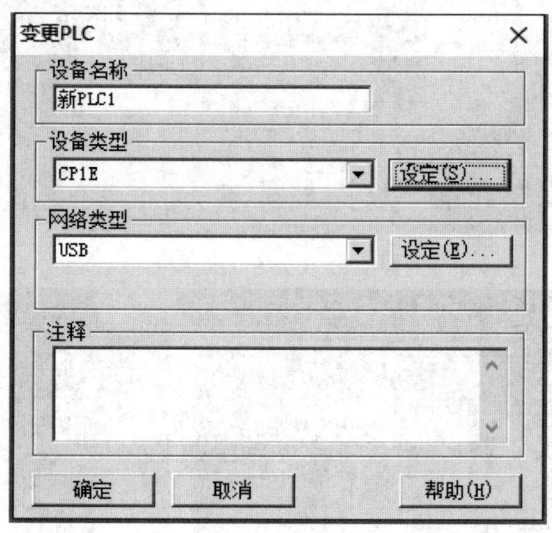

图 3.35 "变更 PLC"窗口

(8) 再次单击"确定"按钮,"变更 PLC"窗口自动关闭,返回软件的主窗口,如图 3.36 所示。

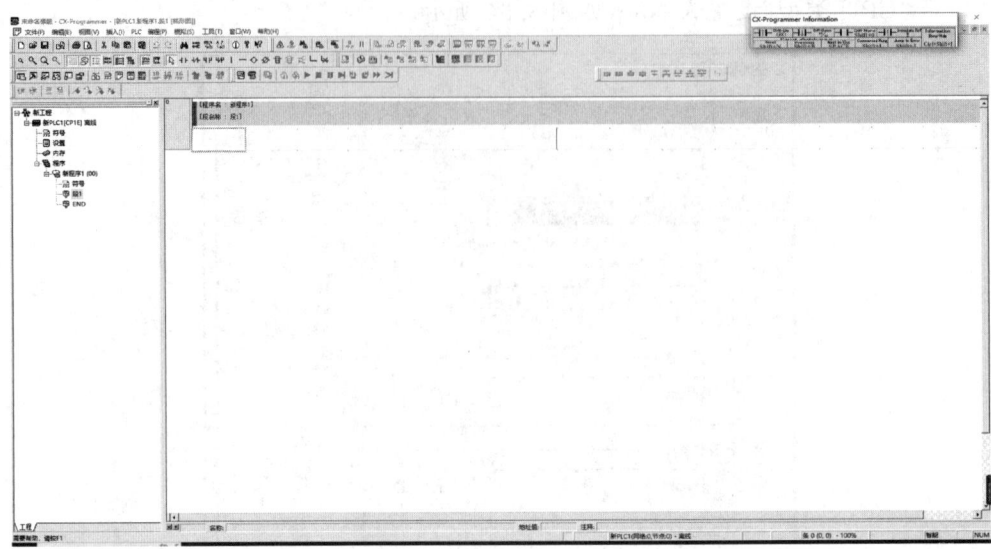

图 3.36 软件主窗口

3.1.3 硬件的连接

(1) 打开电路实验箱,取出电源线和数据线,分别连接好,如图 3.37 和图 3.38 所示。

微课视频 3.1.3

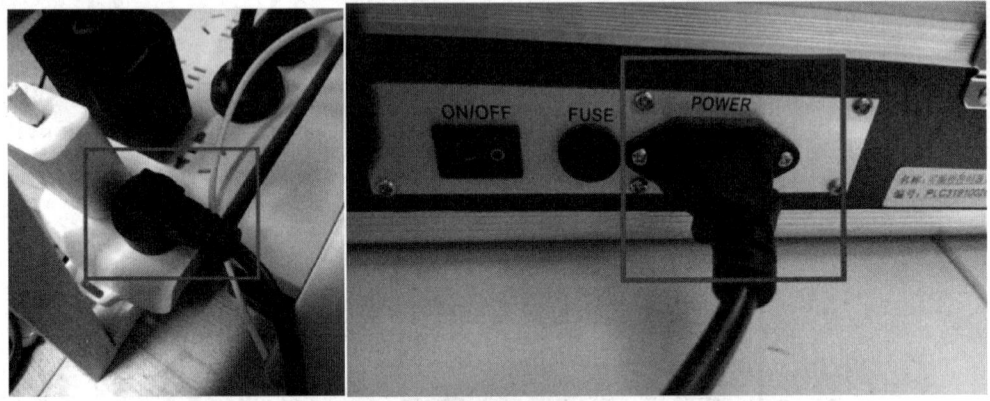

图 3.37 连接好电源线

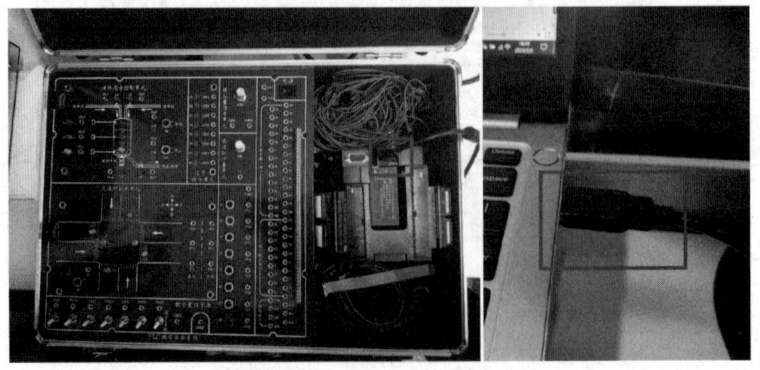

图 3.38 连接好数据线

(2) 单击软件左上角的"PLC"→"在线工作"菜单项,如图 3.39 所示。

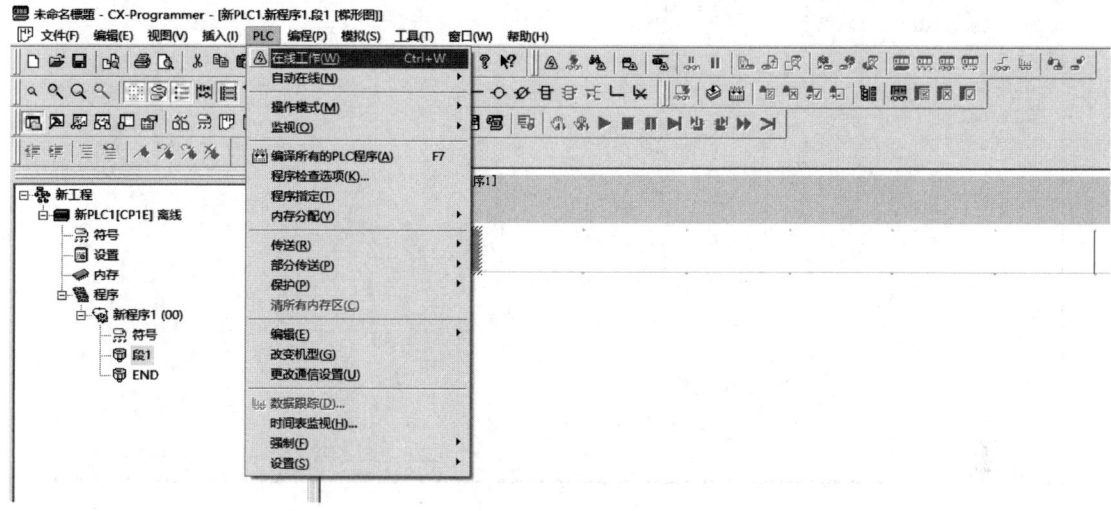

图 3.39 在线工作选项

(3) 弹出"连接确认"对话框,如图 3.40 所示。

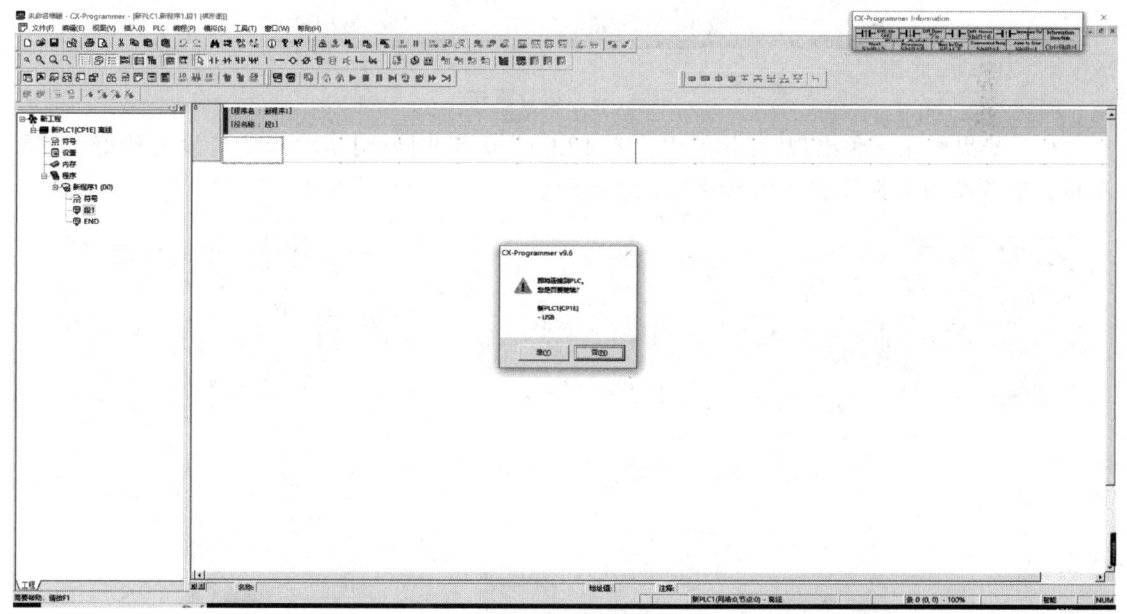

图 3.40 "连接确认"对话框

(4) 单击"是"按钮,对话框自动关闭,如图 3.41 所示。

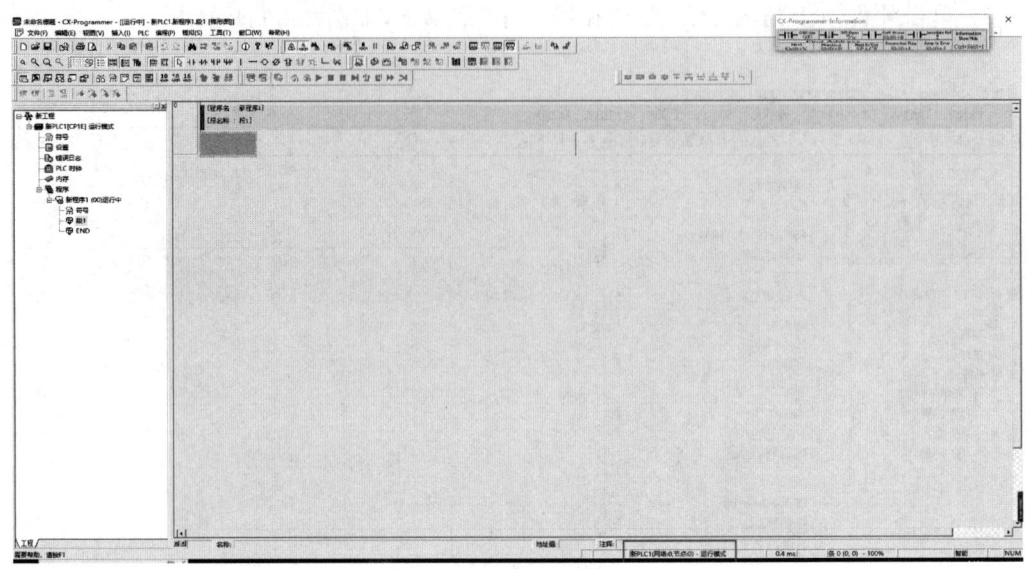

图 3.41 对话框自动关闭

（5）此时，我们可以注意到界面右下角出现一行小字，表示硬件已接入软件，处于"运行模式"，如图 3.42 所示。

图 3.42 运行模式

（6）若界面左下角出现"通信错误—新 PLC1"报错，则说明实验箱接口没连接好，可重新检查电源线与数据线的连接，如图 3.43 所示。

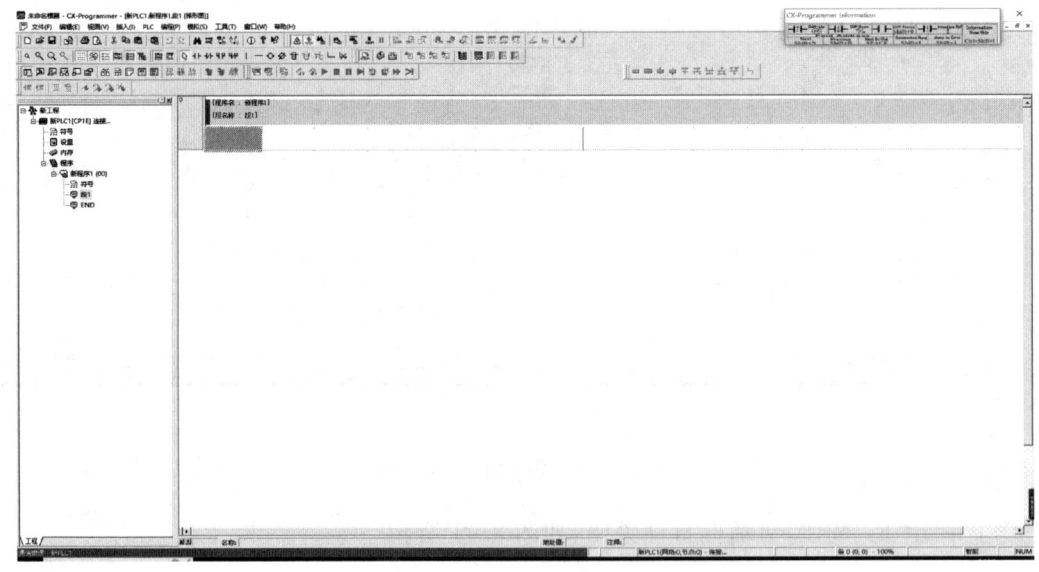

图 3.43 出现报错

3.1.4 其他常见问题

问题 1 软件弹出"在线注册"对话框,如图 3.44 所示。

微课视频 3.1.4

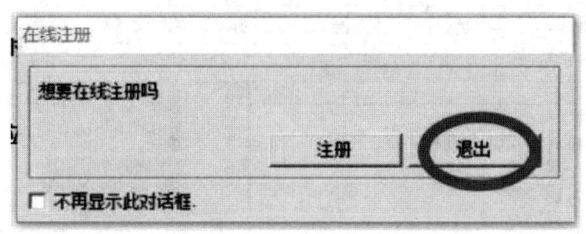

图 3.44 "在线注册"对话框

解决方法 单击"退出"按钮。

问题 2 软件界面只占计算机屏幕的一半,无法全屏显示。

解决方法 部分计算机不适配该软件的分辨率,可以通过设置计算机显示分辨率"缩放"来调整;若不影响使用,也可无视。

问题 3 软件弹出"端口不存在"对话框。

解决方法 检查拿到手的单片机型号是否为"CP1E"的"N30",若不是,则应在新建文件时根据实际型号重新设置设备类型,如图 3.45 所示。

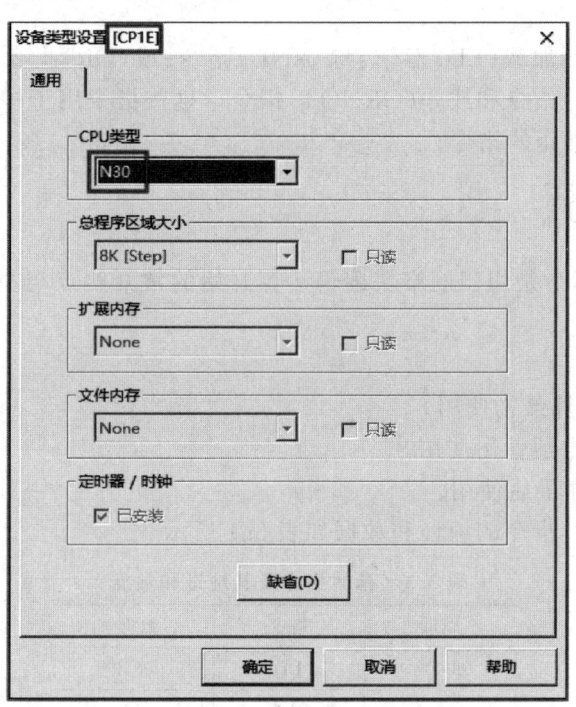

图 3.45 检查单片机型号

问题 4 关闭软件后重新打开之前做一半的工程文件,却找不到梯形图在哪里了。

解决方法 如图 3.46 所示,双击"段 1"选项就能找到之前保存的梯形图了。

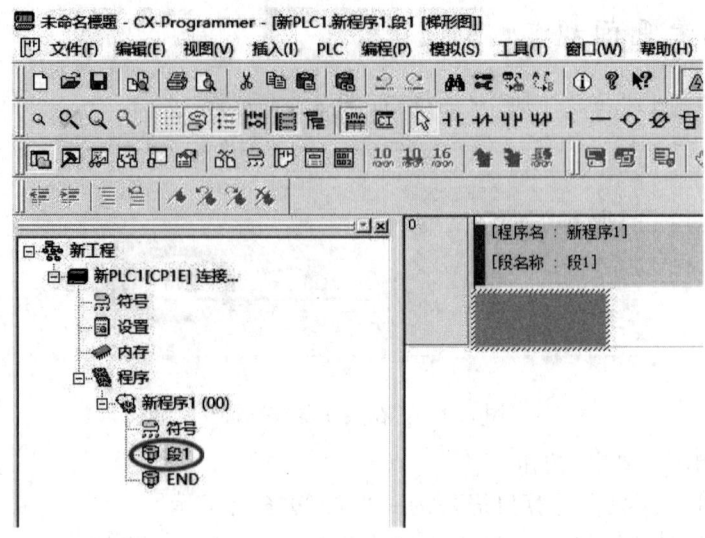

图 3.46 梯形图所在位置

3.2 基本指令

基本输入指令包括加载(LD)指令、与(AND)指令、或(OR)指令、加载位非(LDNOT)指令、与非(ANDNOT)指令和或非(ORNOT)指令。这些指令用于构建简单的逻辑控制程序,是 PLC 编程中最常用的指令。

3.2.1 加载(LD)

加载(load,LD)指令是用于网络块逻辑运算开始的常开触点与左侧母线相连接的指令。

微课视频 3.2.1

1. 编码

LD:开头,逻辑运算最初使用。
OUT:结尾 1,继电器输出使用。
END:结尾 2,程序最后使用。
LD、OUT 和 END 指令的地址和数据如表 3.1 所示。

表 3.1 基本指令及其地址和数据

地址	指令	数据
00000	LD	00000
00001	OUT	00100
00002	END	

2. 时序图

图 3.47 为一个时序图示例,显示了输入信号与输出信号之间的关系,即输出与输入保

持一致。

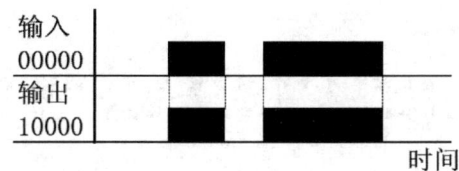

图 3.47 时序图示例

3. 步骤

(1) 打开"CX-Programmer"软件(初始步骤同 3.1.2 小节)

(2) 创建程序

① 常开触点的输入

a. 按下键盘上的"Shift"键,将输入法切换为英文(或者按下键盘上的"Caps lock"键,切换为大写输入),如图 3.48 所示。

图 3.48 输入法切换

b. 按下键盘上的字母"C",创建常开触点的输入,如图 3.49 所示。

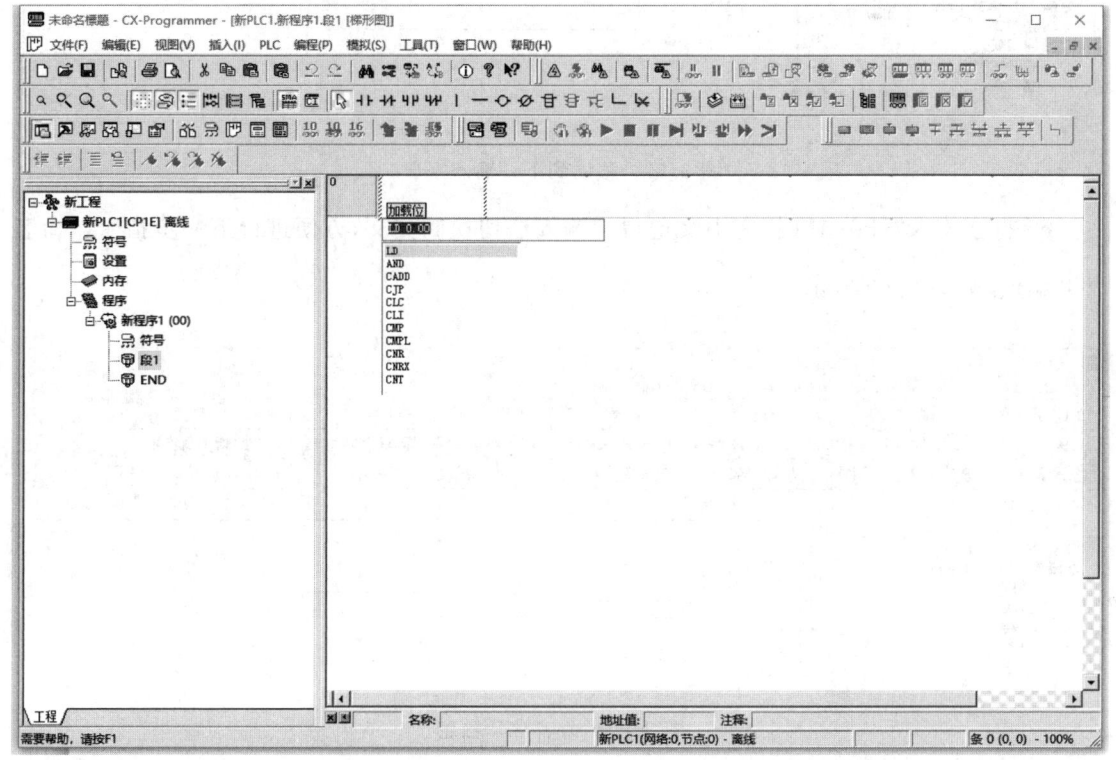

图 3.49 创建常开触点的输入

c. 按下键盘上的数字"0",输入常开触点的编号或地址,如图 3.50 所示。

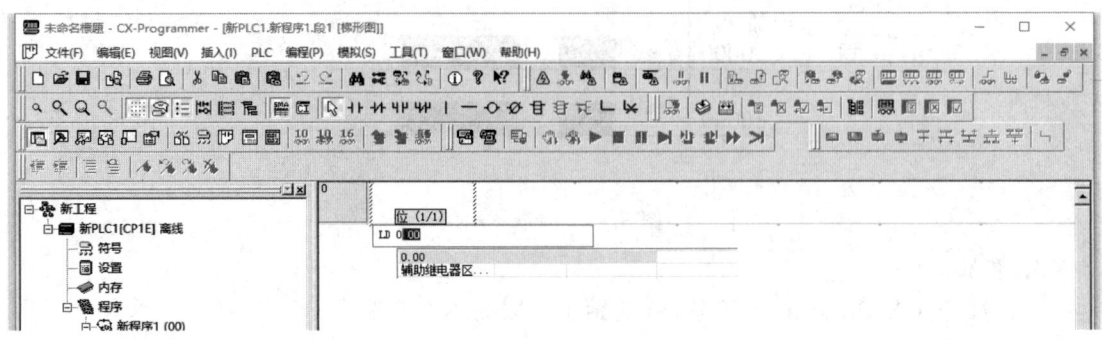

图 3.50　输入常开触点的编号或地址

d. 按下键盘上的"回车"键,移动到下一输入字段,如图 3.51 所示。

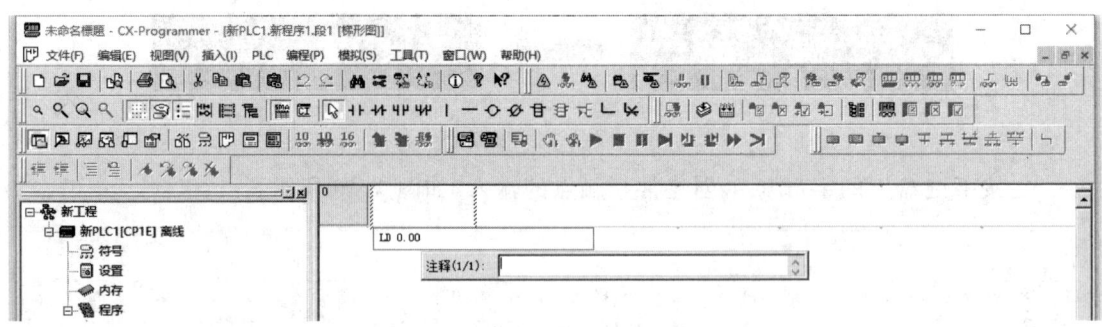

图 3.51　移动到下一输入字段

e. 打字输入"开关 1"(打完中文记得把输入法切换回英文,方便进行下一步指令),命名常开触点,如图 3.52 所示。

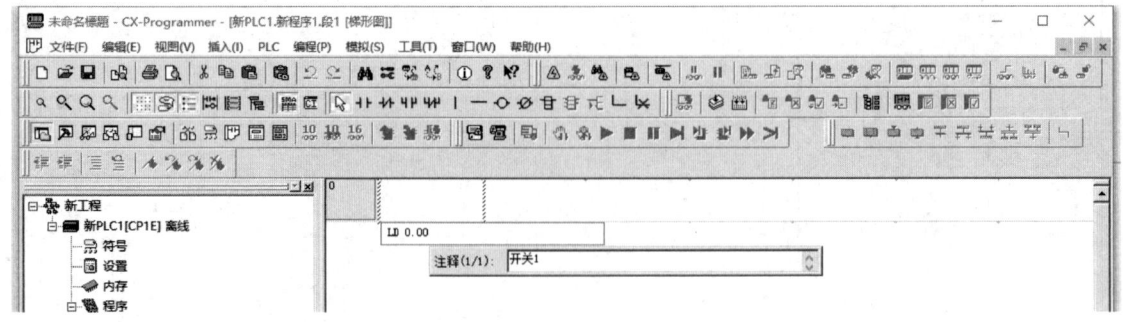

图 3.52　命名常开触点

f. 再按下键盘上的"回车"键,完成输入,如图 3.53 所示。

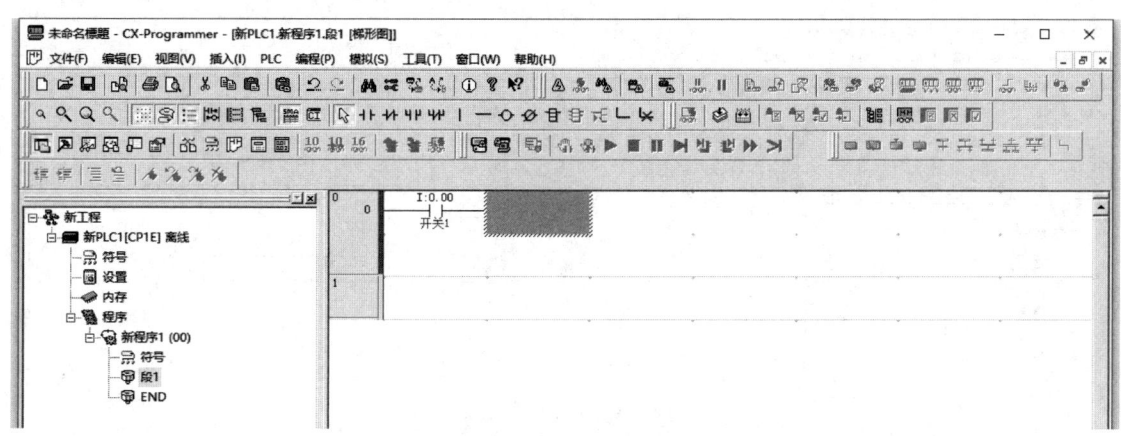

图 3.53 完成输入

② 线圈的输入

a. 按下键盘上的字母"O",创建线圈的输入,如图 3.54 所示。

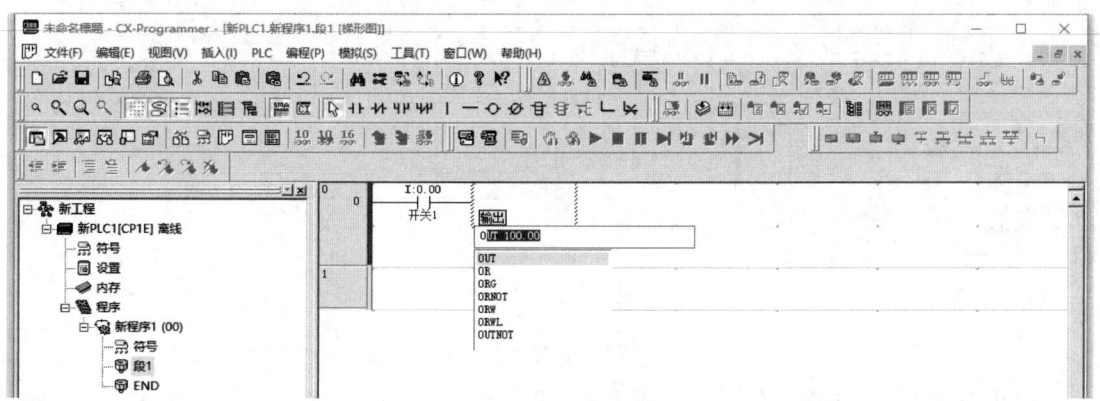

图 3.54 创建线圈的输入

b. 输入数字"100",输入线圈的编号或地址,如图 3.55 所示。

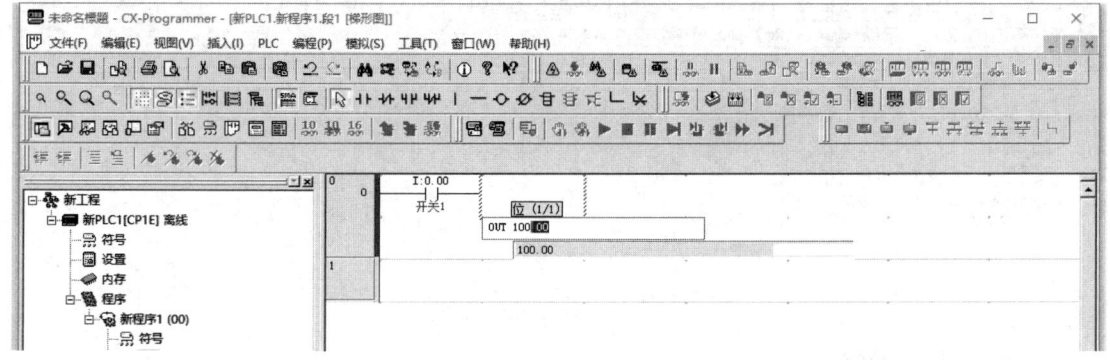

图 3.55 输入线圈的编号或地址

c. 按下键盘上的"回车"键,移动到下一输入字段,如图 3.56 所示。

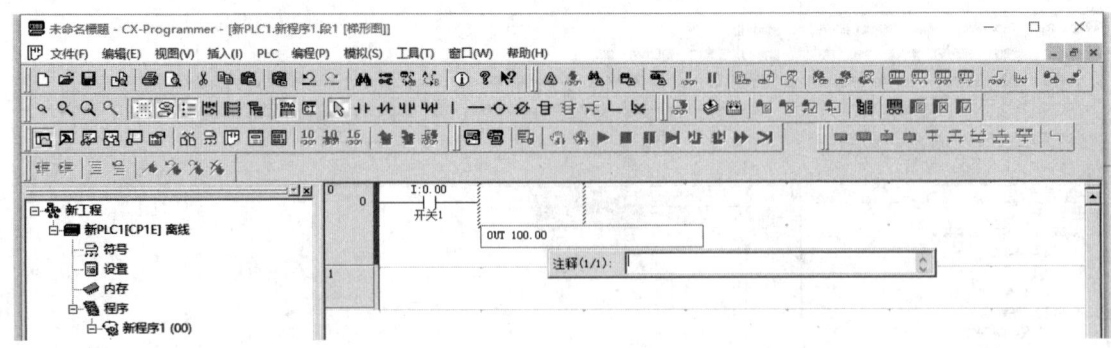

图 3.56 移动到下一输入字段

d. 打字输入"线圈 0",命名线圈,如图 3.57 所示。

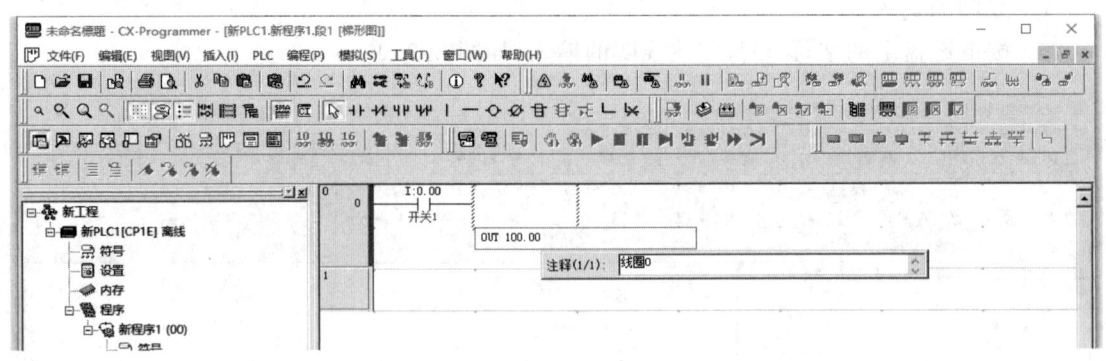

图 3.57 命名线圈

e. 再按下键盘上的"回车"键,完成输入,如图 3.58 所示。

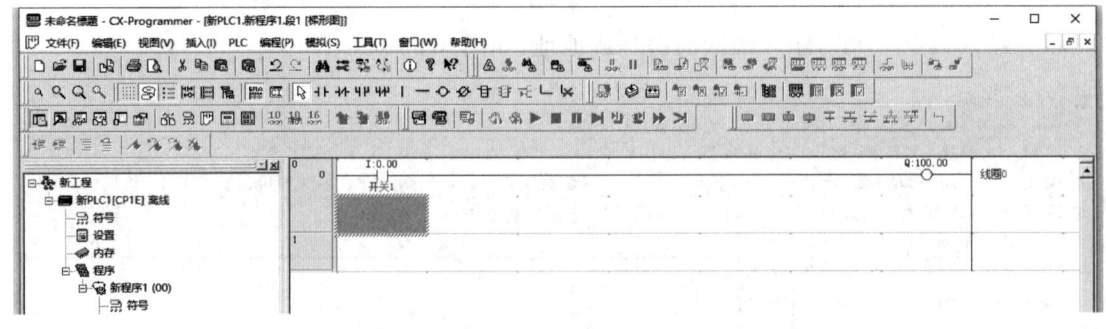

图 3.58 完成输入

③ END 指令的输入

在创建新工程文件后,END 指令的段能够自动产生,无须自己输入 END 指令,如图 3.59 所示。

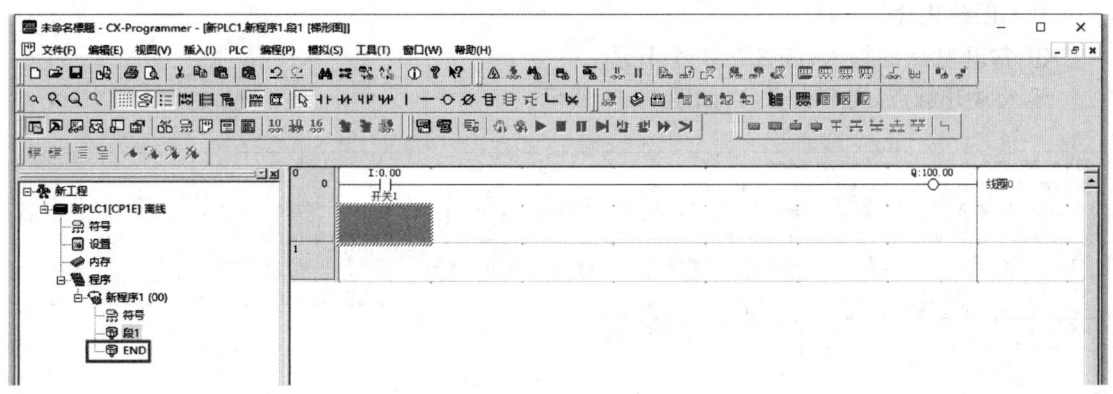

图 3.59　END 指令的输入

3.2.2　与(AND)

与(AND)是用于两个输入逻辑相加的指令。

微课视频 3.2.2

1. 编码

LD、AND、OUT 和 END 指令的地址和数据如表 3.2 所示。

表 3.2　AND 指令及其地址和数据

地址	指令	数据
00000	LD	00000
00001	AND	00001
00002	OUT	00100
00003	END	

2. 时序图

AND 指令的时序图如图 3.60 所示,图中显示只有当两个输入点(X000 和 X001)都为 1 时,输出点 Y000 才会变为 1。例如,进行冲压加工时,为了确保操作者的安全,必须同时按下两侧的安全开关(假设为 X000 和 X001),只有当这两个开关都被按下时,冲压机才会启动。这种控制逻辑可以通过使用 AND 指令来实现,以确保只有在所有必要的安全条件都得到满足时,机器才会动作。

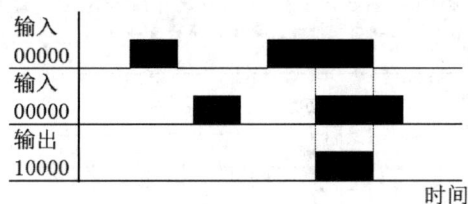

图 3.60　AND 指令时序图

3. 步骤

(1) 打开"CX-Programmer"软件(初始步骤同 3.1.2 小节)

(2) 创建程序

① 常开触点的输入(同 3.2.1 小节)

输入常开触点,得到开关1,如图 3.61 所示。

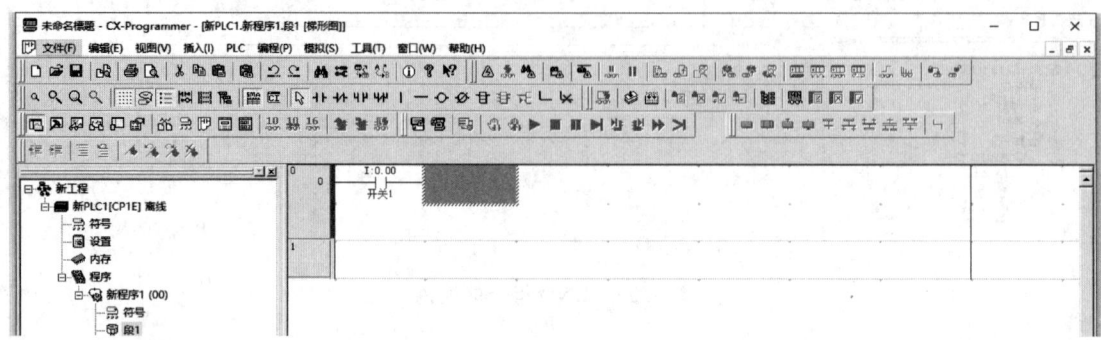

图 3.61　输入常开触点

② 与逻辑的条输入

a. 按下键盘上的字母"A",创建与逻辑的输入,如图 3.62 所示。

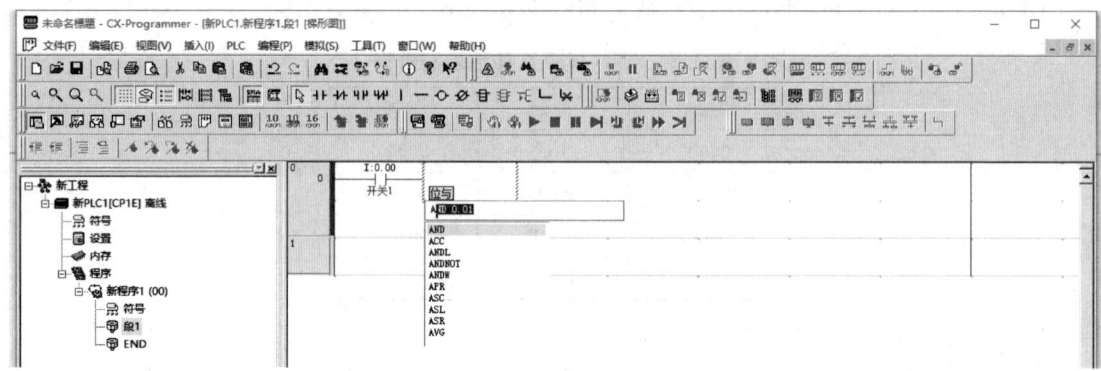

图 3.62　创建与逻辑的输入

b. 按下键盘上的"回车"键,确认与逻辑的输入,如图 3.63 所示。

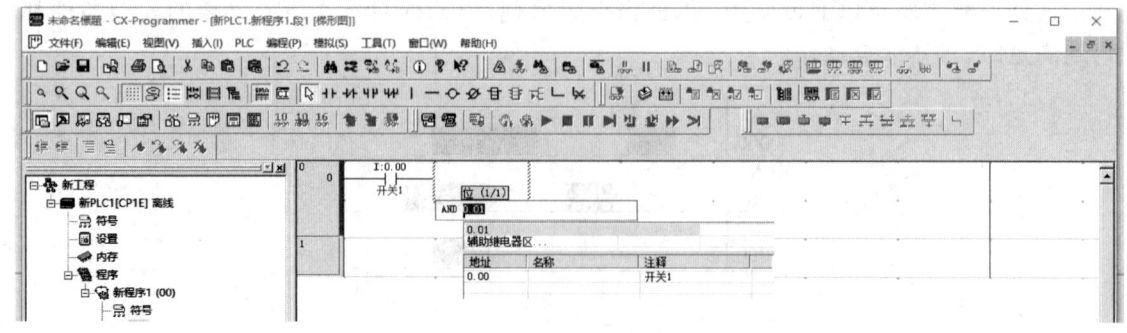

图 3.63　确认与逻辑的输入

c. 再按下键盘上的"回车"键,进入下一输入字段,如图 3.64 所示。

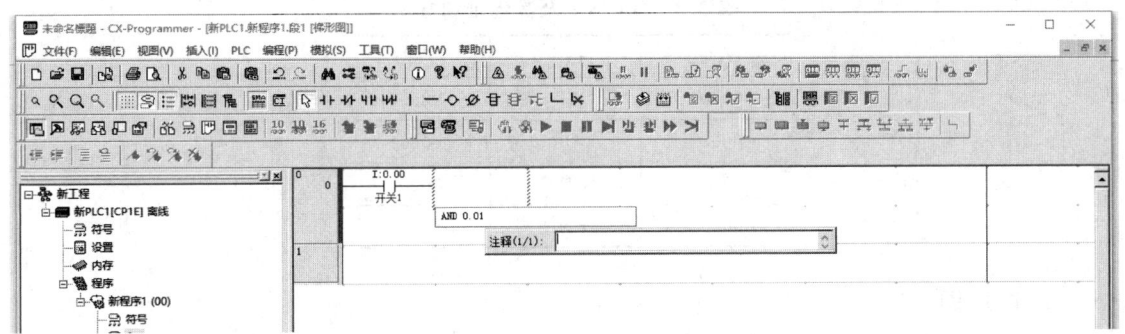

图 3.64 进入下一输入字段

d. 输入"开关 2",命名创建的与逻辑,如图 3.65 所示。

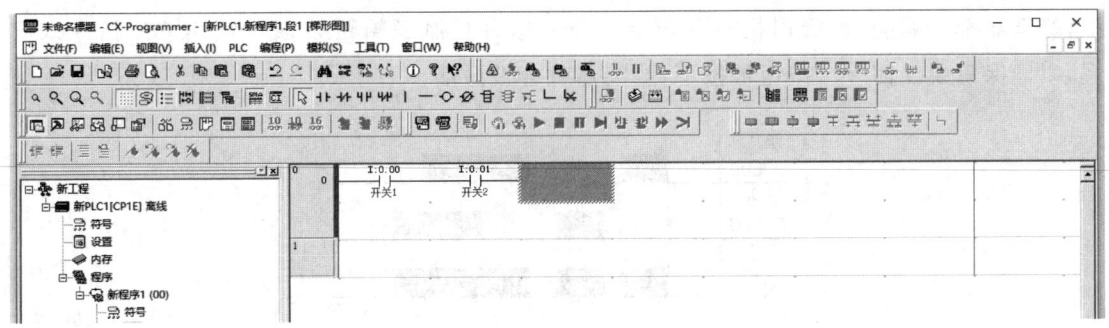

图 3.65 命名创建的与逻辑

③ 线圈的输入(同 3.2.1 小节)

输入线圈,得到线圈 0,如图 3.66 所示。

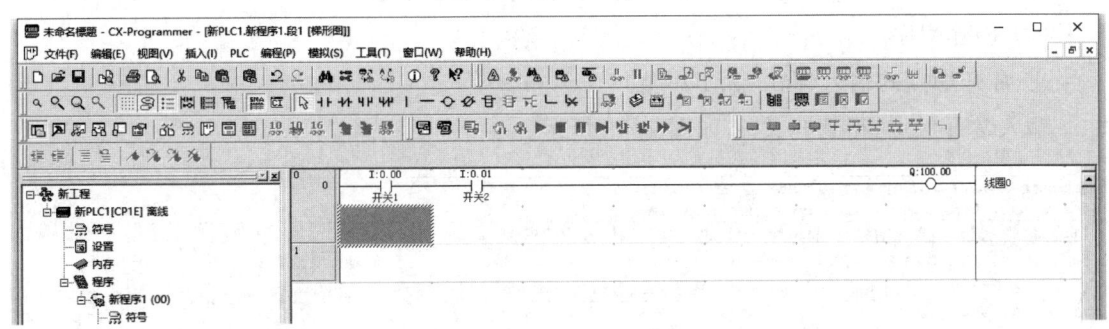

图 3.66 输入线圈

④ END 指令的输入(同 3.2.1 小节,END 指令是软件自动产生的,无须手动输入)

3.2.3 或(OR)

或(OR)指令是用于常开触点与其他编程元件并联的指令。

1. 编码

LD、OR、OUT 和 END 指令的地址和数据如表 3.3 所示。

微课视频 3.2.3

表 3.3 OR 指令及其地址和数据

地址	指令	数据
00000	LD	00000
00001	OR	00001
00002	OUT	00100
00003	END	

2. 时序图

OR 指令的时序图如图 3.67 所示,图中显示只要两个输入点(X000 和 X001)中的任意一个是 1,输出点 Y000 就会变为 1。例如,在公共汽车上、下车蜂鸣器的控制中,乘客可以按下位于车厢前部或后部的按钮(假设为 X000 和 X001)来请求下车。无论哪个按钮被按下,蜂鸣器都会响起,提醒司机有乘客要下车。这种控制逻辑可以通过使用 OR 指令来实现,以确保只要任何一个按钮被按下,蜂鸣器就会被激活。

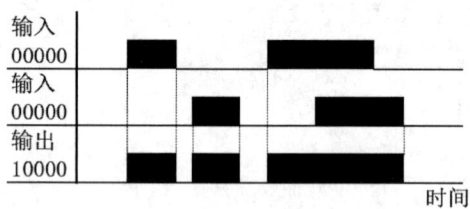

图 3.67 OR 指令时序图

3. 步骤

(1) 打开"CX-Programmer"软件(初始步骤同 3.1.2 小节)

(2) 创建程序

① 常开触点的输入(同 3.2.1 小节)

输入常开触点,得到开关 1,如图 3.68 所示。

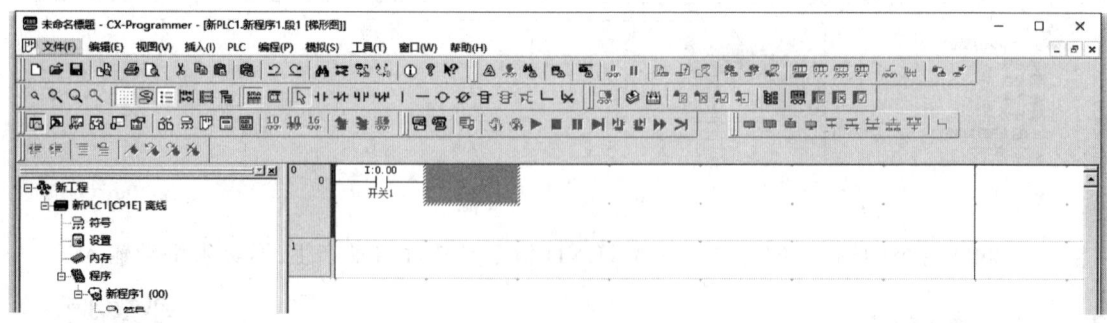

图 3.68 输入常开触点

② 线圈的输入(同 3.2.1 小节)

输入线圈,得到线圈 0,如图 3.69 所示。

图 3.69 输入线圈

③ 或逻辑的条输入

a. 按下键盘上的字母"W",创建或逻辑的输入,如图 3.70 所示。

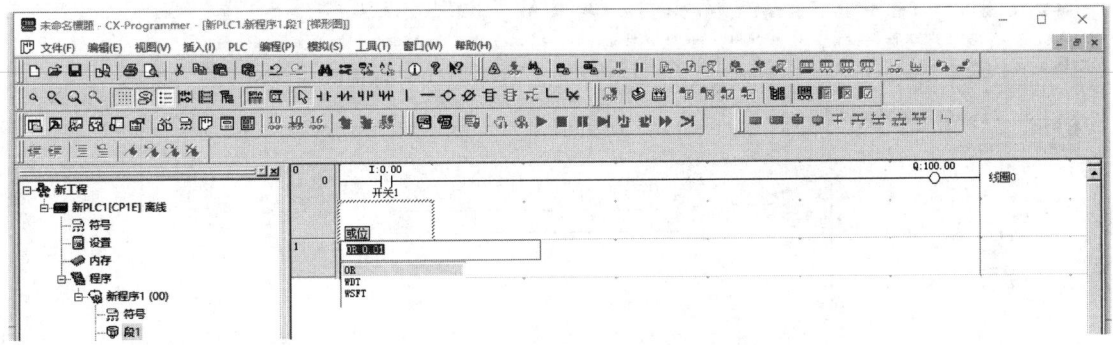

图 3.70 创建或逻辑的输入

b. 按下键盘上的"回车"键,确认或逻辑的输入地址,如图 3.71 所示。

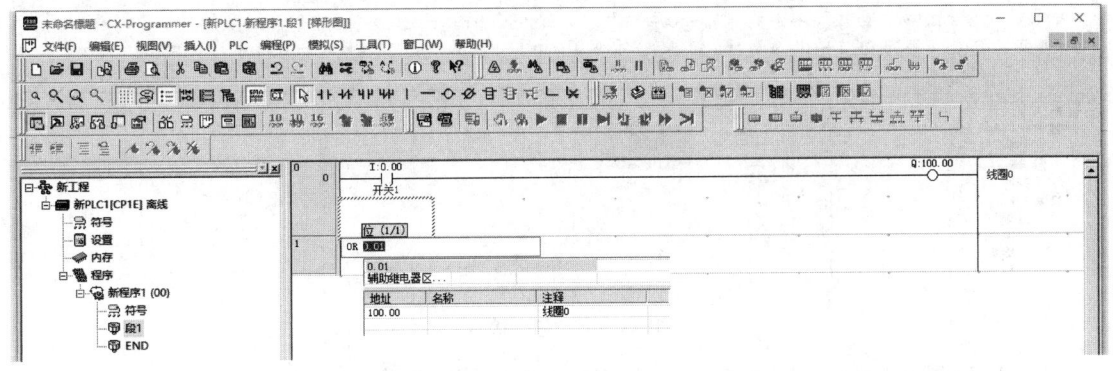

图 3.71 确认或逻辑的输入地址

c. 按下键盘上的"回车"键,确认或逻辑的输入,如图 3.72 所示。

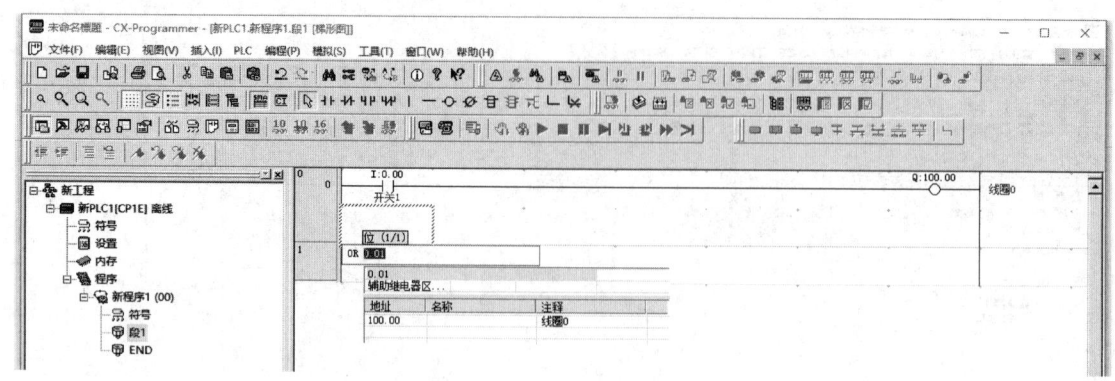

图 3.72　确认或逻辑的输入

d. 按下键盘上的"回车"键,进入下一输入字段,如图 3.73 所示。

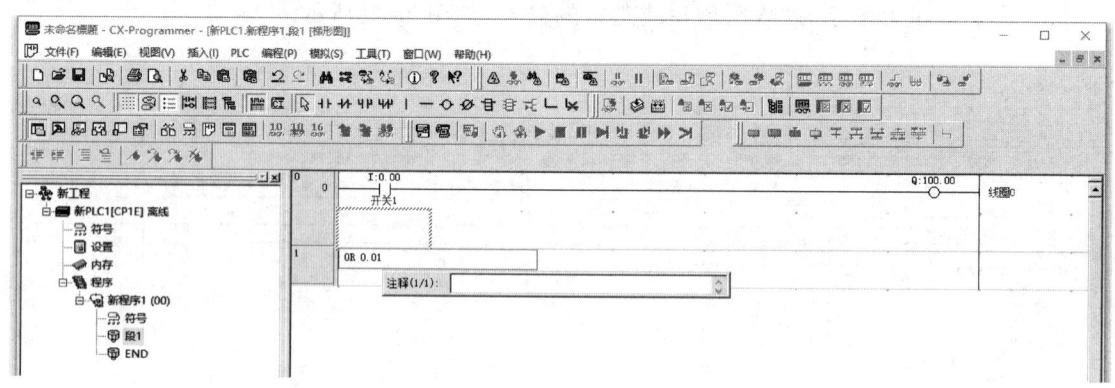

图 3.73　进入下一输入字段

e. 按下键盘上的"回车"键,完成输入,如图 3.74 所示。

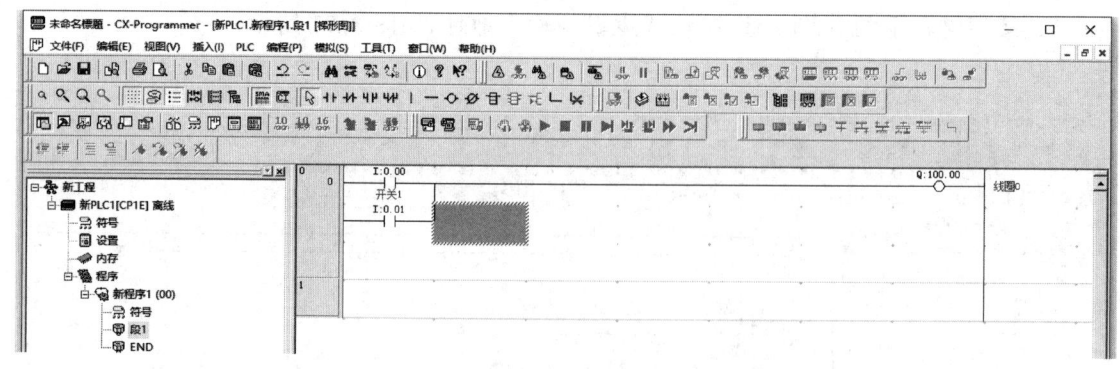

图 3.74　完成输入

④ END 指令的输入(同 3.2.1 小节,END 指令是软件自动产生的,无须手动输入)

3.2.4　加载位非(LDNOT)

加载位非(LDNOT)指令是用于常闭触点与左侧母线相连接的指令。

微课视频 3.2.4

1. 编码

LDNOT、OUT 和 END 指令的地址和数据如表 3.4 所示。

表 3.4　LDNOT 指令及其地址和数据

地址	命令	数据
00000	LDNOT	00000
00001	OUT	00100
00002	END	

2. 时序图

LDNOT 指令的时序图如图 3.75 所示。

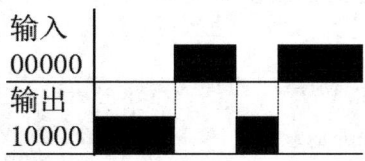

图 3.75　LDNOT 指令时序图

3. 步骤

(1) 打开"CX-Programmer"软件（初始步骤同 3.1.2 小节）

(2) 创建程序

① 加载位非逻辑的条输入

a. 用键盘输入"LDNOT"，创建加载位非逻辑的输入，如图 3.76 所示。

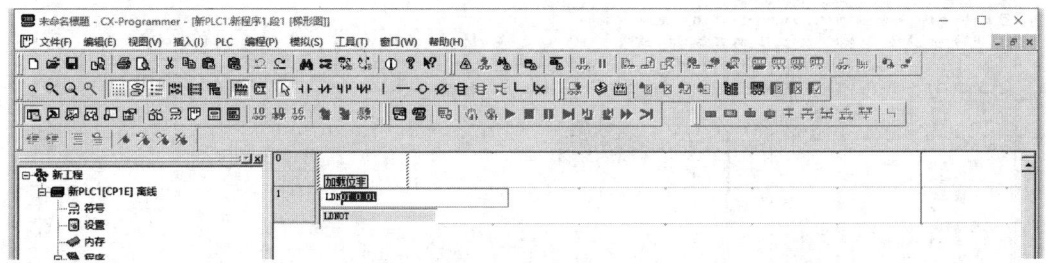

图 3.76　创建加载位非逻辑的输入

b. 按下键盘上的数字"0"，输入加载位非逻辑的地址，如图 3.77 所示。

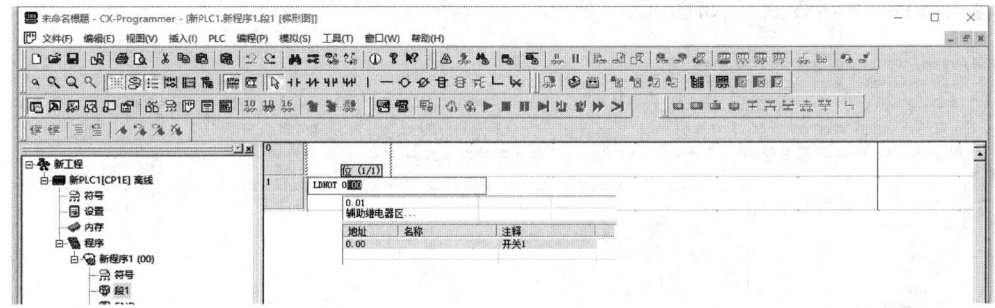

图 3.77　输入加载位非逻辑的地址

c. 按下键盘上的"回车"键,确认加载位非逻辑的地址,如图 3.78 所示。

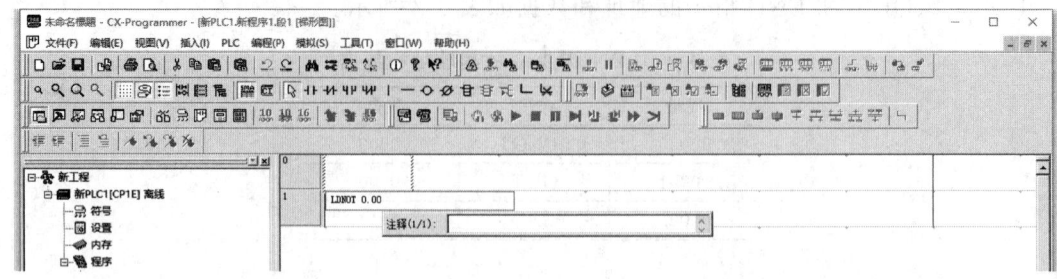

图 3.78　确认加载位非逻辑的地址

d. 输入"开关 1",命名创建的加载位非逻辑,如图 3.79 所示。

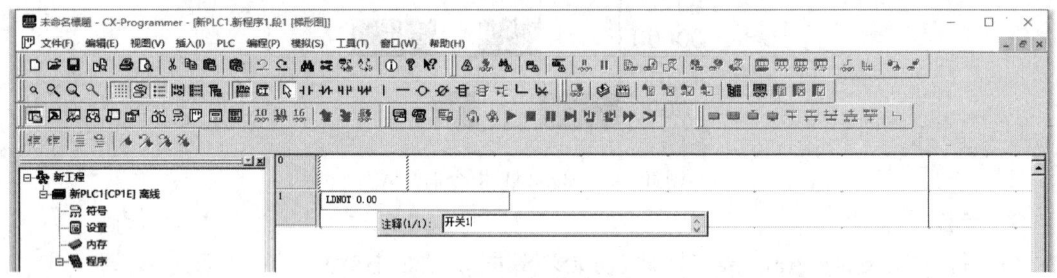

图 3.79　命名创建的加载位非逻辑

e. 按下键盘上的"回车"键,完成输入,如图 3.80 所示。

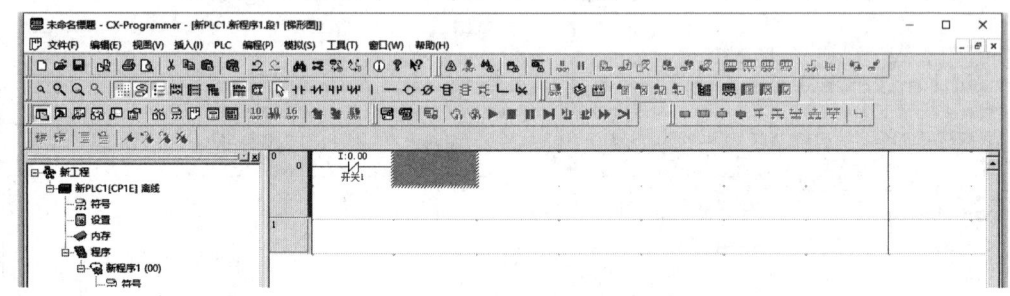

图 3.80　完成输入

② 线圈的输入(同 3.2.1 小节)

输入线圈,得到线圈 0,如图 3.81 所示。

图 3.81　输入线圈

③ END 指令的输入(同 3.2.1 小节,END 指令是软件自动产生的,无须手动输入)

3.2.5 与非(ANDNOT)

与非(ANDNOT)指令是用于常闭触点与其他编程元件串联的指令。

微课视频 3.2.5

1. 编码

LD、ANDNOT、OUT 和 END 指令的地址和数据如表 3.5 所示。

表 3.5 ANDNOT 指令及其地址和数据

地址	命令	数据
00000	LD	00000
00001	ANDNOT	00001
00002	OUT	00100
00003	END	

2. 时序图

ANDNOT 指令的时序图如图 3.82 所示。

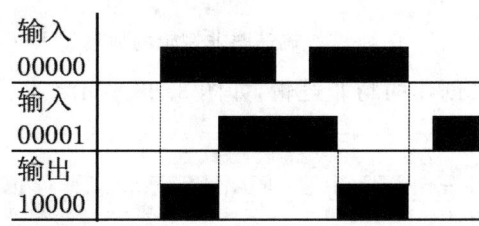

图 3.82 ANDNOT 指令时序图

3. 步骤

(1) 打开"CX-Programmer"软件(初始步骤同 3.1.2 小节)

(2) 创建程序

① 与非逻辑的条输入(一)

a. 用键盘输入"ANDNOT",创建与非逻辑的输入,如图 3.83 所示。

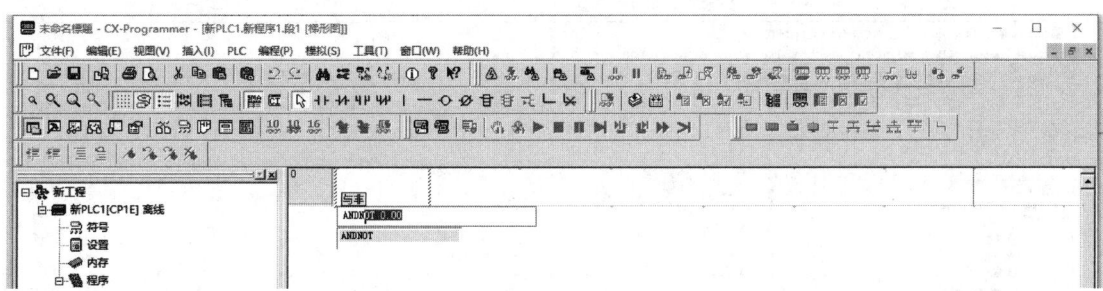

图 3.83 创建与非逻辑的输入(一)

b. 按下键盘上的数字"0",输入与非逻辑的地址,如图3.84所示。

图3.84 输入与非逻辑的地址

c. 按下键盘上的"回车"键,确认与非逻辑的地址,如图3.85所示。

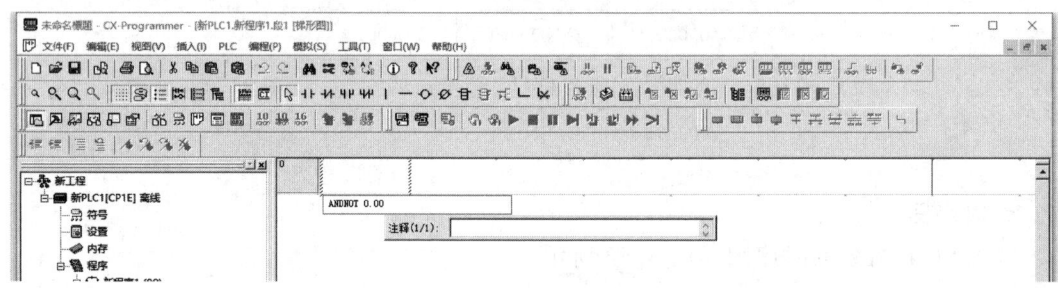

图3.85 确认与非逻辑的地址

d. 输入"开关1",命名创建的与非逻辑,如图3.86所示。

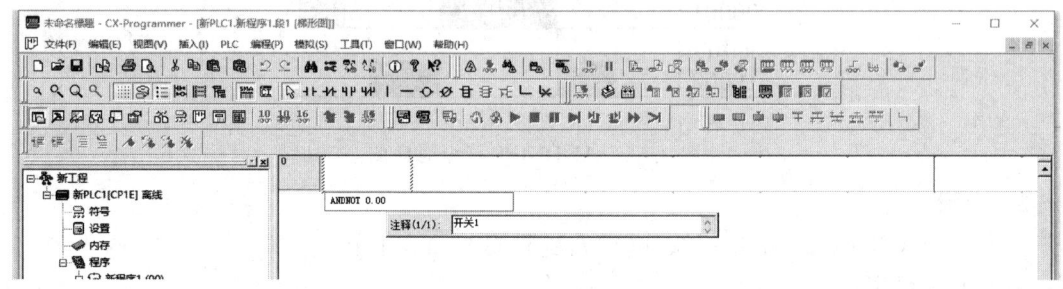

图3.86 命名创建的与非逻辑(一)

e. 按下键盘上的"回车"键,完成输入,如图3.87所示。

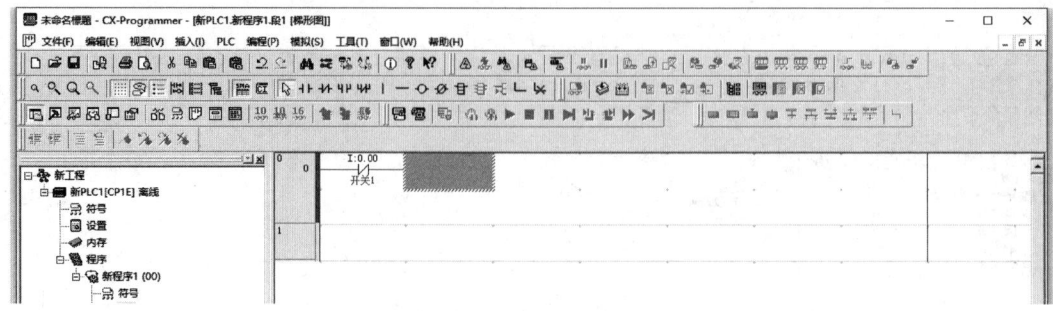

图3.87 完成输入(一)

② 与非逻辑的条输入(二)

a. 用键盘输入"ANDNOT",创建与非逻辑的输入,如图 3.88 所示。

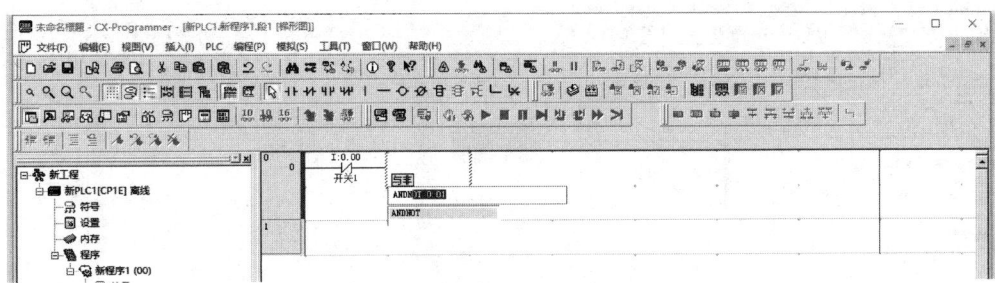

图 3.88　创建与非逻辑的输入(二)

b. 按下键盘上的"回车"键,确认与非逻辑指令输入,如图 3.89 所示。

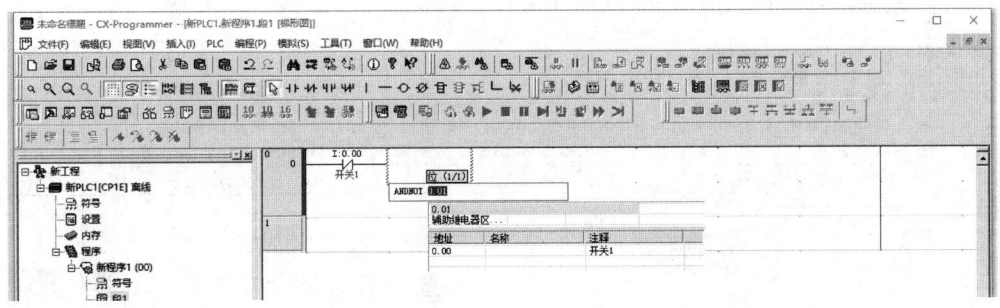

图 3.89　确认与非逻辑指令输入

c. 再按下键盘上的"回车"键,进入下一输入字段,如图 3.90 所示。

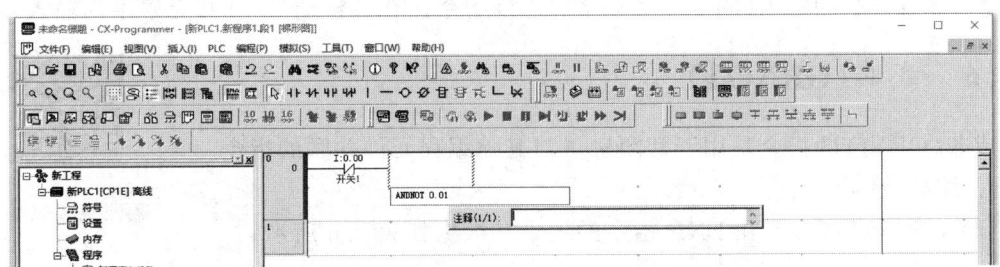

图 3.90　进入下一输入字段

d. 输入"开关 2",命名创建的与非逻辑,如图 3.91 所示。

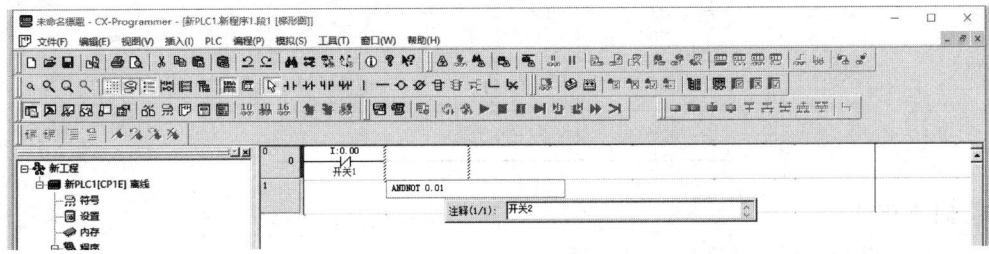

图 3.91　命名创建的与非逻辑(二)

e. 按下键盘上的"回车"键,完成输入,如图 3.92 所示。

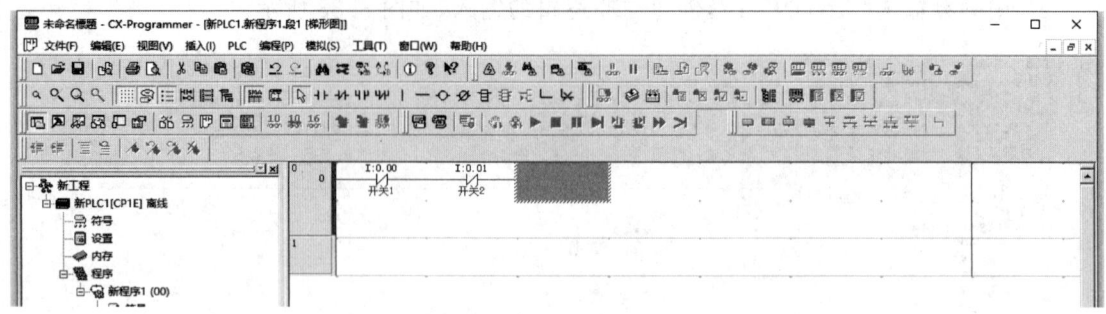

图 3.92 完成输入(二)

③ 线圈的输入(同 3.2.1 小节)

输入线圈,得到线圈 0,如图 3.93 所示。

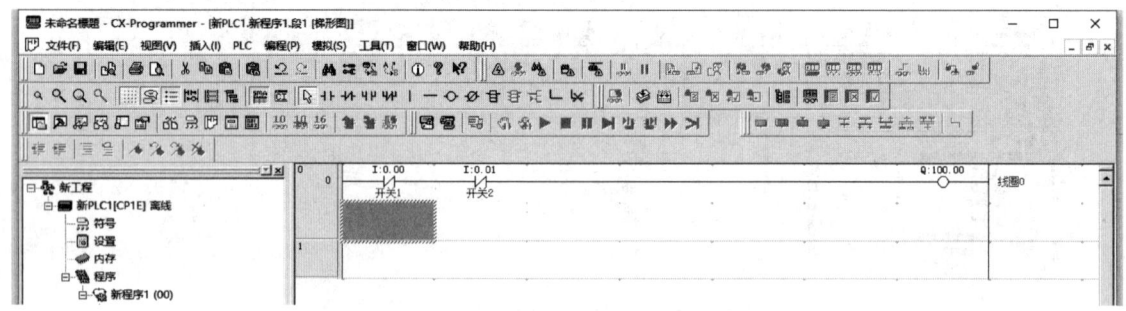

图 3.93 输入线圈

④ END 指令的输入(同 3.2.1 小节,END 指令是软件自动产生的,无须手动输入)

3.2.6 或非(ORNOT)

或非(ORNOT)指令是用于常闭触点与其他编程元件并联的指令。

微课视频 3.2.6

1. 编码

LD、ORNOT、OUT 和 END 指令的地址和数据如表 3.6 所示。

表 3.6 ORNOT 指令及其地址和数据

地址	指令	数据
00000	LD	00000
00001	ORNOT	00001
00002	OUT	00100
00003	END	

2. 时序图

ORNOT 指令的时序图如图 3.94 所示。

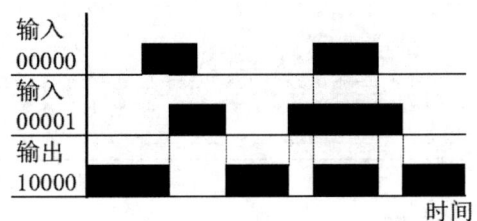

图 3.94 ORNOT 指令时序图

3. 步骤

(1) 打开"CX-Programmer"软件(初始步骤同 3.1.2 小节)

(2) 创建程序

① 常开触点的输入(同 3.2.1 小节)

输入常开触点,得到开关 1,如图 3.95 所示。

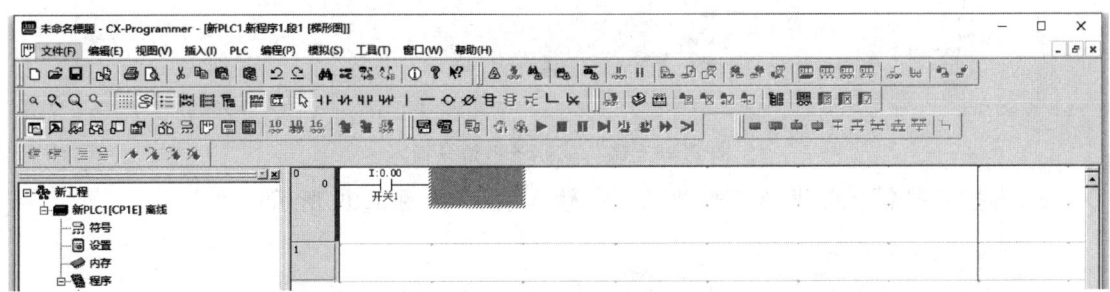

图 3.95 输入常开触点

② 线圈的输入(同 3.2.1 小节)

输入线圈,得到线圈 0,如图 3.96 所示。

图 3.96 输入线圈

③ 或非逻辑的条输入

a. 用键盘输入"ORNOT",创建或非逻辑的输入,如图 3.97 所示。

图 3.97　创建或非逻辑的输入

b. 按下键盘上"回车"键,确认或非逻辑指令输入,如图 3.98 所示。

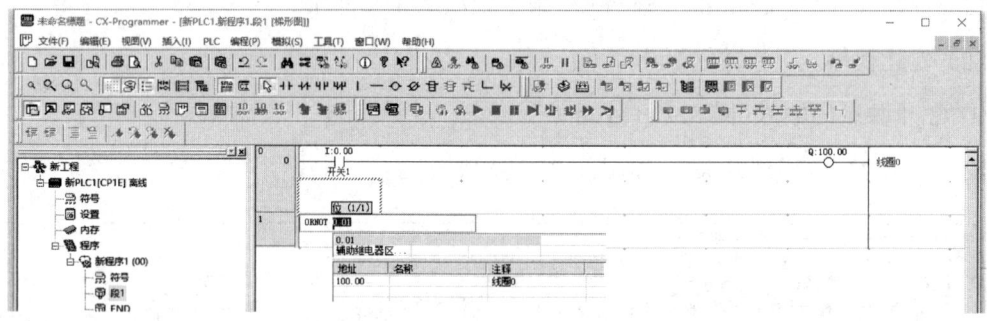

图 3.98　确认或非逻辑指令输入

c. 再按下键盘上的"回车"键,进入下一输入字段,如图 3.99 所示。

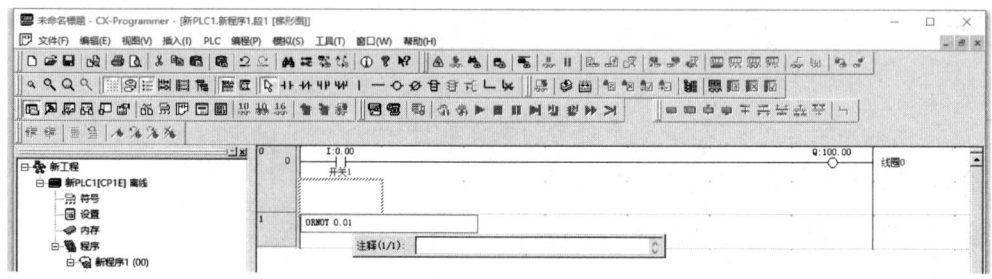

图 3.99　进入下一输入字段

d. 输入"开关 2",命名创建的或非逻辑,如图 3.100 所示。

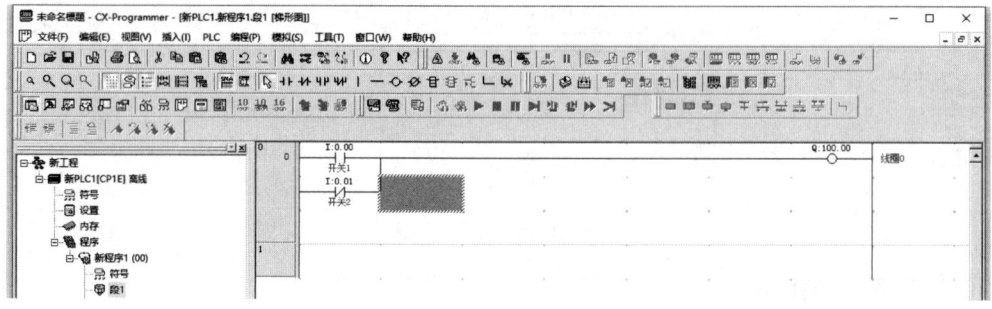

图 3.100　命名创建的或非逻辑

④ END 指令的输入(同 3.2.1 小节,END 指令是软件自动产生的,无须手动输入)

3.3 初级指令

3.3.1 线连接

微课视频 3.3.1

1. 梯形图回顾练习

尝试完成如图 3.101 所示梯形图的输入。

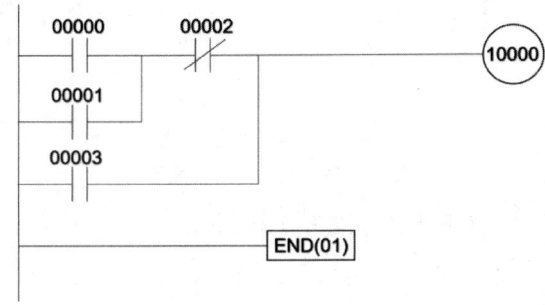

图 3.101 梯形图示例

2. 答案

软件界面如图 3.102 所示。

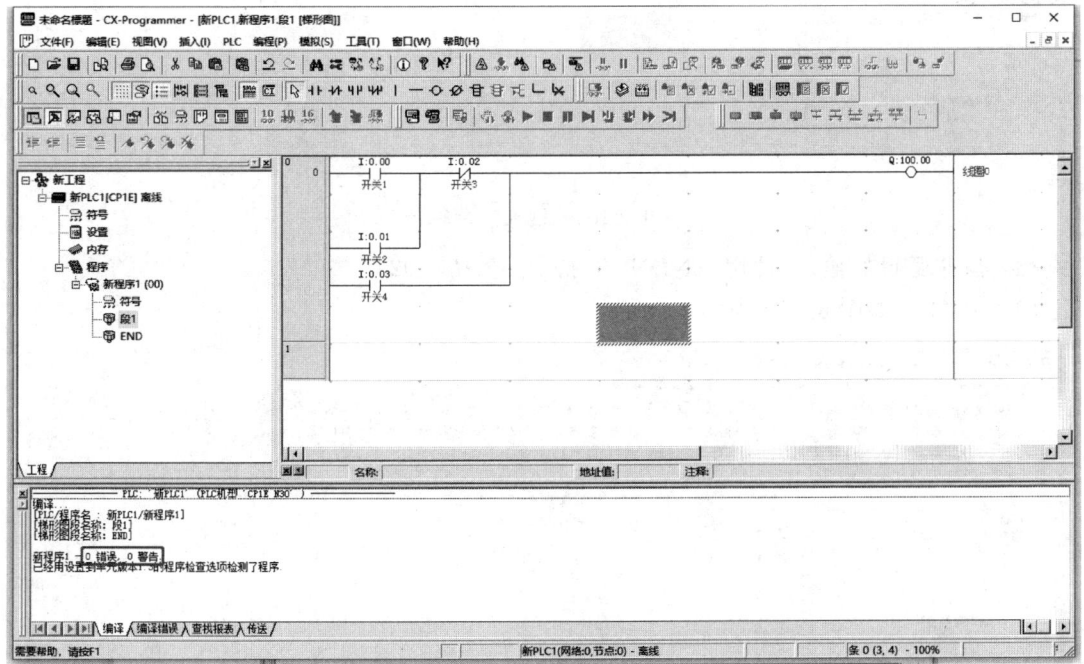

图 3.102 梯形图回顾练习的答案

3. 步骤

(1) 新建 CX 文件

将"设备类型"选为"CP1E",单击"设定"按钮,将"CPU 类型"选为"N30"。

(2) 常开触点的输入

输入常开触点(使用 LD 指令,位为 0.00),得到开关 1,如图 3.103 所示。

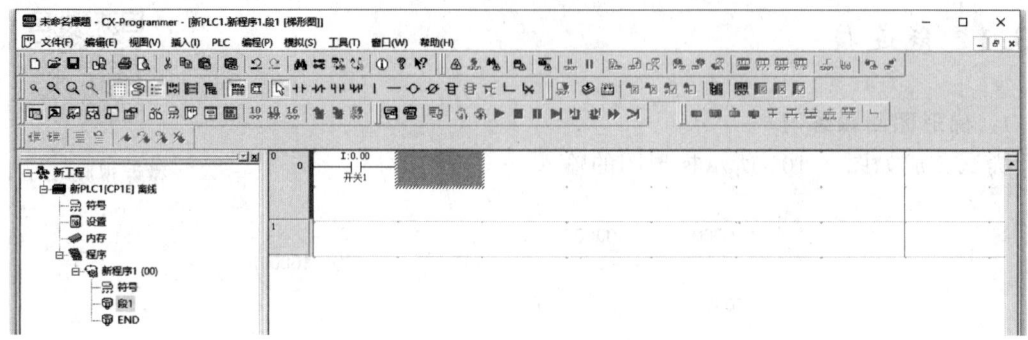

图 3.103　输入常开触点

(3) 或逻辑的输入(使用 OR 指令,位为 0.01)

输入开关 2,如图 3.104 所示。

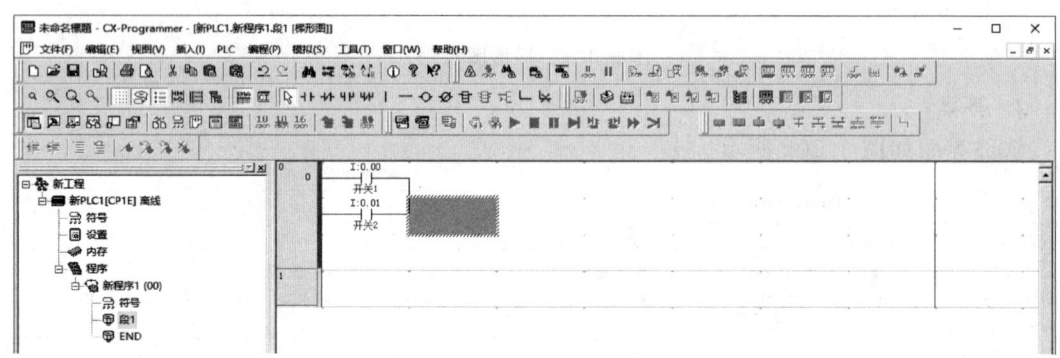

图 3.104　输入或逻辑

(4) 与非逻辑的输入(使用 ANDNOT 指令,位为 0.02)

输入开关 3,如图 3.105 所示。

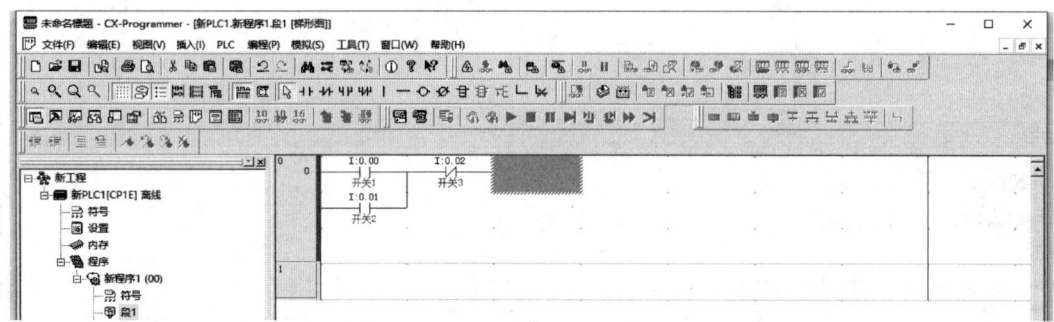

图 3.105　输入与非逻辑

(5) 或逻辑的输入(使用 LD 指令,位为 0.03)

输入开关 4,如图 3.106 所示。

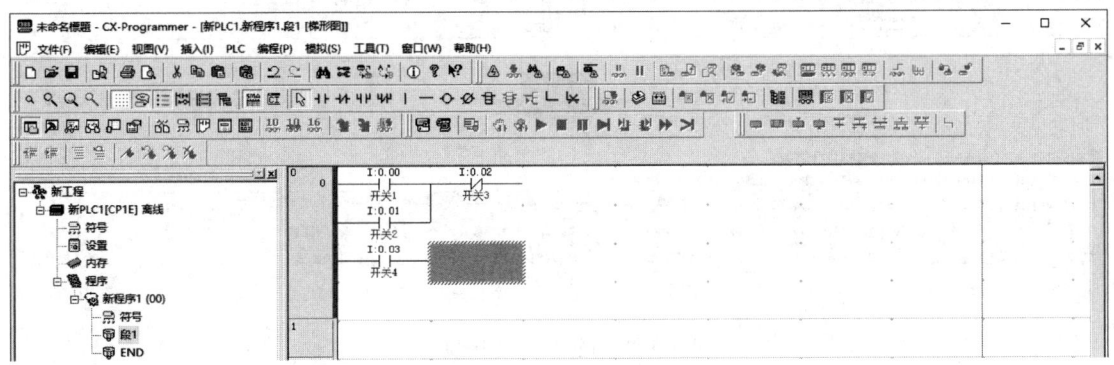

图 3.106　输入或逻辑

(6) 线连接的输入

a. 单击图 3.107 方框内图标,打开"线连接模式",如图 3.107 所示。

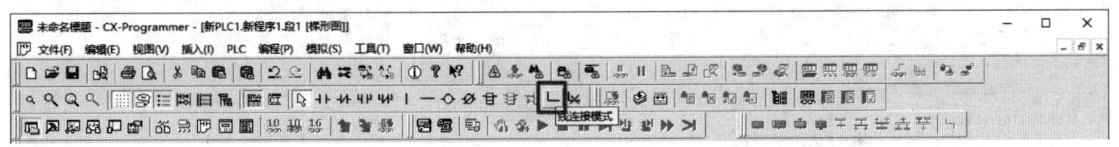

图 3.107　打开"线连接模式"

b. 在图 3.108(a)①处按住鼠标左键,拖动光标移动到图 3.108(b)②处,完成线连接,如图 3.108 所示。

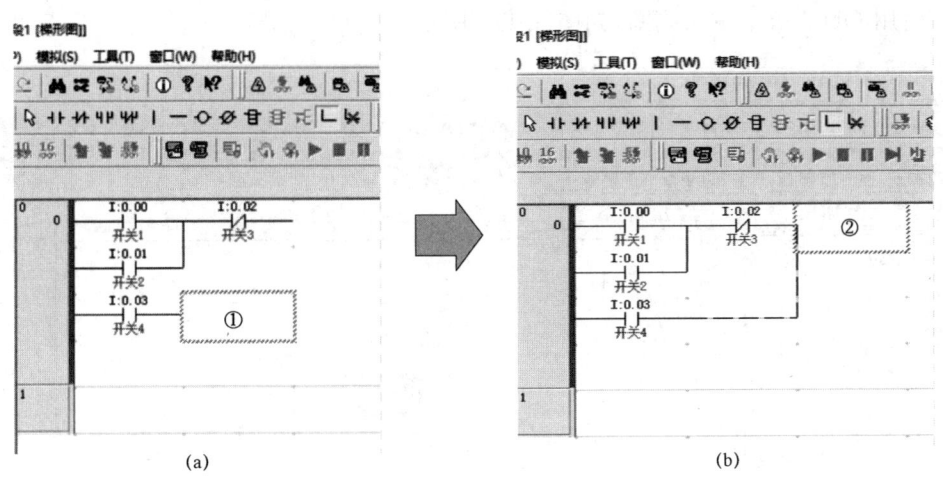

图 3.108　连接不同节点

c. 按下计算机键盘左上角的"Esc"键,退出"线连接模式",如图 3.109 所示。

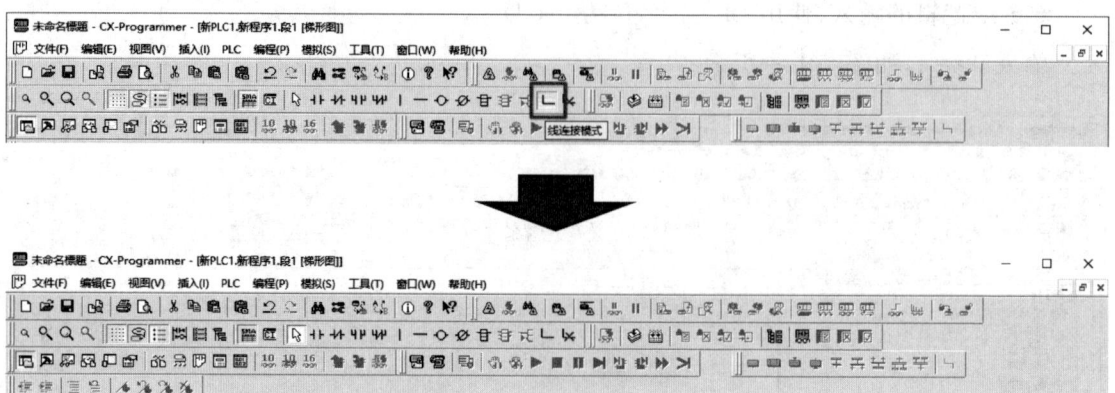

图 3.109　退出"线连接模式"

（7）线圈的输入（使用 OUT 指令，位为 100.00）

a. 单击图 3.110 的深色区域，如图 3.110 所示。

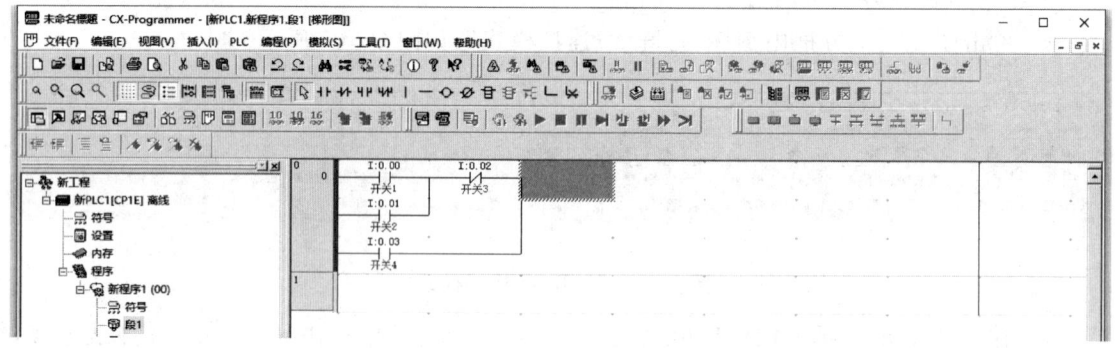

图 3.110　选择区域

b. 使用 OUT 指令输入线圈，如图 3.111 所示。

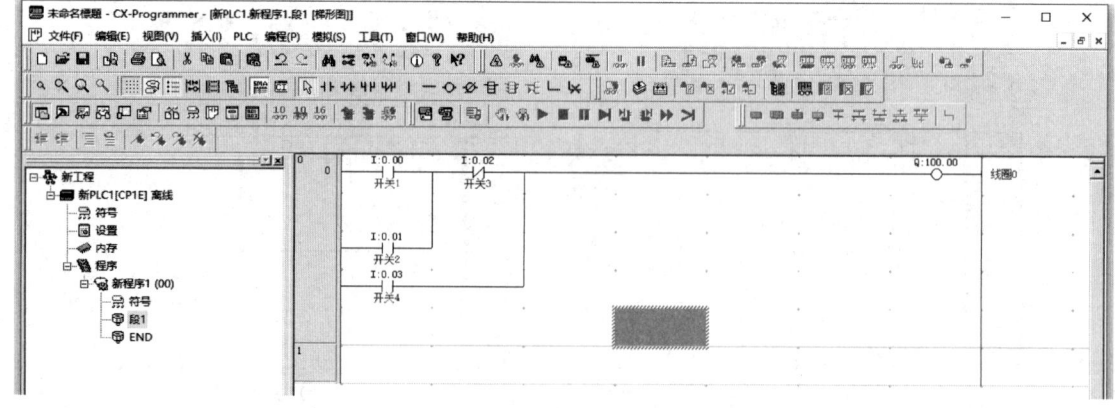

图 3.111　输入线圈

c. 此时已完成梯形图的输入，但仍需通过编译验证梯形图的输入是否正确。

(8) END 指令的输入

在创建新工程后,END 指令的段自动产生,无须自行输入 END 指令,如图 3.112 所示。

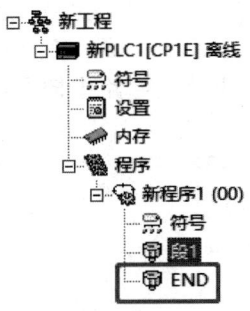

图 3.112　END 指令的输入

(9) 编译

a. 单击软件左上角的"编程(P)"→"编译(C)"菜单项,如图 3.113 所示。

图 3.113　对梯形图进行编译

b. 若编译栏显示"0 错误,0 警告",则表示梯形图输入无误,如图 3.114 所示。

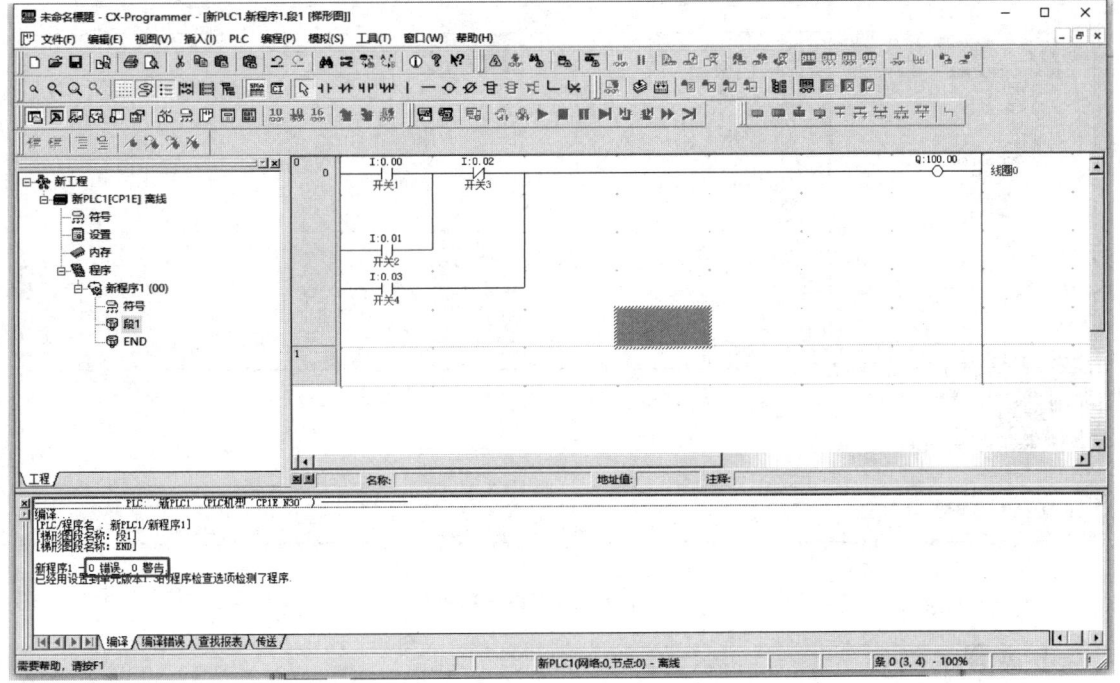

图 3.114　编译结果

3.3.2 程序的插入

1. 程序插入练习

如图 3.115 所示,尝试在 3.3.1 小节的回路中插入虚线部分。

微课视频 3.3.2

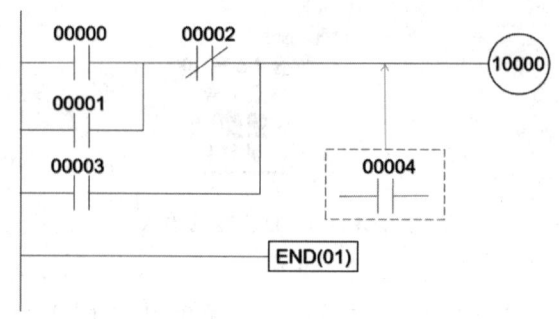

图 3.115 程序插入示例

2. 结果

软件界面如图 3.116 所示。

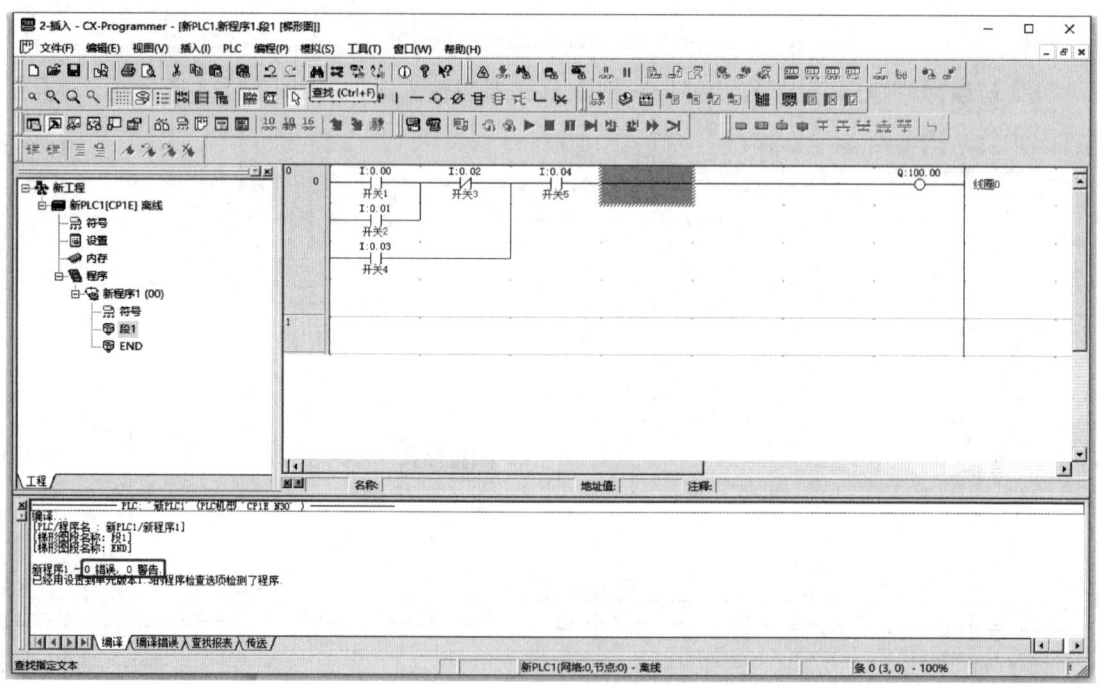

图 3.116 插入程序结果

3. 步骤

a. 复制并打开 3.3.1 小节的回路(若找不到,则在左侧工程导航栏找到"新工程"→"新 PLC1[CP1E]"→"程序"→"新程序 1(00)"→"段 1",双击即可),如图 3.117 所示。

第 3 章　PLC 系统与控制

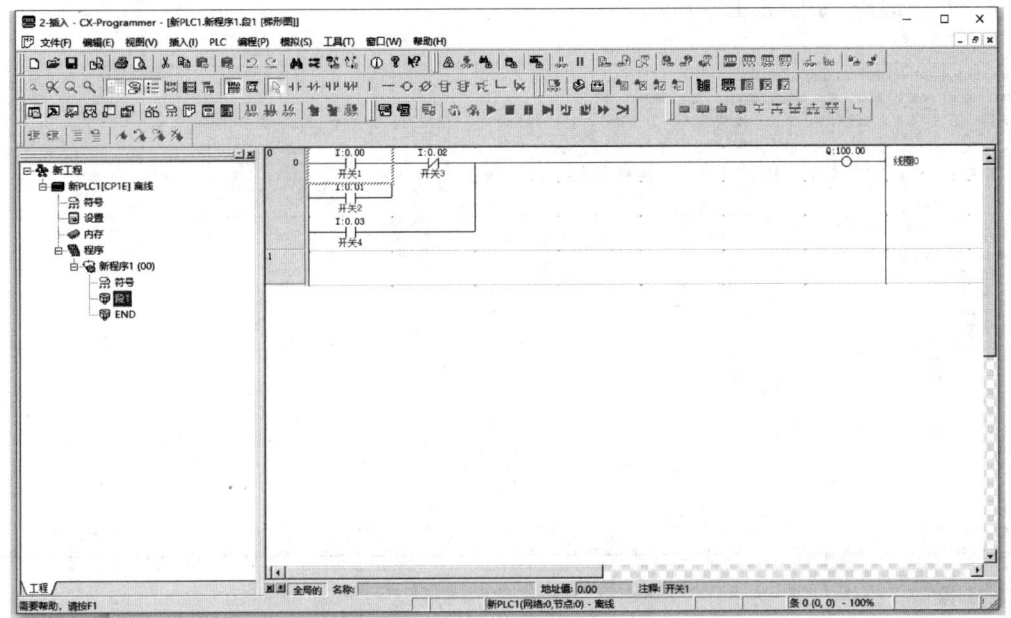

图 3.117　打开原文件

b. 单击图 3.118 的深色区域。

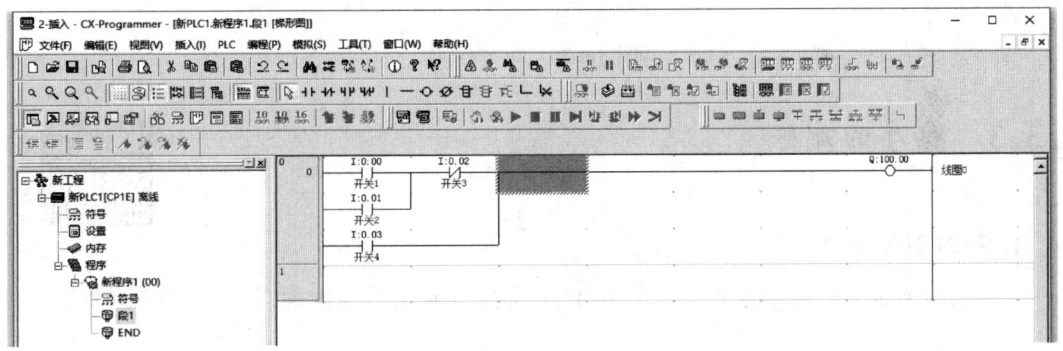

图 3.118　选定区域

c. 使用 AND 指令输入，位为 0.04，如图 3.119 所示。

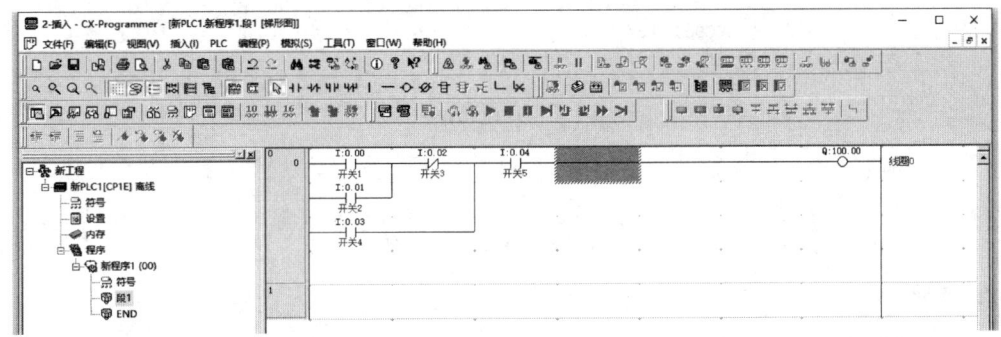

图 3.119　输入 AND 指令

d. 进行编译,如图 3.120 所示。

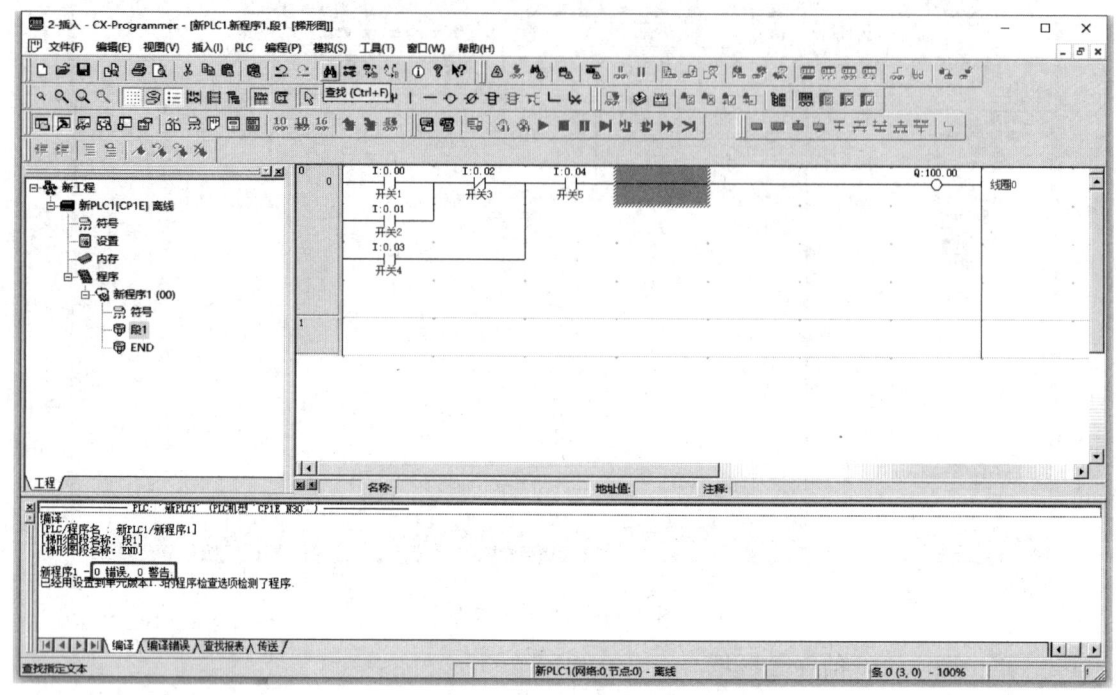

图 3.120 编译结果

3.3.3 程序的删除

1. 程序删除练习

如图 3.121 所示,请尝试在 3.3.2 小节的回路中删除虚线框部分。

微课视频 3.3.3

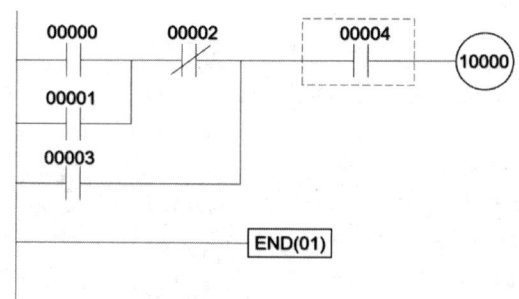

图 3.121 程序删除示例

2. 结果

软件界面如图 3.122 所示。

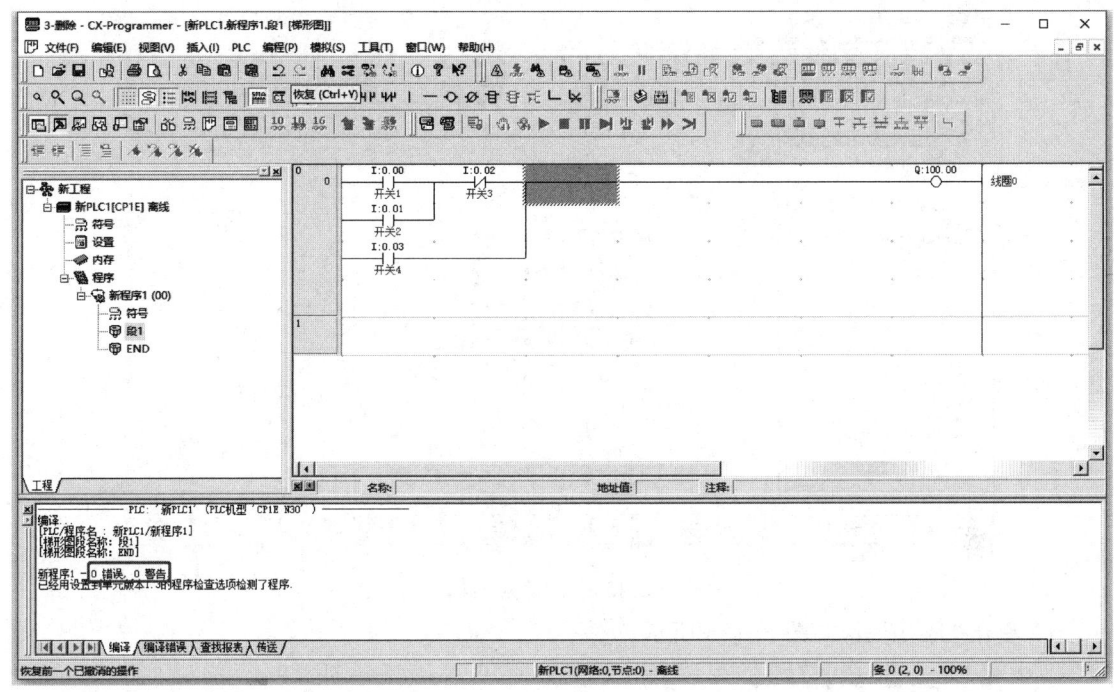

图 3.122　程序删除结果

3. 步骤

a. 单击要删除的部分,如图 3.123 所示。

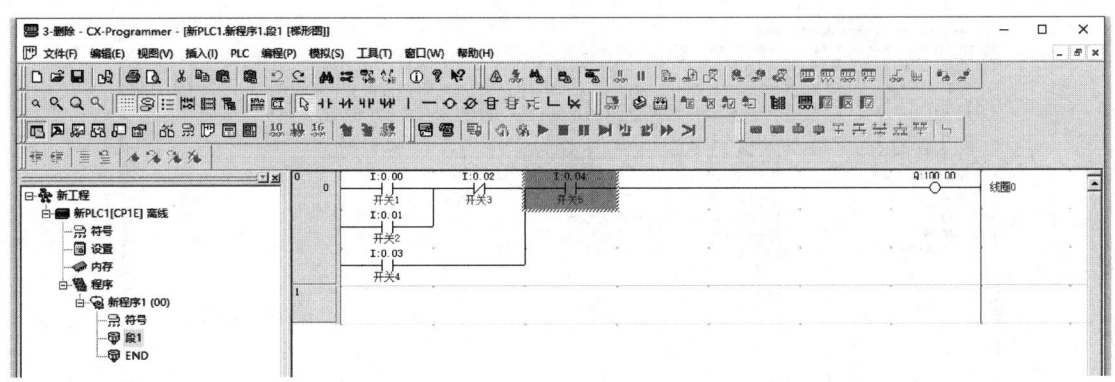

图 3.123　选定删除部分

b. 按下键盘上的"Delete"键,弹出对话框,如图 3.124 所示。

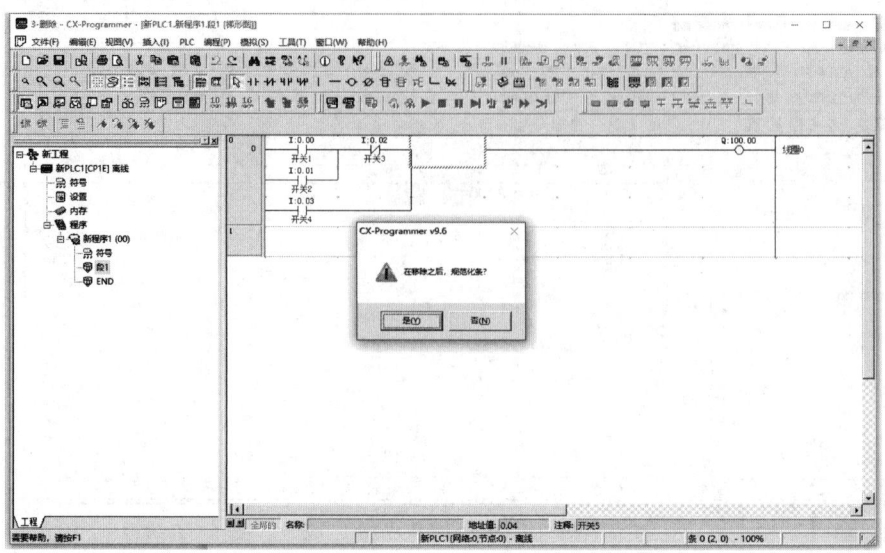

图 3.124　删除对话框

c. 单击"是"按钮,如图 3.125 所示。

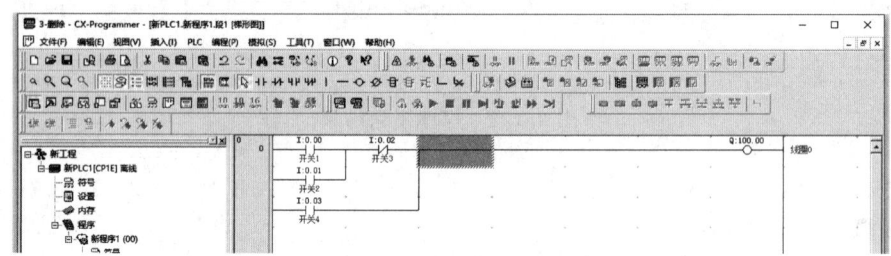

图 3.125　确认后界面

d. 进行编译,如图 3.126 所示。

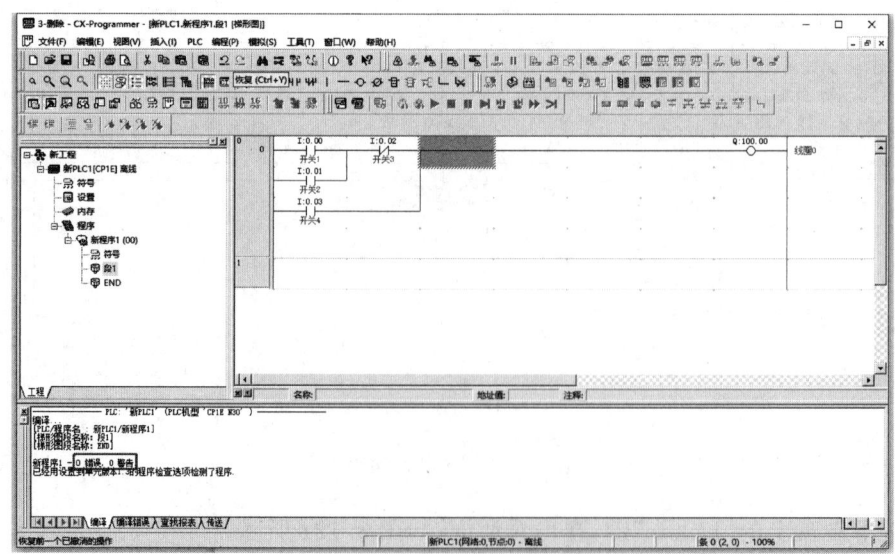

图 3.126　编译结果

3.4 中级电路

3.4.1 自保持回路

1. 功能

当按钮短暂接通（ON）后断开（OFF）时，如果需要使继电器保持吸合状态，只需合理利用继电器触点，即可实现该功能。

微课视频 3.4.1

2. 时序图

自保持回路时序图如图 3.127 所示，设置为 1 时，输出为 1；再按下复位（即复位为 1），输出为 0。

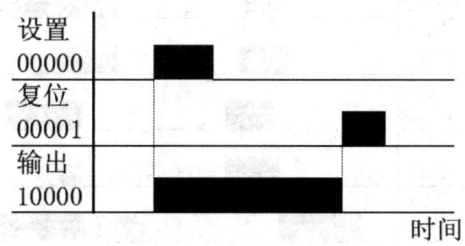

图 3.127 自保持回路时序图

3. 梯形图

自保持回路的梯形图如图 3.128 所示。

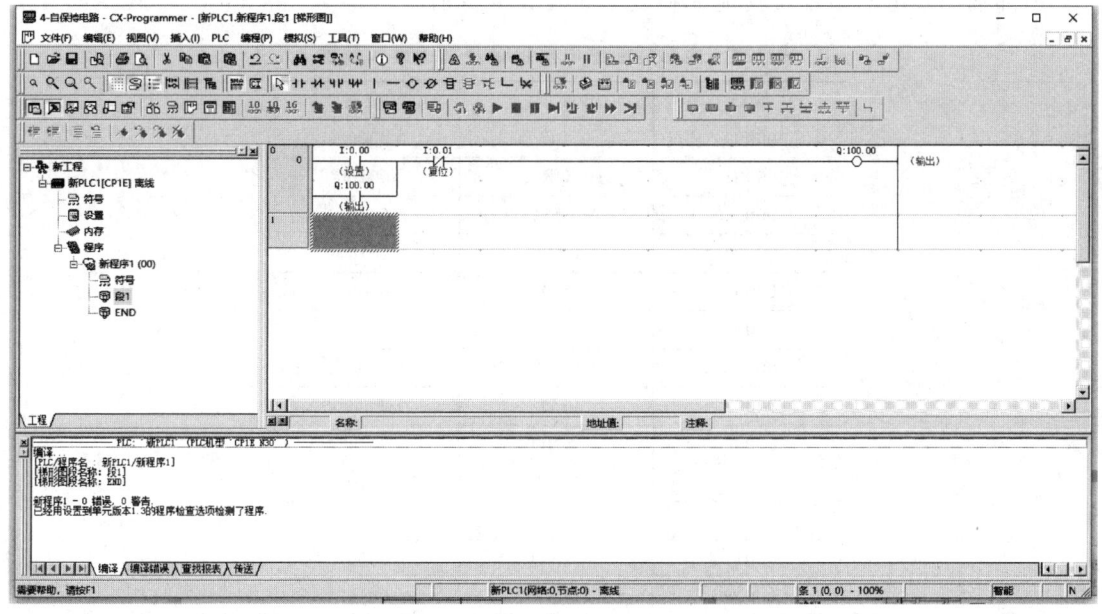

图 3.128 自保持回路的梯形图

3.4.2 内部辅助继电器

1. 功能

内部辅助继电器在不需要对外输出时使用。内部辅助继电区为 03000~23515。

2. 时序图

内部辅助继电器的时序图如图 3.129 所示。

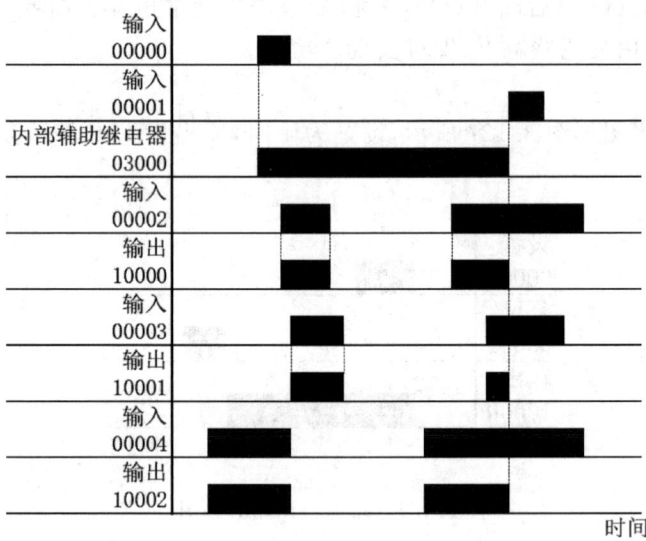

图 3.129 内部辅助继电器的时序图

3. 编码

内部辅助继电器指令及其地址和数据如表 3.7 所示。

表 3.7 内部辅助继电器指令及其地址和数据

地址	指令	数据
00000	LD	00000
00001	OR	00100
00002	ANDNOT	00001
00003	OUT	00100
00004	LD	00002
00005	AND	HR 0000
00006	OUT	00003
00007	LD	HR 0000
00008	AND	HR 0000
00009	OUT	00101
00010	LD	03000
00011	AND	00004
00012	OUT	00102
00013	END	

4. 梯形图

内部辅助继电器的梯形图如图 3.130 所示。

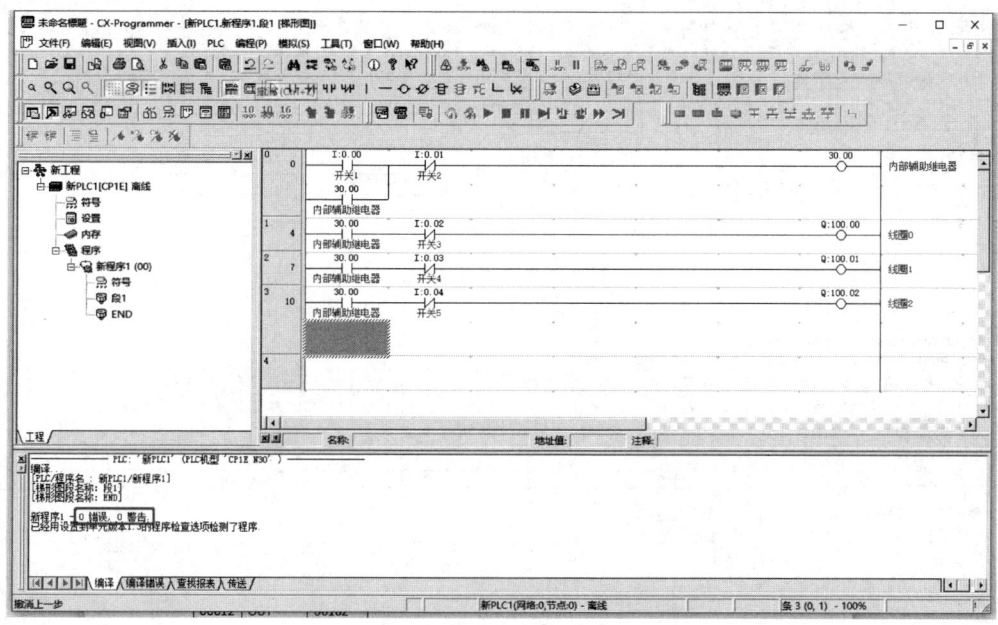

图 3.130　内部辅助继电器的梯形图

5. 步骤

（1）第一部分：内部辅助继电器的回路

a. 先分别使用 LD 指令和 ANDNOT 指令输入两个开关，如图 3.131 所示。

图 3.131　输入开关

b. 再使用 OUT 指令输入一个线圈，位为"30.00"，如图 3.132 所示。

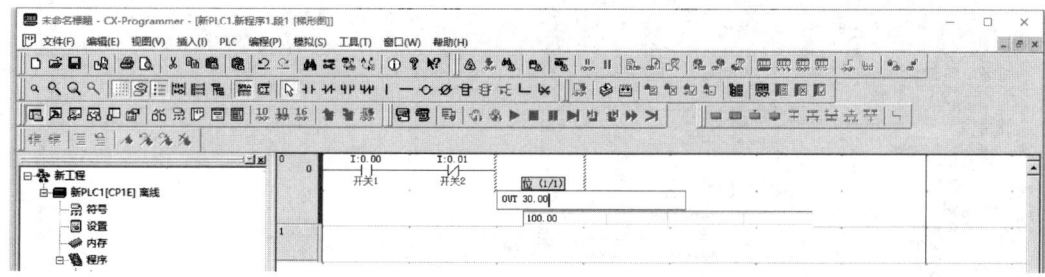

图 3.132　输入线圈

c. 命名为"内部辅助继电器",如图 3.133 和图 3.134 所示。

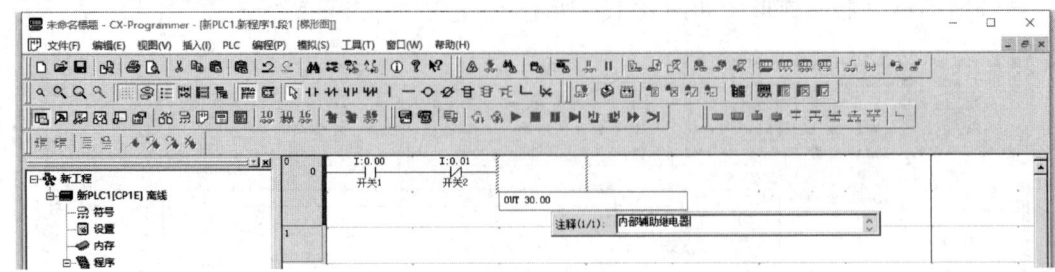

图 3.133 命名线圈

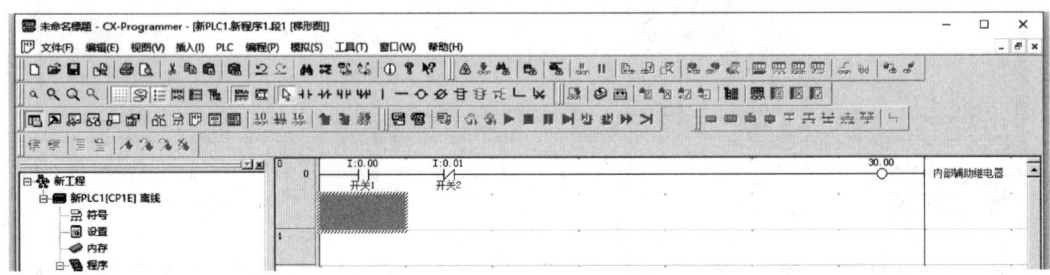

图 3.134 完成输入

d. 继续使用 OR 指令(即先按下键盘上的字母"W",再按下"回车"键),如图 3.135 所示。

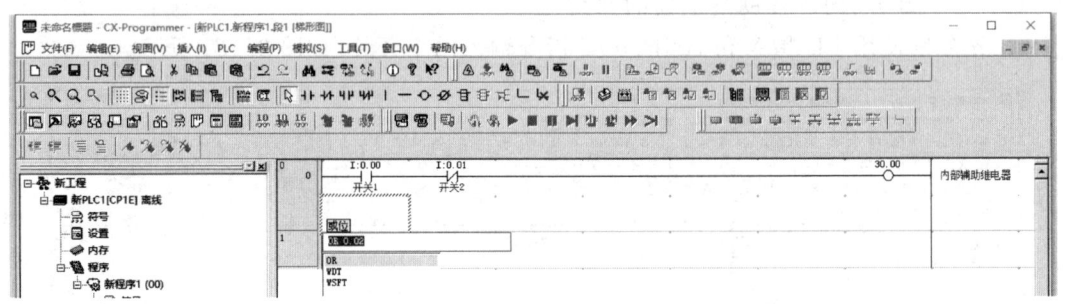

图 3.135 输入或指令

e. 单击图 3.136 方框内区域(或者按下键盘上的"↓"键,移到该位置后,再按下"回车"键)。

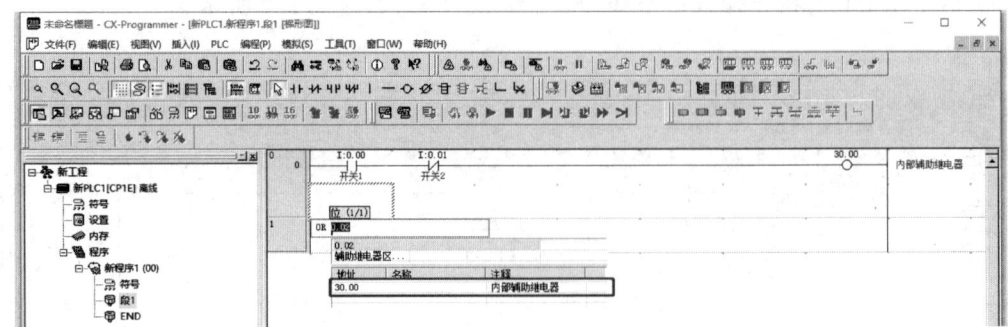

图 3.136 选择内部辅助继电器

f. 完成第一部分,如图 3.137 所示。

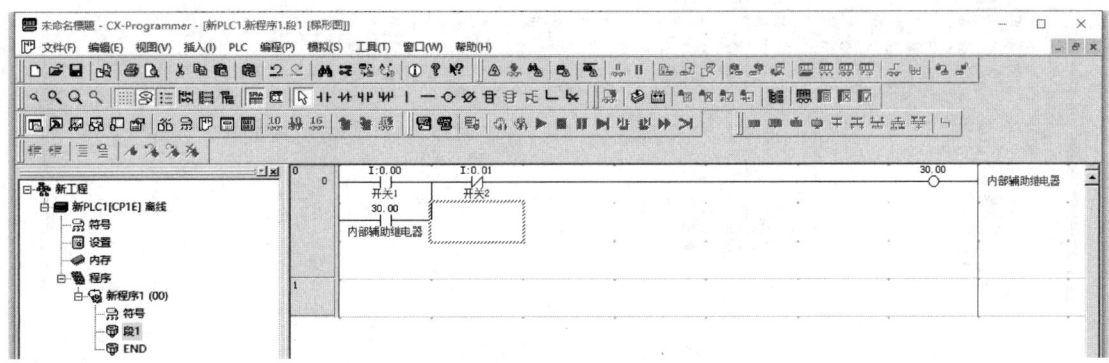

图 3.137　内部辅助继电器的第一部分程序

(2) 第二部分:将内部辅助继电器作为三次输入

a. 单击图 3.138 的深色区域,注意,此时左边的序号为 1 而非 0。

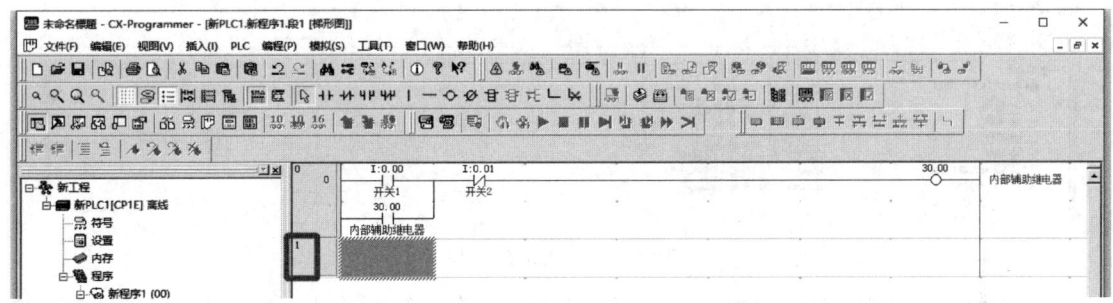

图 3.138　选定区域

b. 使用 LD 指令输入,选择图 3.139 方框内的内容。

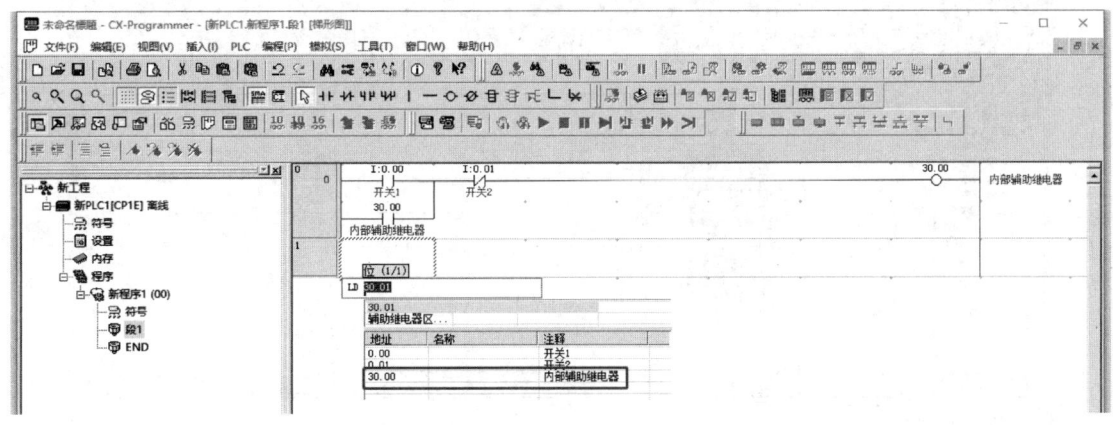

图 3.139　输入 LD 指令

c. 分别用 ANDNOT 指令输入位为 0.02 的开关 3 和用 OUT 指令输入位为 100.00 的线圈 0,如图 3.140 所示。

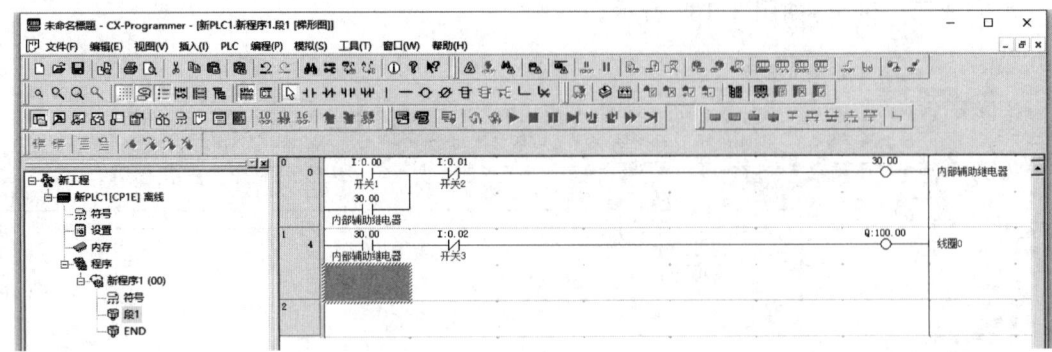

图 3.140　输入开关与线圈

d. 单击图 3.141 方框内的区域,注意,此时左边的序号为 2 而非 1。

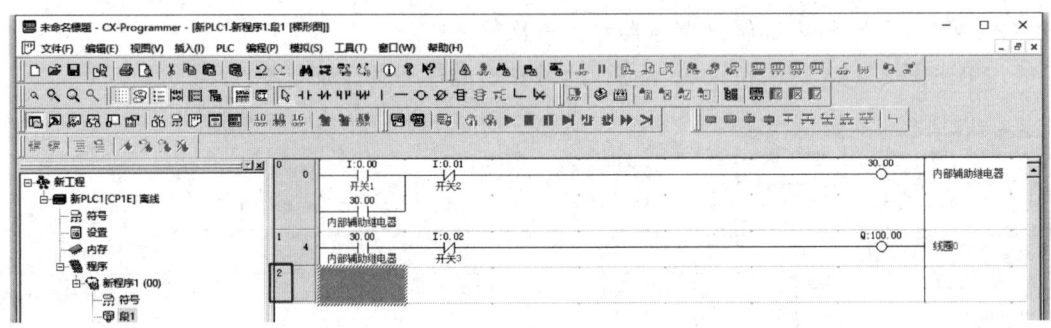

图 3.141　选定新区域

e. 重复上述步骤,在完成本行输入后,继续完成第 3 行的输入,最后进行编译,编译结果如图 3.142 所示。

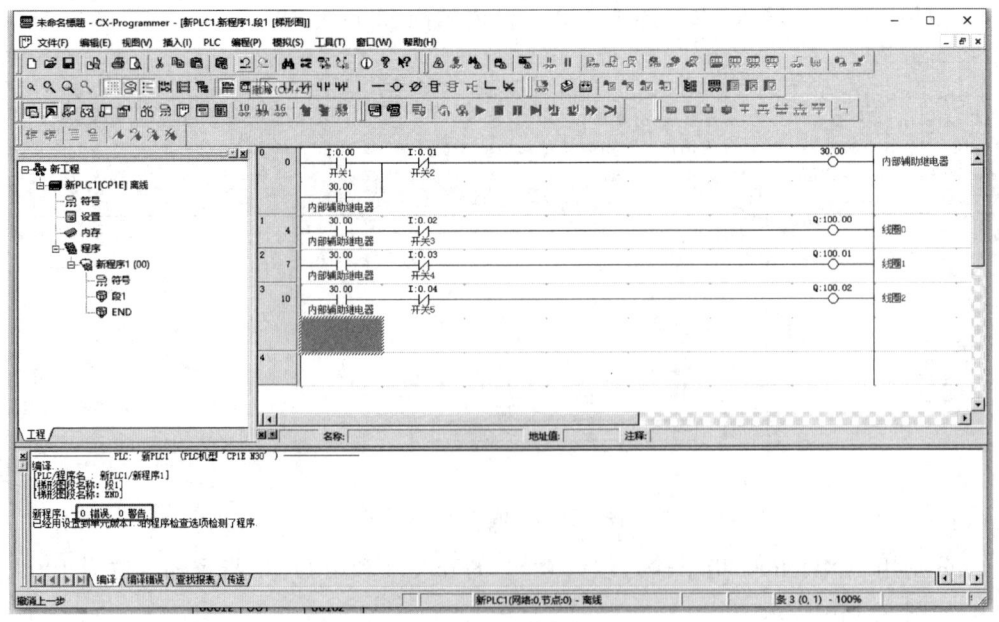

图 3.142　编译结果

3.4.3 计时器回路(TIM)

计时器编号为 000～511,设定值为♯000.0～♯999.9 s。

微课视频 3.4.3

1. 时序图

计时器回路的时序图如图 3.143 所示。

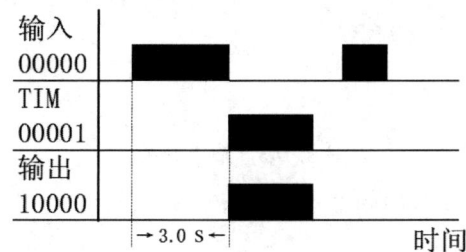

图 3.143 计时器回路的时序图

2. 编码

计时器回路指令的地址和数据如表 3.8 所示。

表 3.8 计时器回路指令及其地址和数据

地址	指令	数据
00000	LD	00000
00001	TIM	000
		♯ 0030
00002	LD	TIM 000
00003	OUT	00100
00004	END	

3. 梯形图

计时器回路的梯形图如图 3.144 所示。

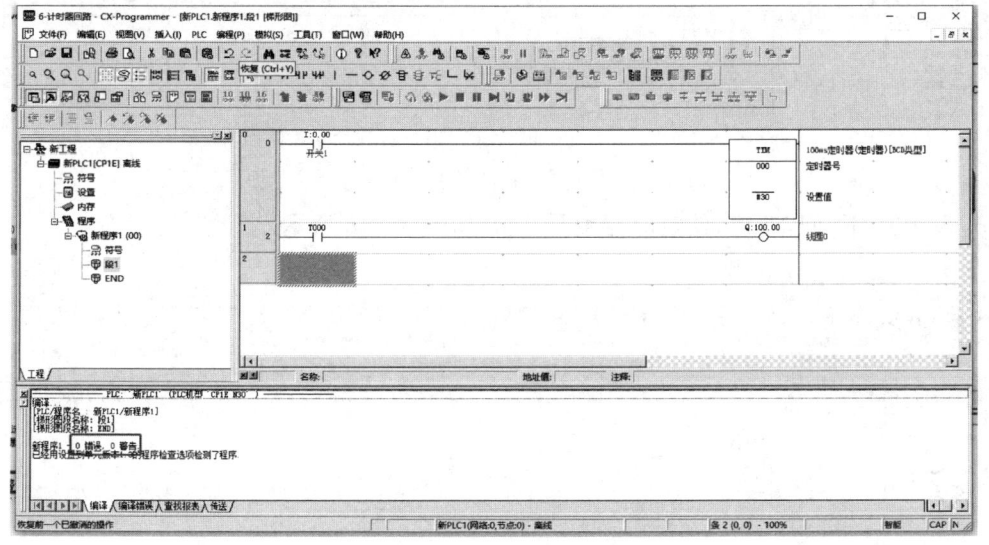

图 3.144 计时器回路的梯形图

4. 步骤

a. 新建 CX 文件,先输入开关 1,如图 3.145 所示。

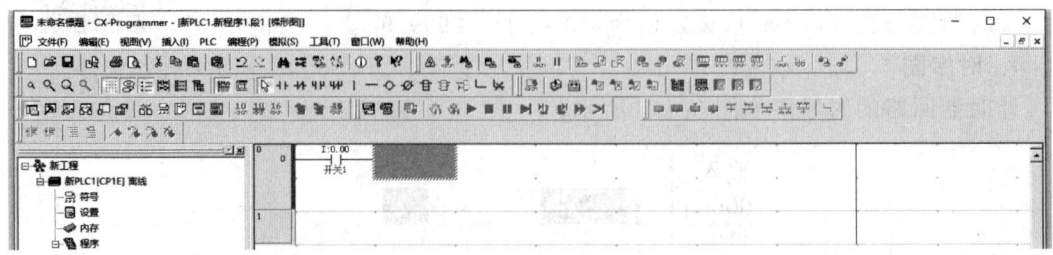

图 3.145 输入开关

b. 按下键盘上的字母"T",如图 3.146 所示。

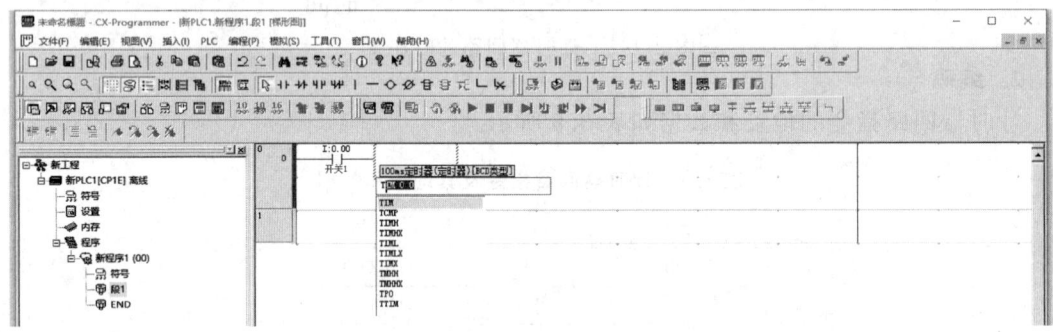

图 3.146 创建计时器

c. 然后按下键盘上的"回车"键,如图 3.147 所示。

图 3.147 确认计时器创建

d. 再按一下"回车"键,使定时器编号为 0,如图 3.148 所示。

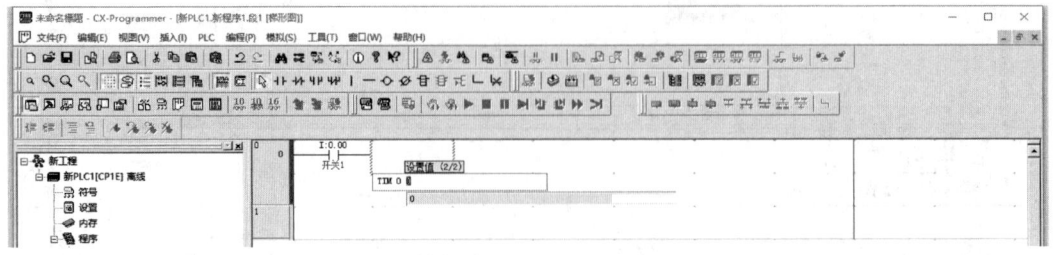

图 3.148 设置定时器编号

e. 输入"♯30",如图 3.149 所示。

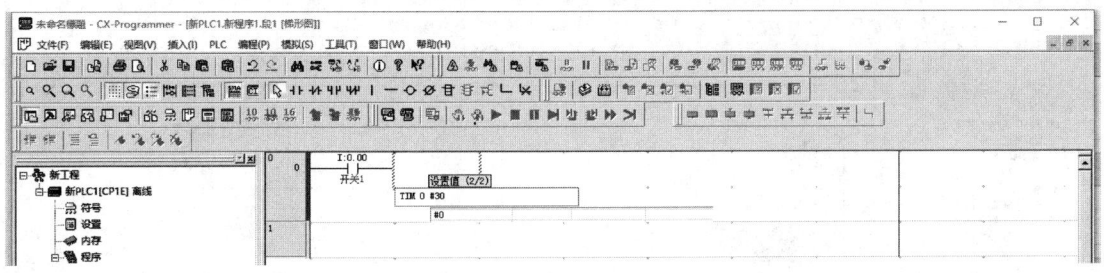

图 3.149　输入计时器设定值

f. 再按一下"回车"键,使设置值为♯30,相当于 3 s,确认计时器设定,如图 3.150 所示。

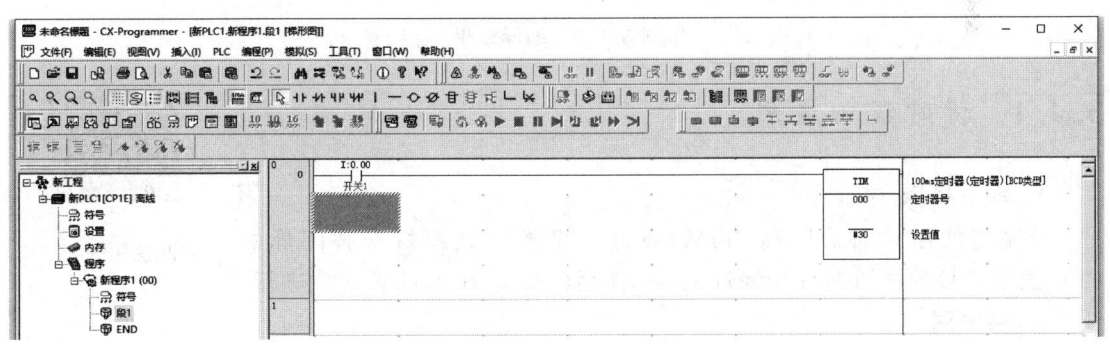

图 3.150　确认计时器设定

g. 单击图 3.151 的深色区域,注意,此时左边的序号为 1 而非 0。

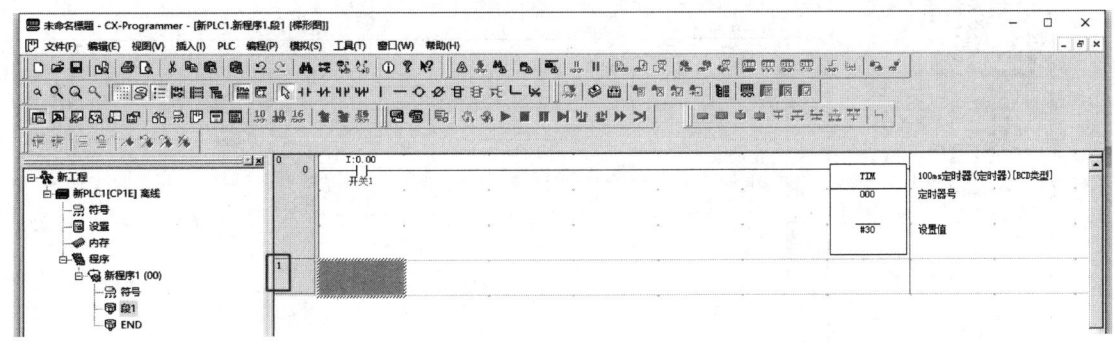

图 3.151　选定区域

h. 最终编译结果如图 3.152 所示。

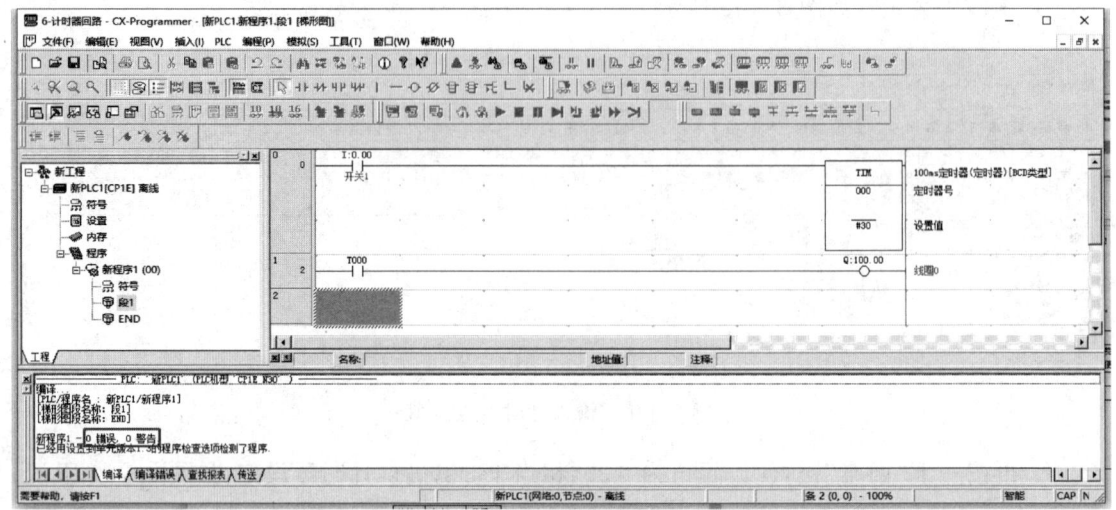

图 3.152 编译结果

3.4.4 计时器的应用

1. 本节目标

本节将使用计时器回路(TIM)设计一个控制红绿灯交替闪烁的
PLC 程序。该程序可实现让绿灯亮 6 s,然后红灯亮 10 s,两者交替进行。

微课视频 3.4.4

2. 梯形图

计时器回路的梯形图如图 3.153 所示,相关指令已在图中标明,此图不难,请大家自行完成。

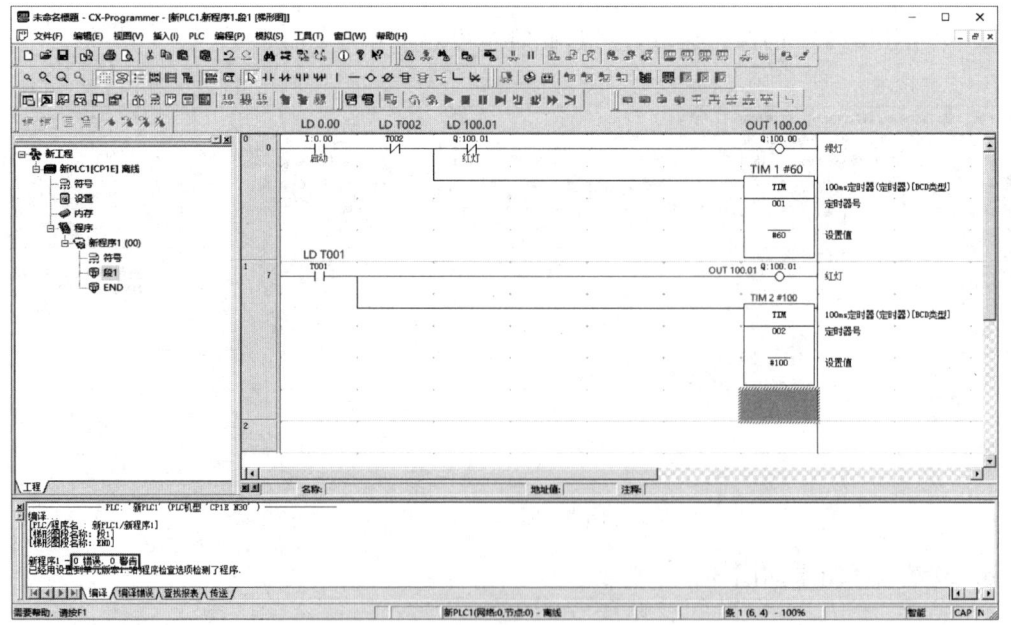

图 3.153 计时器的应用梯形图

3.4.5 计数器回路(CNT)

微课视频 3.4.5

CNT 指令是一条 BCD 递减计数指令,具有断电数据保持功能,每次计数器输入从 OFF 变为 ON 时,计数器当前值减 1;当计数器当前值变为 0 后,会触发特定继电器线圈。计数器编号为 000~511,计时器编号不能重复使用(设定值范围为♯0000~♯9999)。

1. 时序图

计数器回路的时序图如图 3.154 所示。

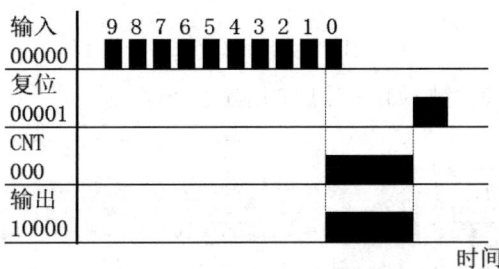

图 3.154 计数器回路时序图

2. 编码

计数器回路指令的地址和数据如表 3.9 所示。

表 3.9 计数器回路指令及其地址和数据

地址	指令	数据
00000	LD	00000
00001	LD	00001
00002	CNT	000
		♯0010
00003	LD	00100
00004	OUT	00100
00005	END	

3. 梯形图

计数器回路的梯形图如图 3.155 所示。

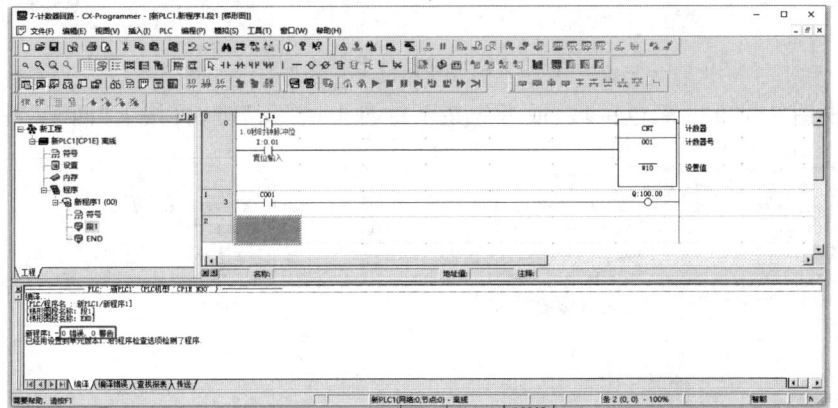

图 3.155 计数器回路梯形图

4. 步骤

a. 新建 CX 文件，按下键盘上的字母"L"，如图 3.156 所示。

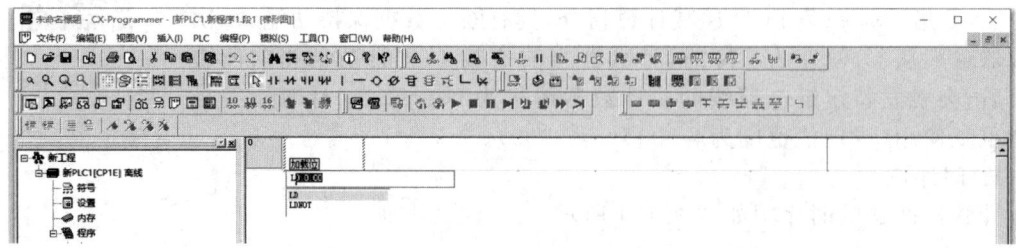

图 3.156　初始化计数器程序

b. 按下键盘上的"回车"键，如图 3.157 所示。

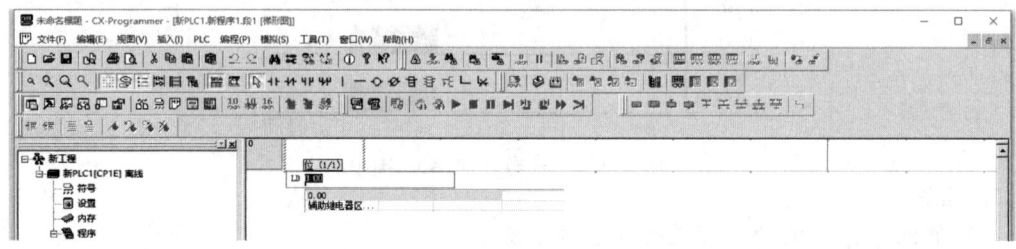

图 3.157　确认计数器程序初始化

c. 再按下键盘上的字母"P"，如图 3.158 所示。

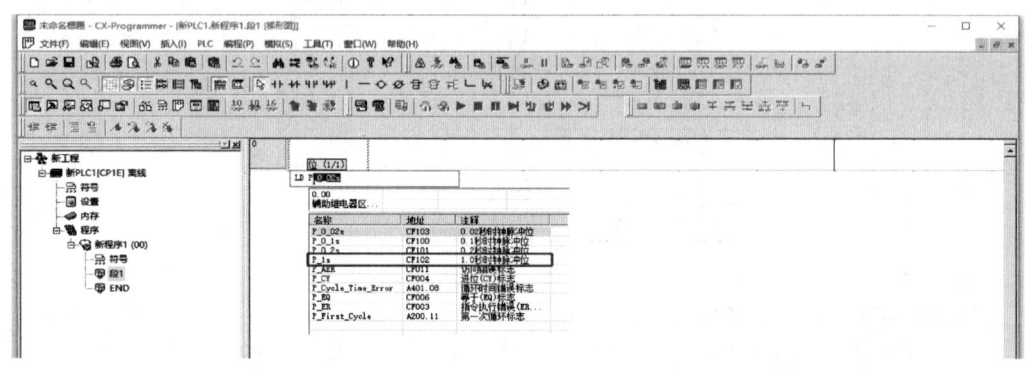

图 3.158　选择计数器功能

d. 单击图 3.159 的深色区域(或者先按下键盘上的"↓"键，再按下"回车"键)。

图 3.159　选择计数器配置选项

e. 完成计数输入，接下来输入计数器。用键盘输入"CNT"，如图 3.160 所示。

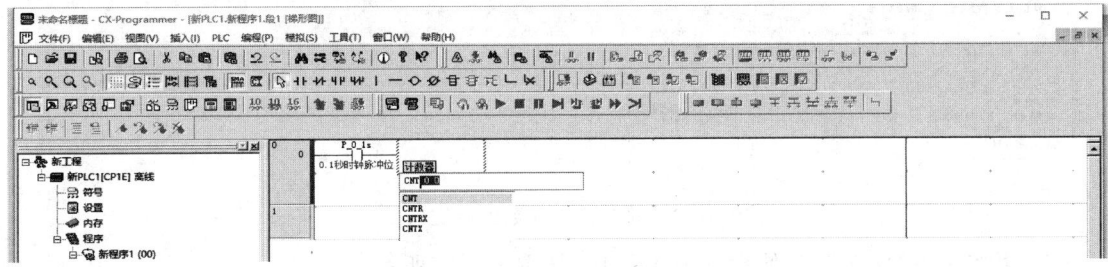

图 3.160　输入计数器指令

f. 按下键盘上的"回车"键，如图 3.161 所示。

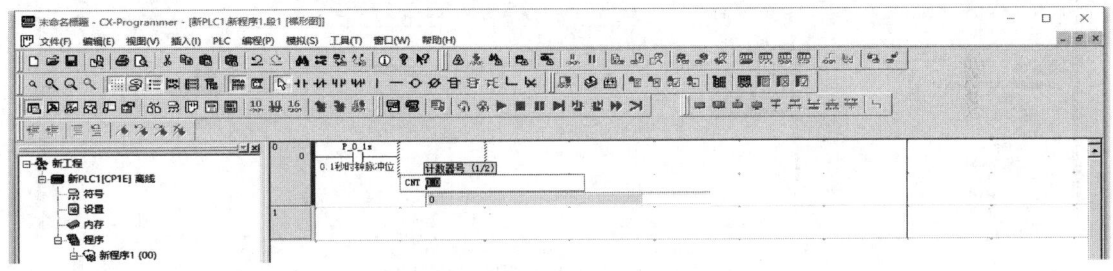

图 3.161　确认 CNT 指令输入

g. 输入数字"1"，如图 3.162 所示。

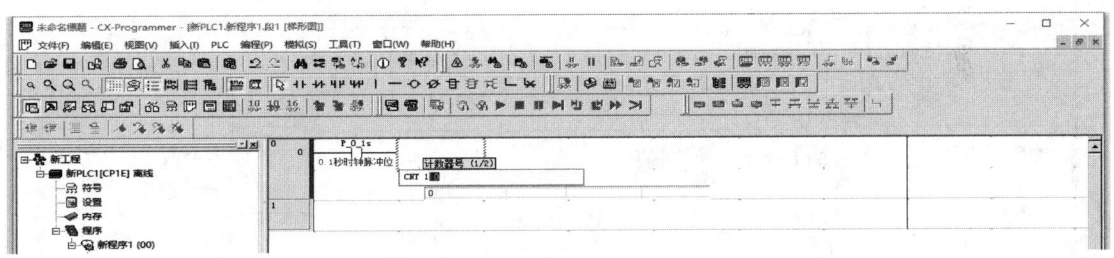

图 3.162　指定计数器编号

h. 再按一下"回车"键，使定时器编号为 1，如图 3.163 所示。

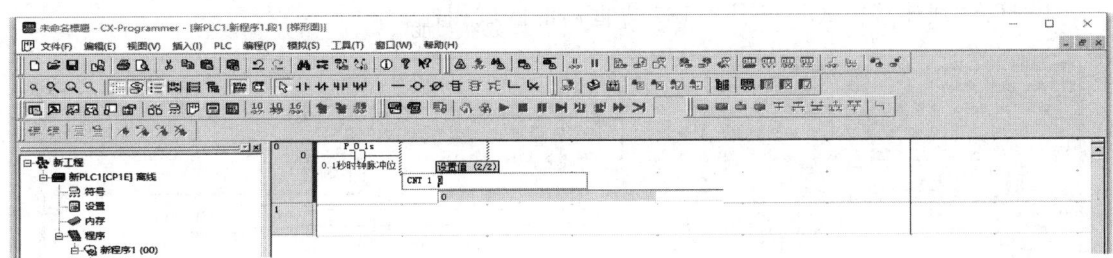

图 3.163　确认计数器编号设置

i. 输入"♯10"，如图 3.164 所示。

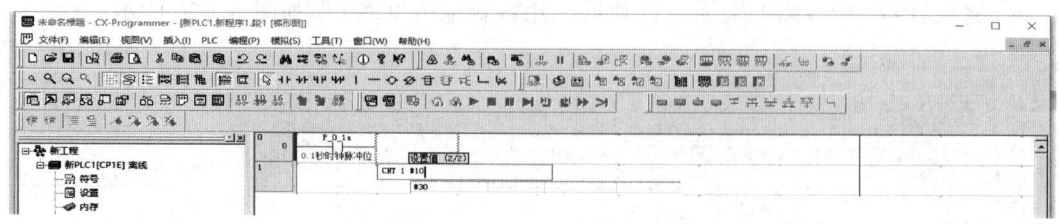

图 3.164 输入计数器设定值

j. 再按一下"回车"键,使设置值为♯10,如图 3.165 所示。

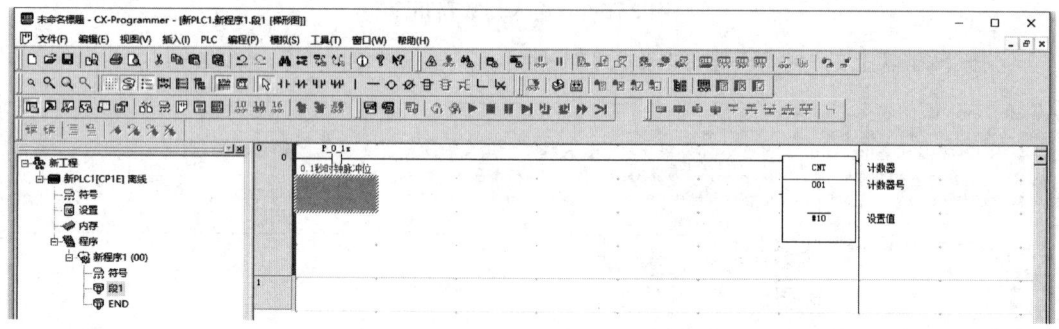

图 3.165 确认计数器设定值

k. 继续用 LD 指令输入第二行的开关,如图 3.166 所示。

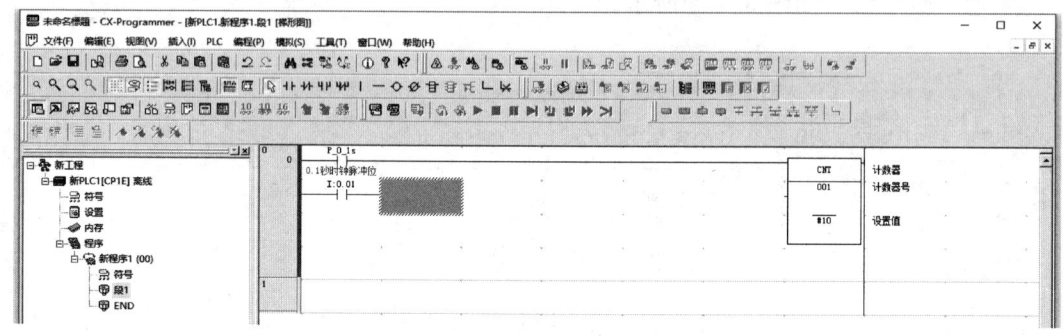

图 3.166 输入第二行开关的 LD 指令

l. 打开"线连接模式",将图 3.167 方框内的区域相连。

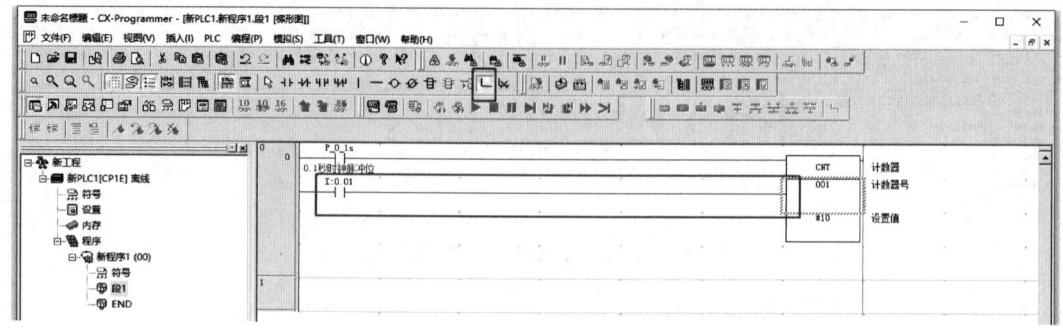

图 3.167 启用线连接模式并连接组件

m. 单击图 3.168 的深色区域,注意,此时左边的序号为 1 而非 0。

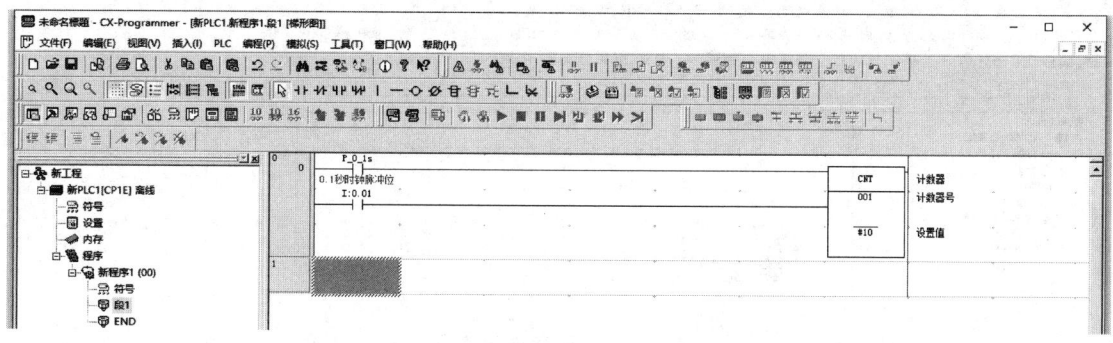

图 3.168 选定区域

n. 按下键盘上的字母"L",如图 3.169 所示。

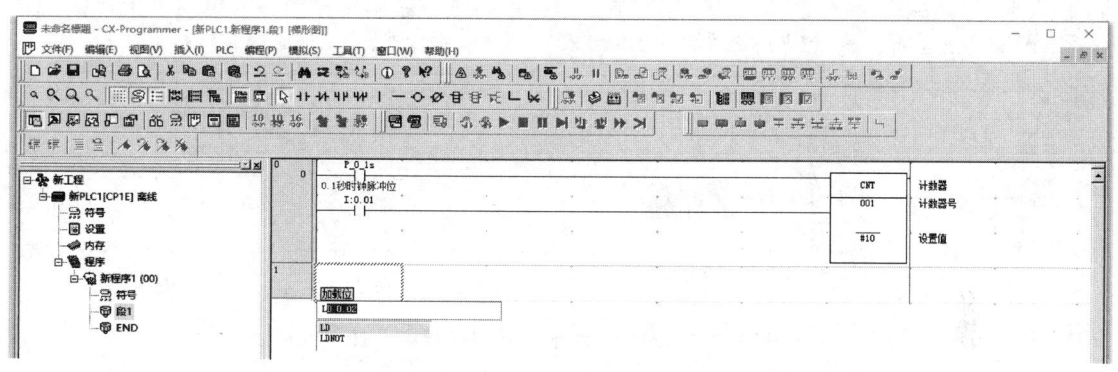

图 3.169 输入线圈

o. 再按下"回车"键,如图 3.170 所示。

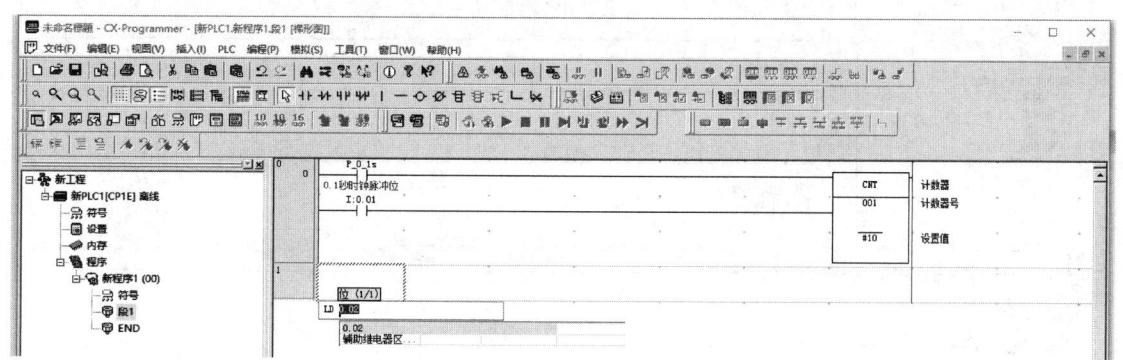

图 3.170 确认线圈输入

p. 按下键盘上的字母"C",如图 3.171 所示。

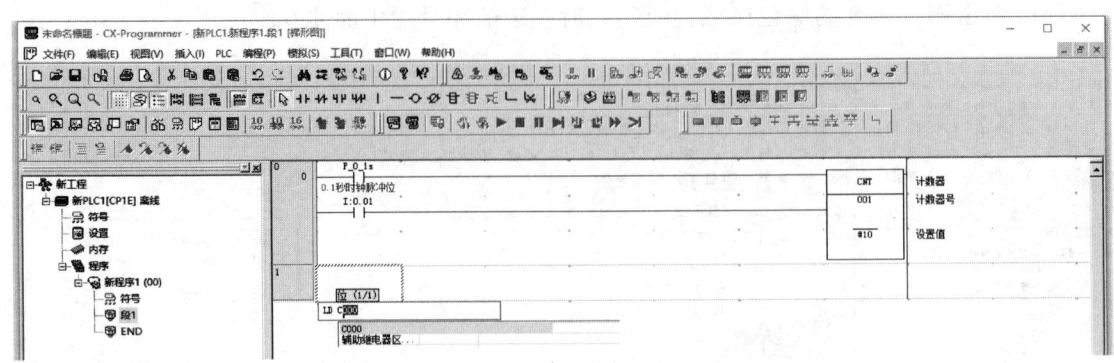

图 3.171 选择输出指令

q. 输入"001",再连续按两次"回车"键,如图 3.172 所示。

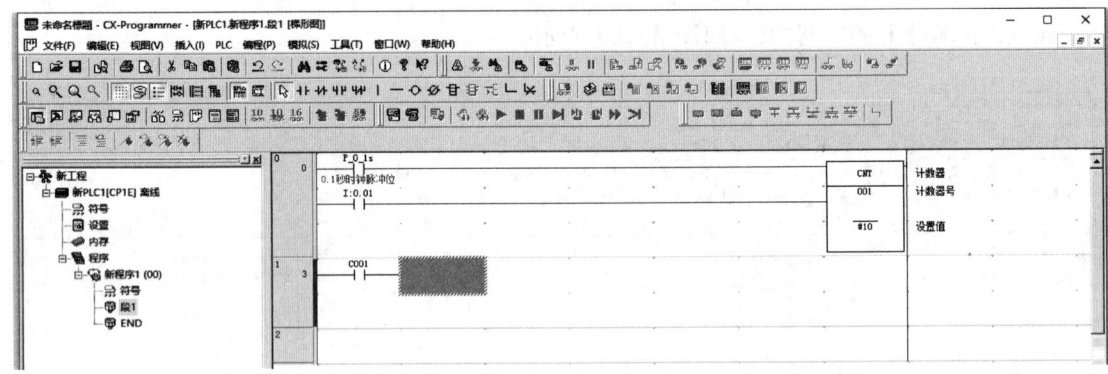

图 3.172 配置线圈地址并完成程序设置

r. 最后使用 OUT 指令输入线圈,进行编译,编译结果如图 3.173 所示。

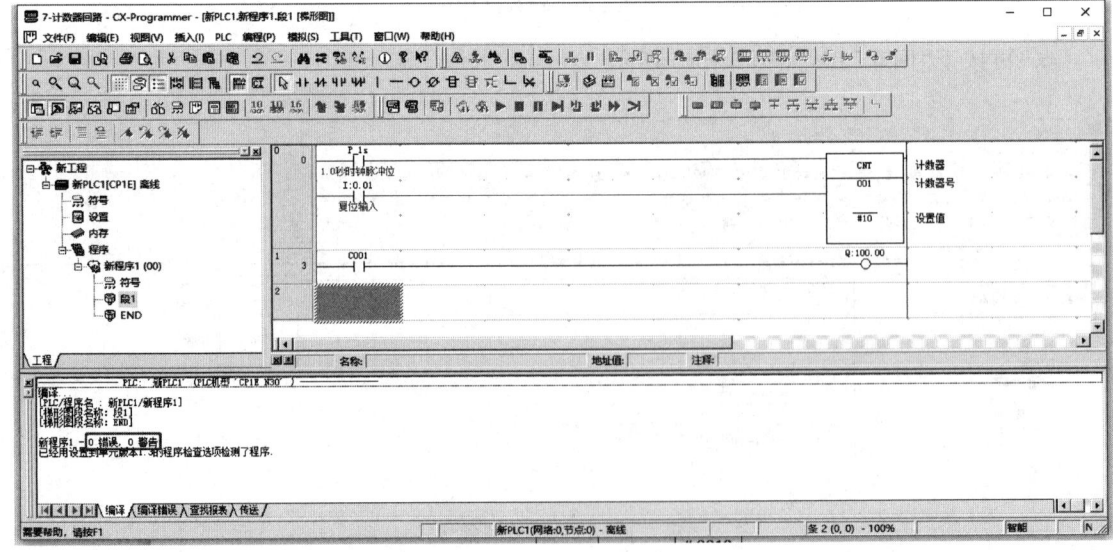

图 3.173 编译结果

3.4.6 特殊辅助继电器

在内部继电器中存在具有某种特定功能的继电器,称为特殊辅助继电器。特殊辅助继电器中具有代表性的例子如表 3.10 所示。

微课视频 3.4.6

表 3.10 特殊辅助继电器的名称、功能和使用方法

继电器号	名称	功能和使用方法
P_0.1s	0.1 秒时钟	第 0.05 s 进行 ON/OFF 的继电器。
P_0.2s	0.2 秒时钟	第 0.1 s 进行 ON/OFF 的继电器。
P_1s	1.0 秒时钟	第 0.5 s 进行 ON/OFF 的继电器。 ⊢ 0.5 s ⊣ 0.5 s ⊣ ⊢——— 1 s ———⊣ 可作为亮灯显示(闪烁)使用。

3.4.7 联锁(IL)与联锁解除(ILC)

请用户在联锁回路的最后输入 ILC 命令。由此命令 PLC 可知道联锁命令结束了。

微课视频 3.4.7

1. 编码

联锁回路指令的地址和数据如表 3.11 所示。

表 3.11 联锁回路指令及其地址和数据

地址	指令	数据
00000	LD	00000
00001	IL	
00002	LD	00001
00003	OUT	00100
00004	LD	00002
00005	OUT	00101
00006	LD	00003
00007	OUT	00102
00008	ILC	
00009	END	

2. 梯形图

联锁回路的梯形图如图 3.174 所示。

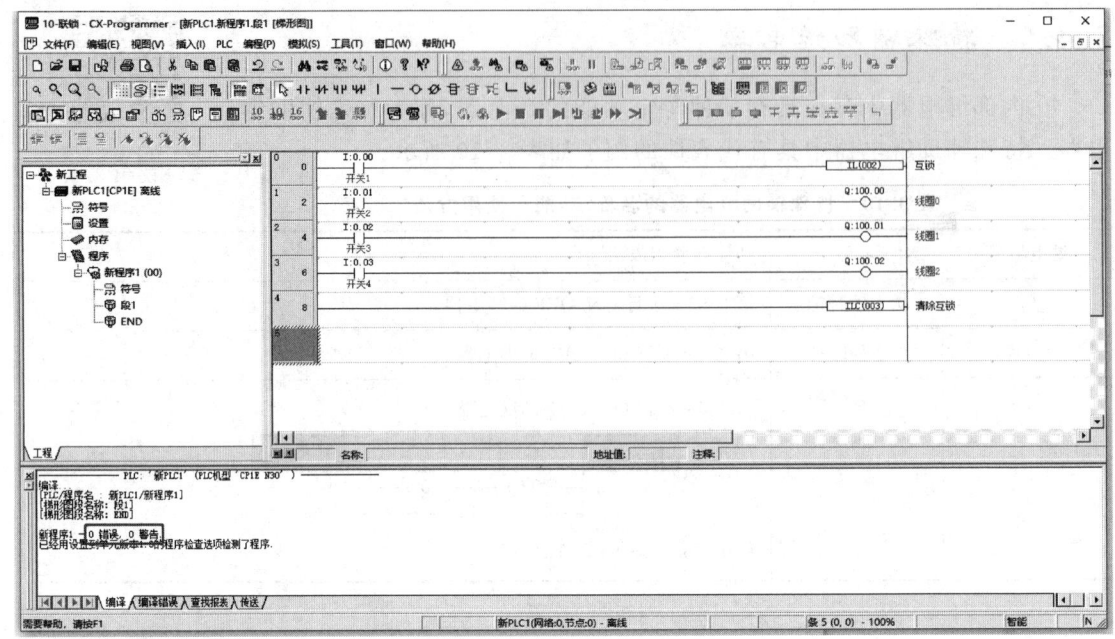

图 3.174 联锁回路的梯形图

3.4.8 跳转(JMP)与跳转结束(JME)

微课视频 3.4.8

1. 时序图

跳转指令和跳转结束指令的时序图如图 3.175 所示。

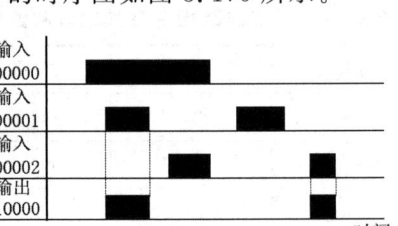

图 3.175 跳转指令和跳转结束指令的时序图

2. 编码

跳转指令和跳转结束指令的地址和数据如表 3.12 所示。

表 3.12 跳转指令、跳转结束指令及其地址和数据

地址	指令	数据
00000	LD	00000
00001	JMP	00001
00002	LD	00001
00003	OUT	00100
00004	JME	00001

续表

地址	指令	数据
00005	LDNOT	00000
00006	JMP	00002
00007	LD	00002
00008	OUT	00100
00009	JME	00002
00010	END	

3. 梯形图

跳转指令和跳转结束指令的梯形图如图3.176所示。

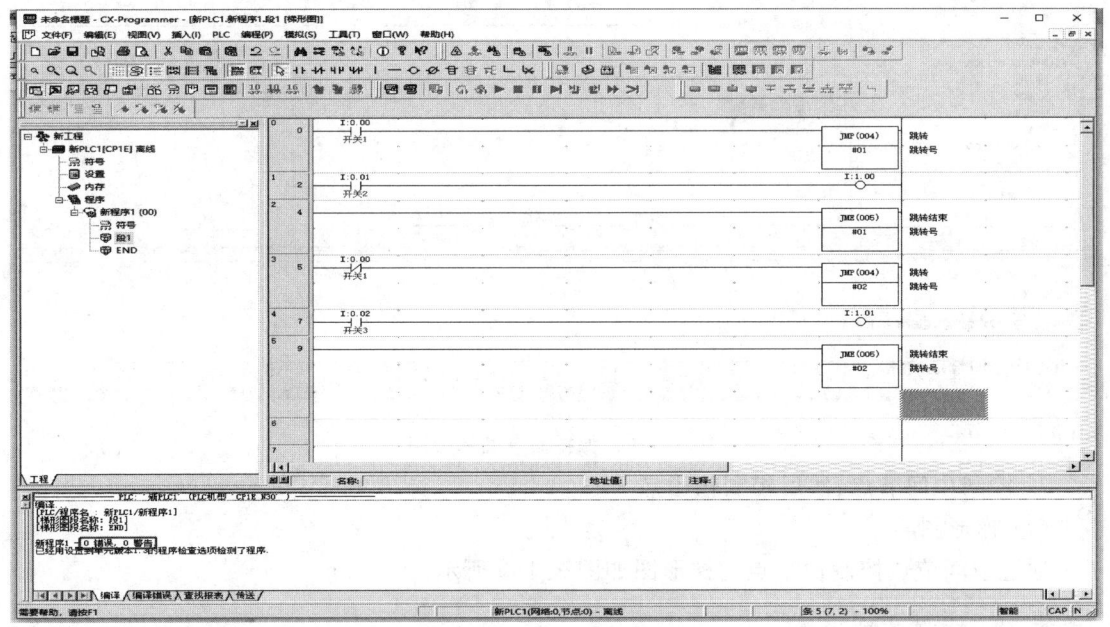

图 3.176 跳转指令和跳转结束指令的梯形图

注意：跳转号分别为"♯01"和"♯02"！

3.4.9 保持命令(KEEP)

1. 直接控制输出点

（1）功能

保持命令的功能示意图如图 3.177 所示。

微课视频 3.4.9

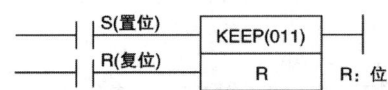

图 3.177 保持命令的功能示意图

当 S 变为 ON 时,指定位将变为 ON,且不论 S 是保持 ON 还是变为 OFF,指定位均保持 ON,直到被复位。当 R 变为 ON 时,指定位将变为 OFF。

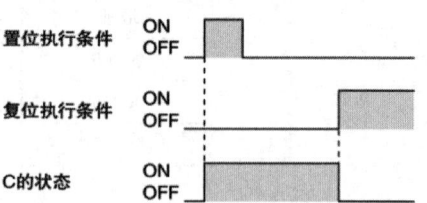

(2) 时序图

执行条件和 KEEP 位状态之间的关系如图 3.178 所示。

图 3.178　保持命令的时序图

(3) 梯形图

保持命令的梯形图如图 3.179 所示。

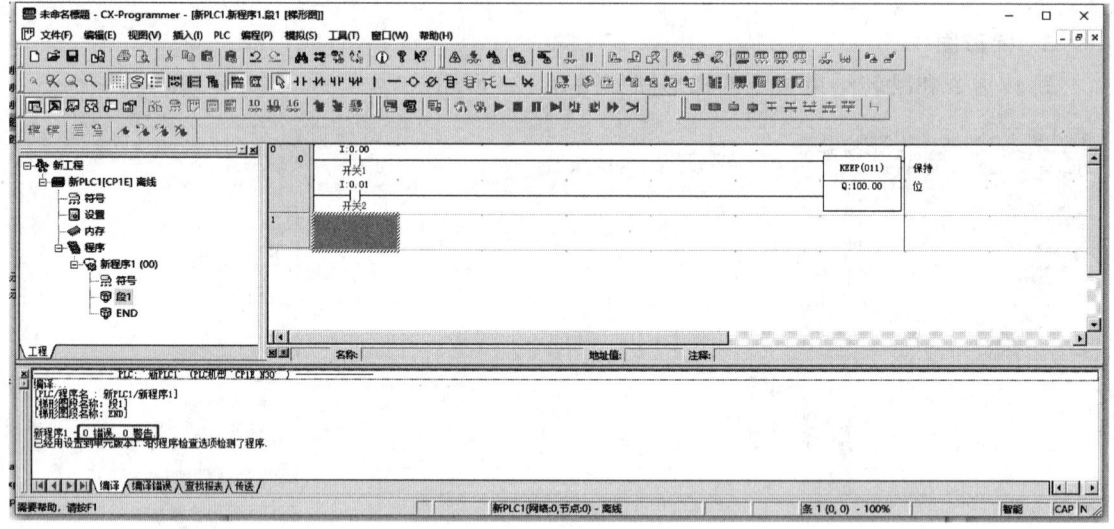

图 3.179　保持命令的梯形图

2. 控制中间节点,然后控制输出点

(1) 梯形图

通过中间节点控制输出点的梯形图如图 3.180 所示。

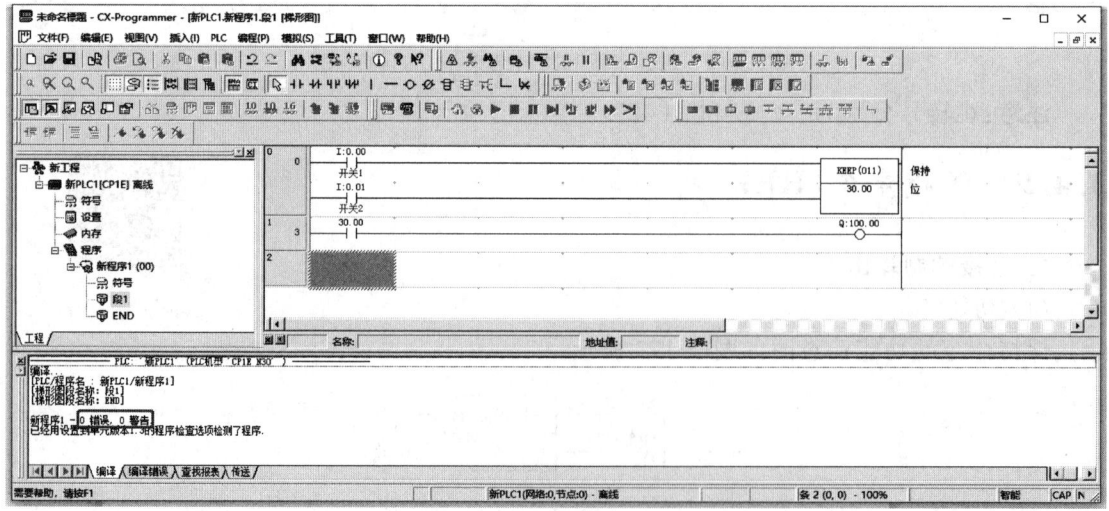

图 3.180　通过中间节点控制输出点的梯形图

3.4.10 微分命令(DIFU、DIFD)

1. 时序图

微分命令的时序图如图 3.181 所示。

微课视频 3.4.10

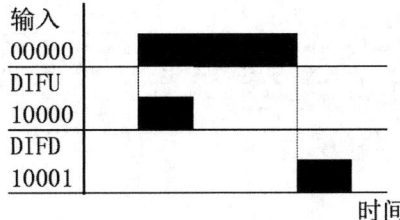

图 3.181 微分命令的时序图

2. 编码

微分命令的地址和数据如表 3.13 所示。

表 3.13 微分命令及其地址和数据

地址	命令	数据
00000	LD	00000
00001	DIFU	00100
00002	DIFD	00101
00003	END	

3. 梯形图

微分命令的时序图如图 3.182 所示。

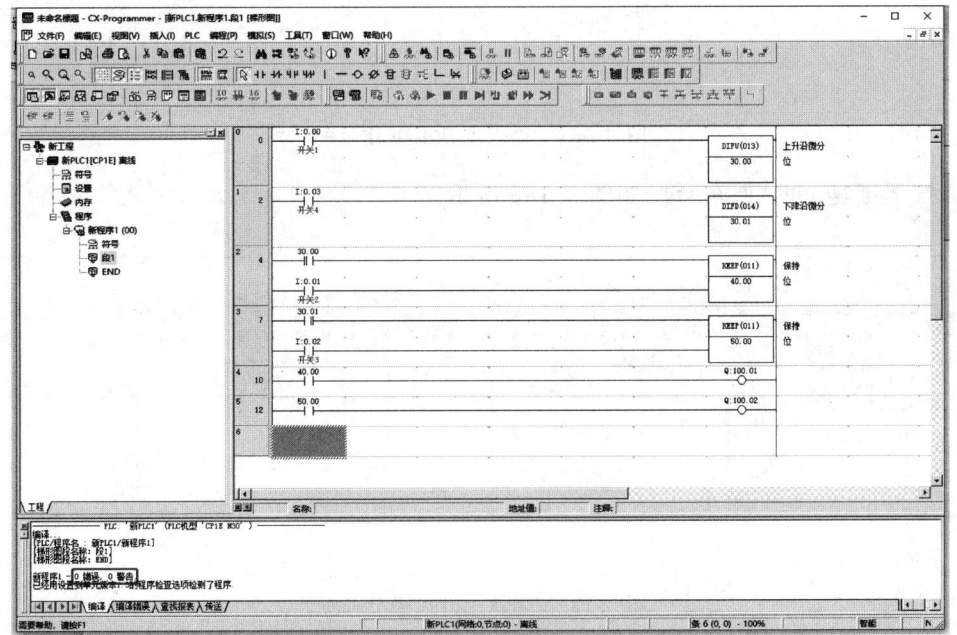

图 3.182 微分命令的时序图

4. 步骤

(1) 上升沿微分的输入

a. 新建 CX 文件,使用 LD 指令输入开关 1,如图 3.183 所示。

图 3.183 输入上升沿微分开关 1

b. 按下键盘上的字母"D",如图 3.184 所示。

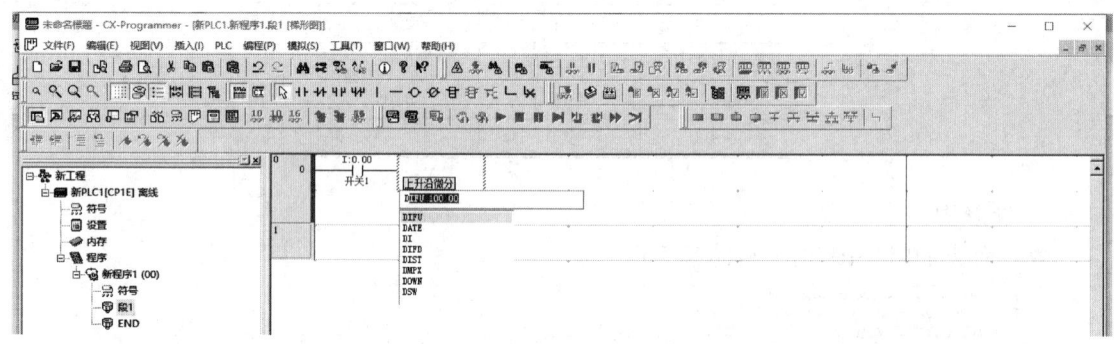

图 3.184 输入上升沿微分命令

c. 按下键盘上的"回车"键,如图 3.185 所示。

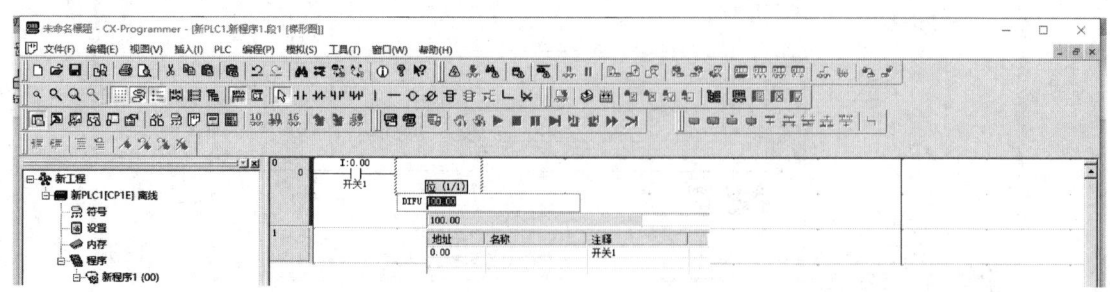

图 3.185 确认上升沿微分命令

d. 输入数字"30.00",再按下"回车"键,完成上升沿微分的输入,如图 3.186 所示。

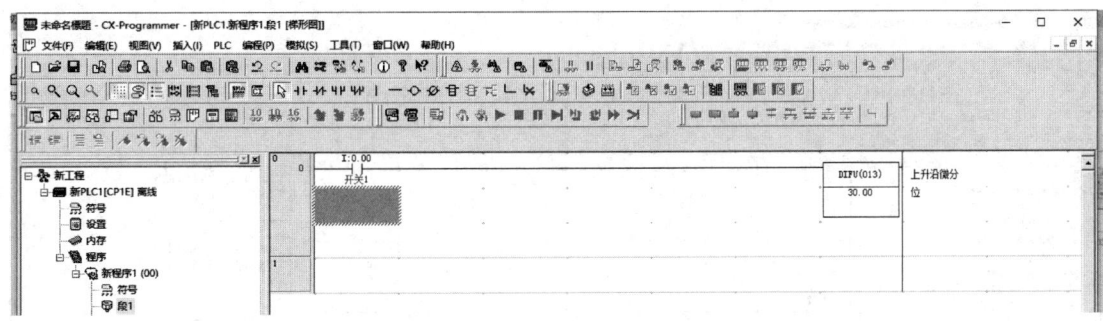

图 3.186　输入地址

(2) 下降沿微分的输入

同理,使用 LD 指令输入"开关 4"(位为 0.03),使用 DIFD 指令输入下降沿微分(位为 30.01),如图 3.187 所示。

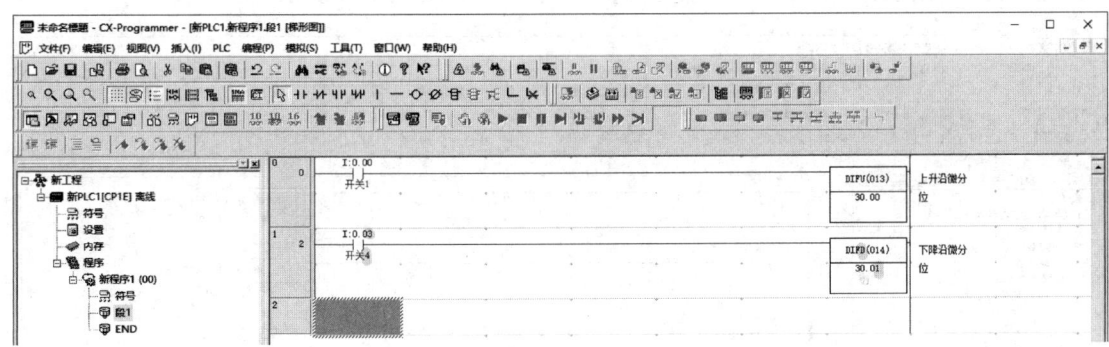

图 3.187　输入下降沿微分开关 4

(3) KEEP 指令的输入

a. 先使用 LD 指令输入位为 30.00 的开关(即将上升沿微分的结果作为输入),如图 3.188 所示。

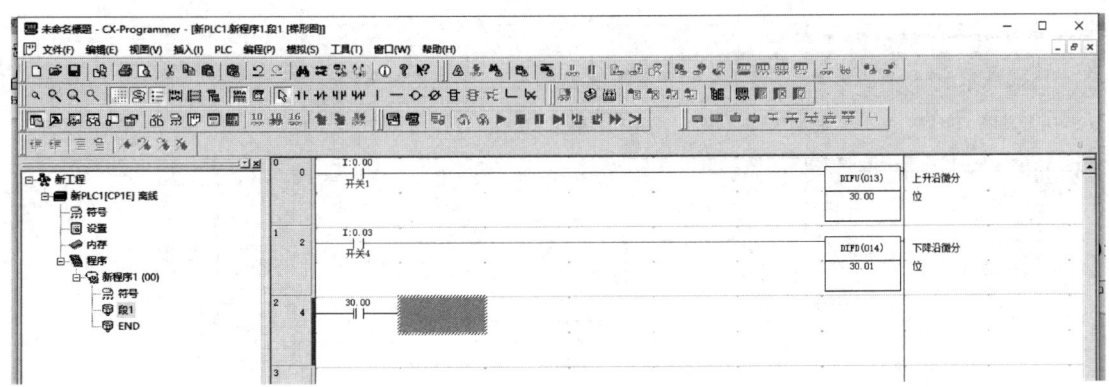

图 3.188　选择上升沿微分的结果作为 KEEP 指令的输入

b. 再输入 KEEP 指令(位为 40.00),如图 3.189 所示。

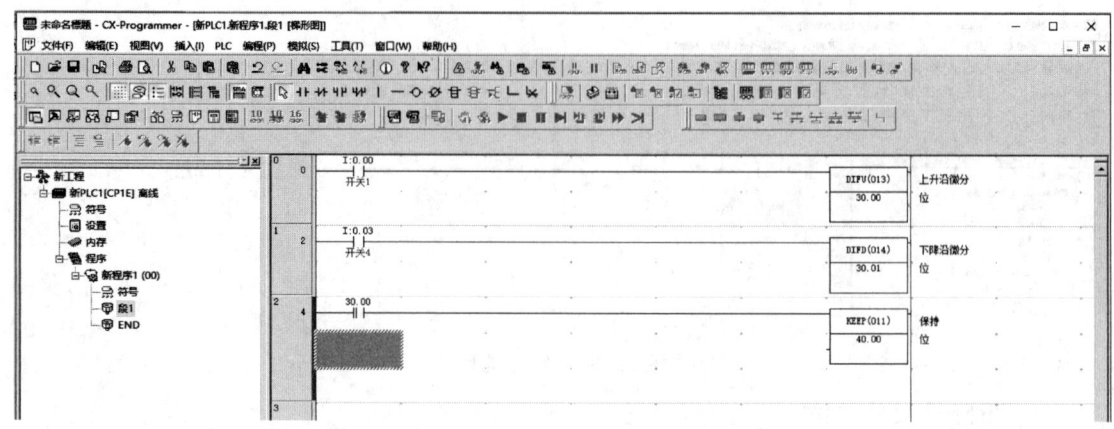

图 3.189 输入 KEEP 指令

c. 继续使用 LD 指令输入"开关 2"(位为 0.01),如图 3.190 所示。

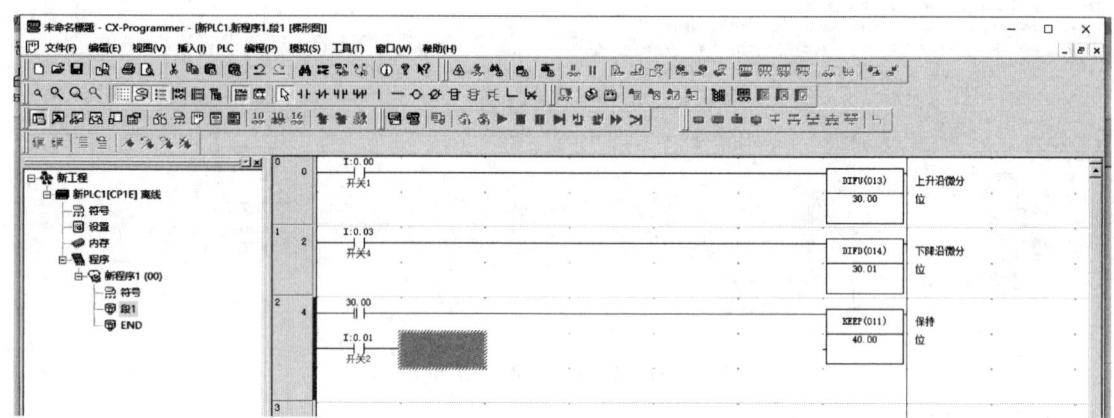

图 3.190 输入"开关 2"作为 KEEP 指令的控制开关

d. 打开"线连接模式",连接图 3.191 的方框区域。

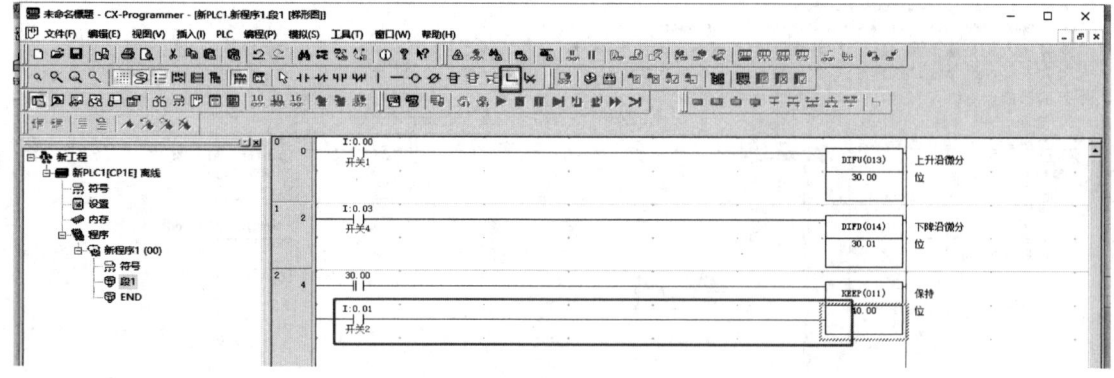

图 3.191 使用"线连接模式"连接 KEEP 指令相关区域

e. 重复上述步骤,完成下一行的输入,如图 3.192 所示。

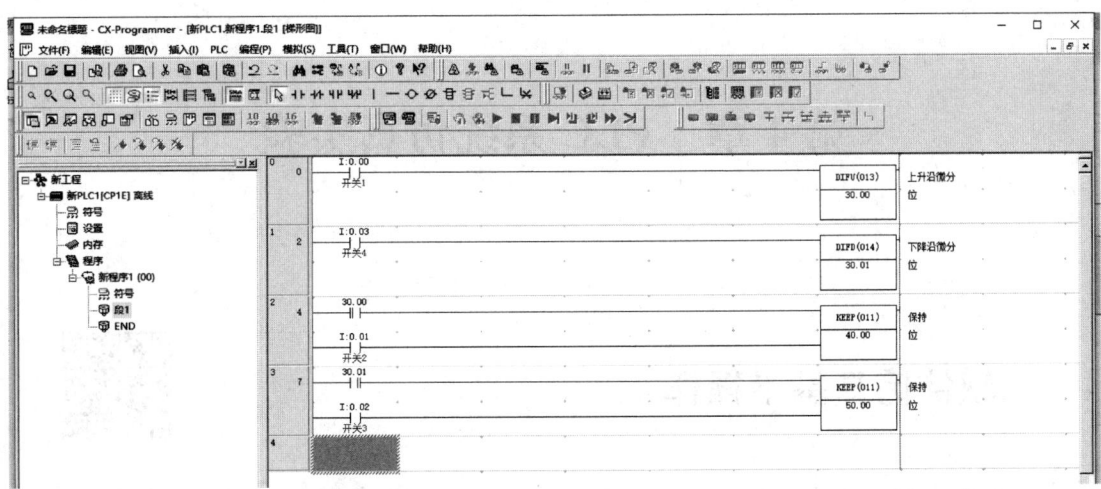

图 3.192 完成下一行 KEEP 指令的输入

(4) 输出 KEEP 指令的结果,并进行编译

分别用 LD 指令和 OUT 指令输入两行(注意别写错位数),并进行编译,如图 3.193 所示。

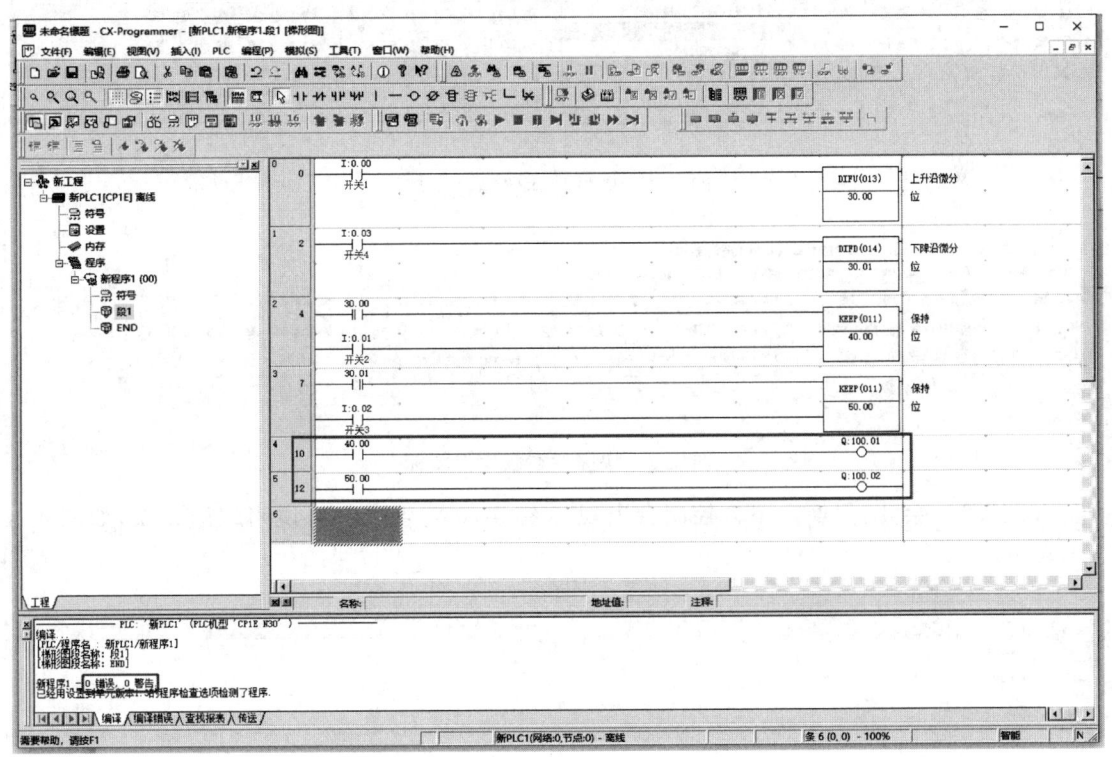

图 3.193 输出 KEEP 指令结果并进行编译

第 4 章　PLC 系统仿真实验

4.1　软件仿真基本操作

软件仿真基本操作如下：

微课视频 4.1

a. 单击软件上方"模拟"→"在线模拟"菜单项，如图 4.1 所示，或单击图 4.2 方框内的图标。

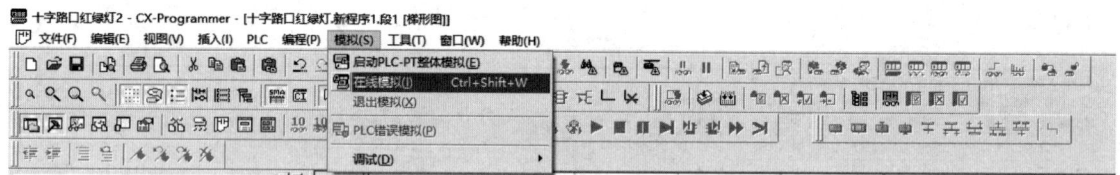

图 4.1　导航栏在线模拟位置

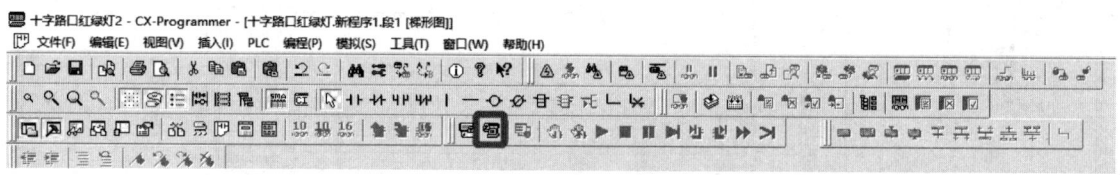

图 4.2　快捷栏在线模拟图标

b. 稍等一会儿，界面左下方控制台出现"0 错误，0 警告"文字，说明编译无误，如图 4.3 所示。

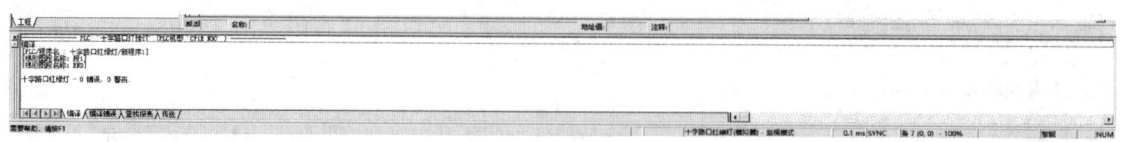

图 4.3　编译界面

c. 右击"启动"开关（图 4.4 深色区域），单击"强制"→"On"按钮，如图 4.4 所示。

第 4 章　PLC 系统仿真实验

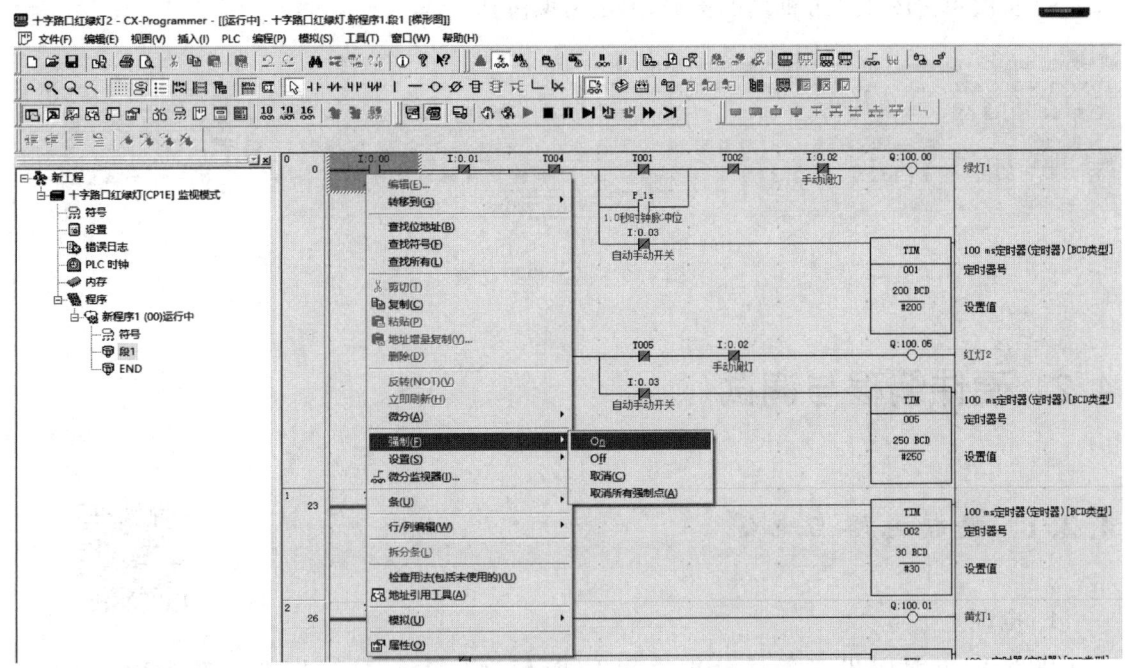

图 4.4　启动开关

d. 观察此时的定时器是否能正常倒计时,如图 4.5 所示。

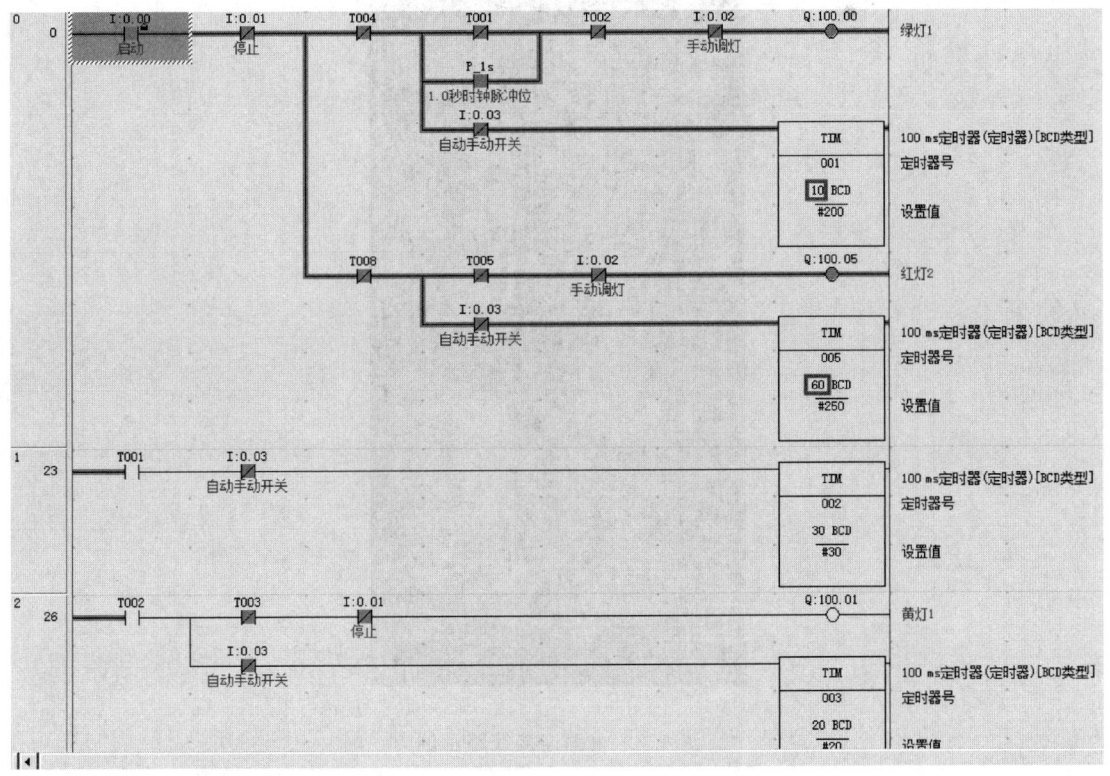

图 4.5　观察定时器是否能正常运行

e. 再次单击图 4.6 方框内的按钮,退出模拟仿真。

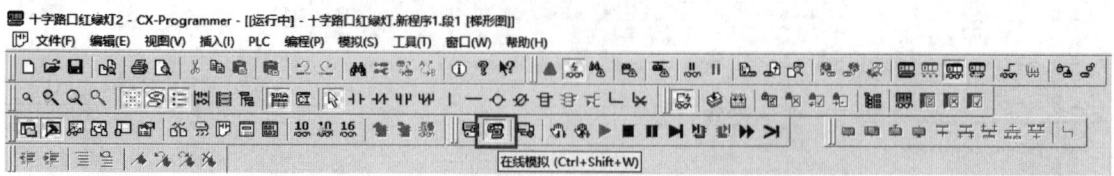

图 4.6 退出模拟仿真

4.2 硬件编程与调试

4.2.1 连接电路与电源

1. 电源

从 24 V 电源引出 4 条线分别连接 COMS1、COMS2、1L、2L,如图 4.7 所示。

微课视频 4.2.1

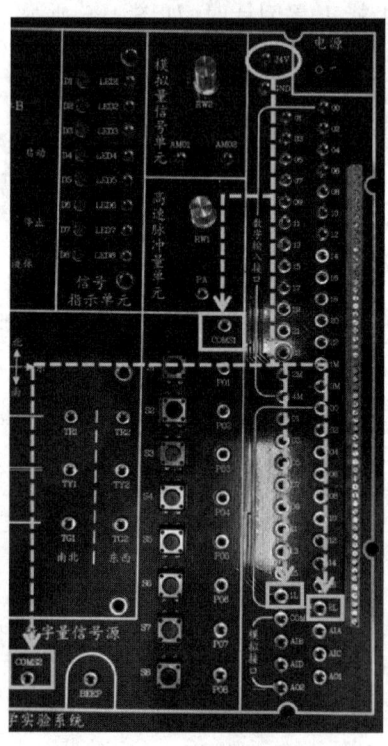

图 4.7 电源连接线路示例

2. 接地

从 GND 引出 4 条线分别连接 1M、2M、3M、4M，如图 4.8 所示。

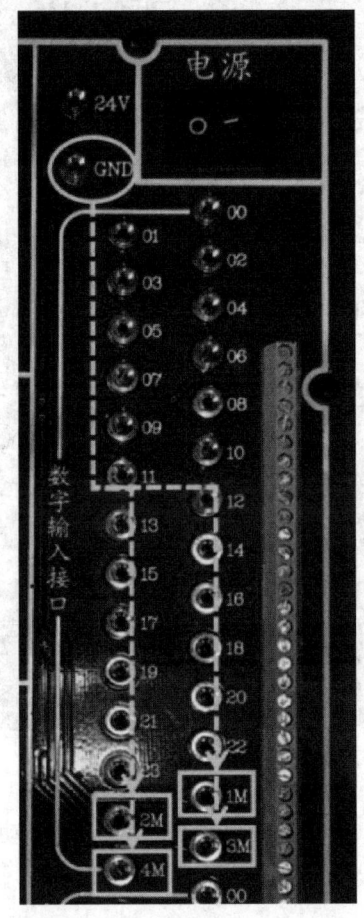

图 4.8 接地线路示例

3. 输入

将电路箱上的开关与"数字输入接口"连接。

举例：在 4.4.1 小节十字路口交通信号灯控制实验例程中，我们用到了如图 4.9 所示的 4 种开关。

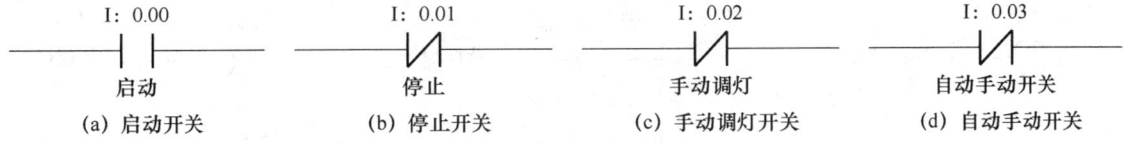

图 4.9 4 种开关

任选电路箱上的 4 种开关（如 PH01、PH02、PH03、PH04），将它们分别与电路箱上"数字输入接口"的 00、01、02、03 相连，如图 4.10 所示。

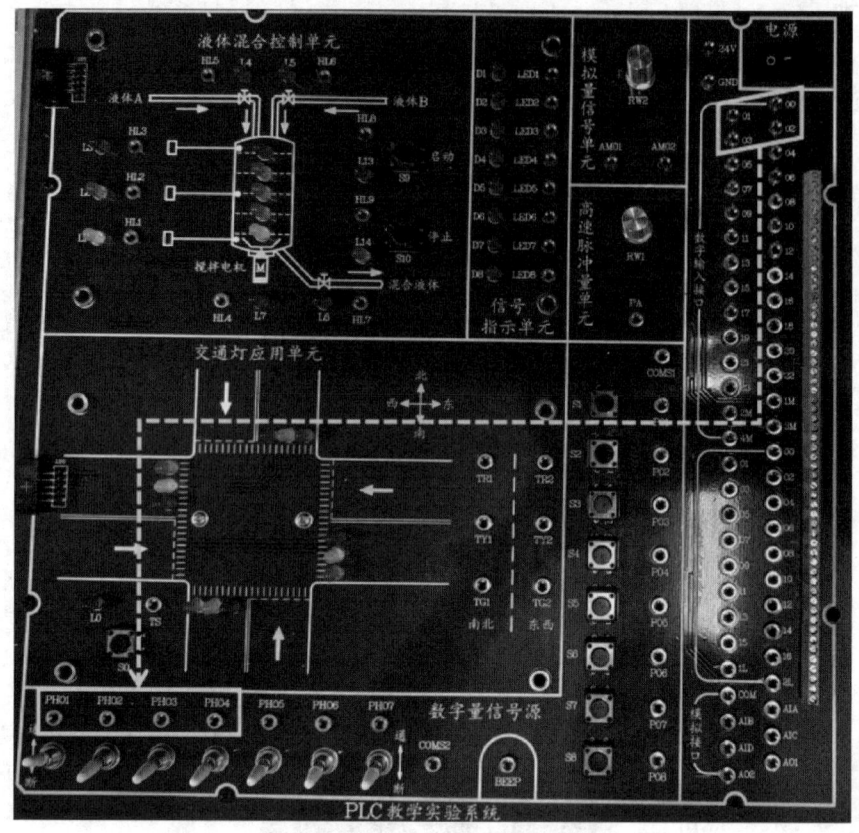

图 4.10 开关连接线路示例

即 PH01 为启动开关，PH02 为停止开关，PH03 为手动调灯开关，PH04 为自动手动开关。

4．输出

将电路箱上的指示灯与"数字输出接口"连接。

举例：在 4.4.1 小节十字路口交通信号灯控制实验例程中，我们用到了如图 4.11 所示的 6 种指示灯。

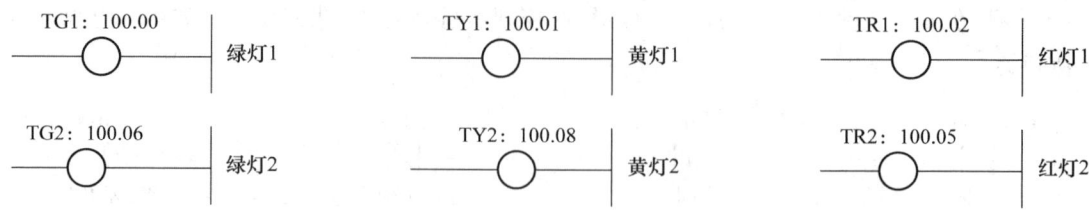

图 4.11 6 种指示灯

根据图 4.12，将电路箱上"交通灯应用单元"的 TG1(绿灯 1)、TY1(黄灯 1)、TR1(红灯 1)、TR2(红灯 2)、TG2(绿灯 2)、TY2(黄灯 2)分别与"数字输出接口"的 00、01、02、05、06、07 相连。

图 4.12 交通灯连接线路示例

注:所有电线的接法不唯一,与梯形图有关,所以连接线路图仅供参考。

4.2.2 程序下载与验证

两线两开关:将电源线和数据线分别连接好后,按下电路箱后方的电源开关,再按下电路箱内的电源开关。

程序下载与验证步骤如下:

a. 单击软件上方"PLC"→"在线工作"图标,如图 4.13 所示。

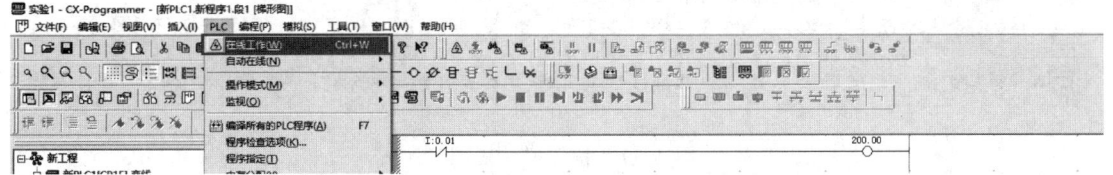

图 4.13 单击"在线工作"图标

b. 弹出如图 4.14 所示对话框。

图 4.14 确认对话框

c. 单击"是"按钮,右下角出现"运行模式",如图 4.15 右下角方框所示。此时,电路箱与计算机已正确连接。若界面右下角仍显示"离线",则需要检查电路箱的连接,或是否损坏。

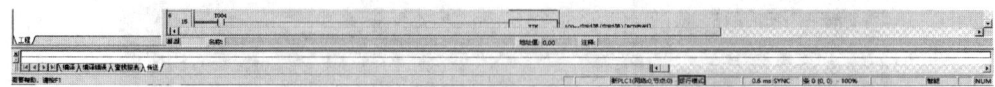

图 4.15 "运行模式"界面

d. 单击软件上方"PLC"→"传送"→"到 PLC"按钮,如图 4.16 所示,或单击图 4.17 方框内的图标。

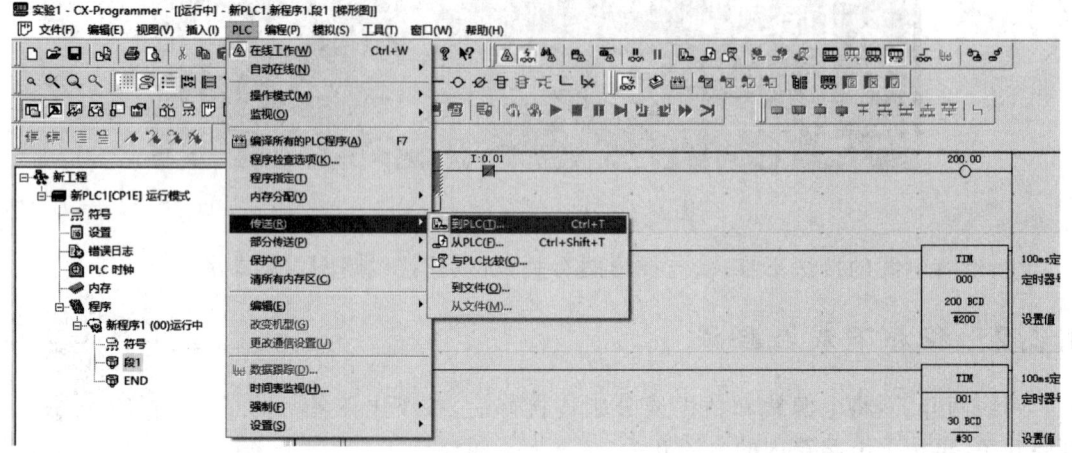

图 4.16 程序传送

图 4.17 快捷栏传送图标

e. 出现"下载选项"窗口,如图 4.18 所示。

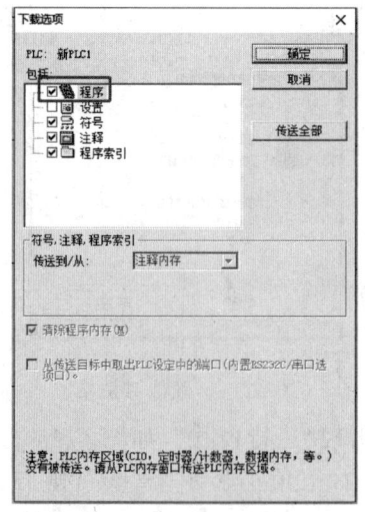

图 4.18 "下载选项"窗口

f. 只需选择"程序"(即可以取消其他项的选择),单击"确定"按钮,弹出如图 4.19 所示的对话框。

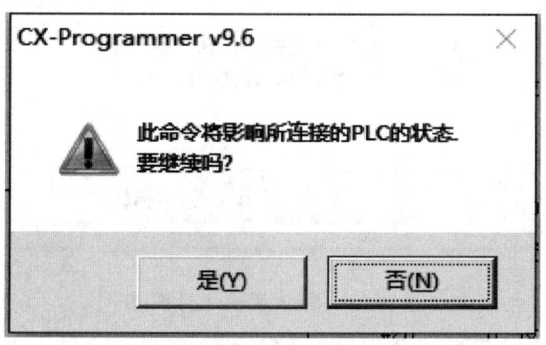

图 4.19　确认下载选项

g. 单击"是"按钮,弹出如图 4.20 所示的对话框。

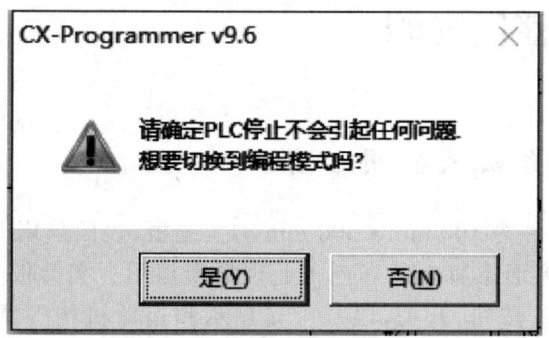

图 4.20　确认切换编程模式

h. 单击"是"按钮,弹出如图 4.21 所示的对话框。

图 4.21　下载进度

i. 单击"确定"按钮,弹出如图 4.22 所示的对话框。

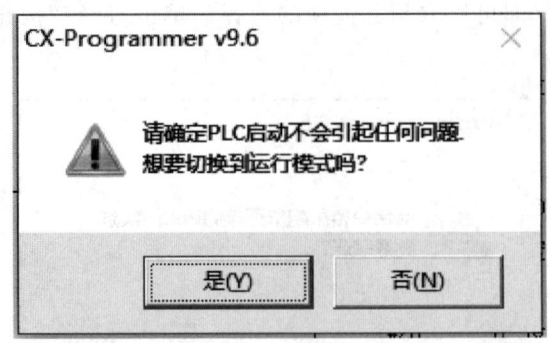

图 4.22　确认切换运行模式

j. 单击"是"按钮,此时程序已烧录到电路箱中,按下电路箱上表示启动的开关,即可启动程序。

4.3　实验设备使用说明

4.3.1　实验设备组成及使用方法

实验设备的主要部件为 400 mm×300 mm 的实验板,表面采用 PVC 材料及制作工艺,并印有形象直观的彩色工业现场模拟图。实验板正面装有接线用的台阶插座、按钮、开关,以及声光显示和运动机构等器件。背面为单面印刷电路板,装有实验所需的电气元件。实验板装在高级航空铝箱底座内,可编程序控制器则装在高级航空铝箱上盖内。根据可编程序控制器的高度,改变铝箱上盖深度或适当增加长度,将这两部分装在同一个机箱内,便于保管和使用。

微课视频 4.3.1

实验板布局由电源区、输入输出端子区、实验区、辅助输入输出信号区等几部分组成。

实验时,使用配备好的电源线接通电源,用扁平线电缆连接可编程序控制器与实验板的输入/输出端口。根据实验内容,选择所需的输入/输出点台阶插座,用高级自锁紧接插线引入输入输出端子区,即可完成电路的连接工作。打开实验板电源开关,接通可编程序控制器的电源,输入并运行程序,观察程序执行情况,观察是否满足工艺要求,直到通过为止,以达到学习的目的。

操作时注意区别实验板上的输入和输出信号,因电压和电路不同,尽量不要接错。

4.3.2　电源系统介绍

电源区在实验板的左上方。实验设备使用 220 V 交流电源,并转换为 5 V 直流电源和 24 V 直流电源。5 V 直流电源将作为实验板上的声光显示和执行元件(如微电机、继电器、发光二极管、数码管、蜂鸣器等元件)的供电电源,亦称为可编程序控制器输出信号的负载电源。24 V 直流电源将作为可编程序控制器输入信号电源。

微课视频 4.3.2

大多数小型可编程序控制器自身已提供 24 V 直流电源作为输入信号电源,但考虑实验中的错误操作易造成电源短路,维修时较麻烦,所以对于这类机型,还应使用实验设备提供的 24 V 直流电源。因此,可编程序控制器上所提供的 24 V 直流电源的端子不得再进行接线。

24 V 直流电源还将作为使用直流工作电源的可编程序控制器机型的工作电源,如 C20H、CPM1A-××CDR-D 机型。对于可编程序控制器的工作电源为 220 V、50 Hz 的交流电源,如 C20P、CPM1A-××CDR-A、FX0S、S7-200 等机型,这类机型使用单独的电源线接入市电即可,与实验设备无联系。

有些小型可编程序控制器的输入信号或输出信号电源为 220 V 交流电源,这类机型因实验不安全,故不适合与本实验设备直接连接。

4.3.3 输入输出端子区概述

输入输出端子区在实验板的左侧,由长方形 DC3 插座和与 I/O 点编号对应的自锁紧台阶插座构成。长方形 DC3 插座与 I/O 点台阶插座之间的接线已在线路板下面连好。通过扁平线电缆,将可编程序控制器的输入输出端子,全部引入实验设备的电源和 I/O 点台阶插座上。

微课视频 4.3.3

电缆线冷压端子的分布是为了更换机型时接线方便而统筹考虑的。如果用户机型已确定,为了避免误接或电路短路,可舍去多余端子。公共端子较多的需用导线相互连接。

冷压端子与可编程序控制器端子相连接时,应参考如图 4.23 和图 4.24 所示的接线原理图。

实验室所用的实验箱采用的可编程控制器型号为 CP1E 或 CP2E。以 CP1E 为例,其输入输出端子排列如图 4.23 和图 4.24 所示。

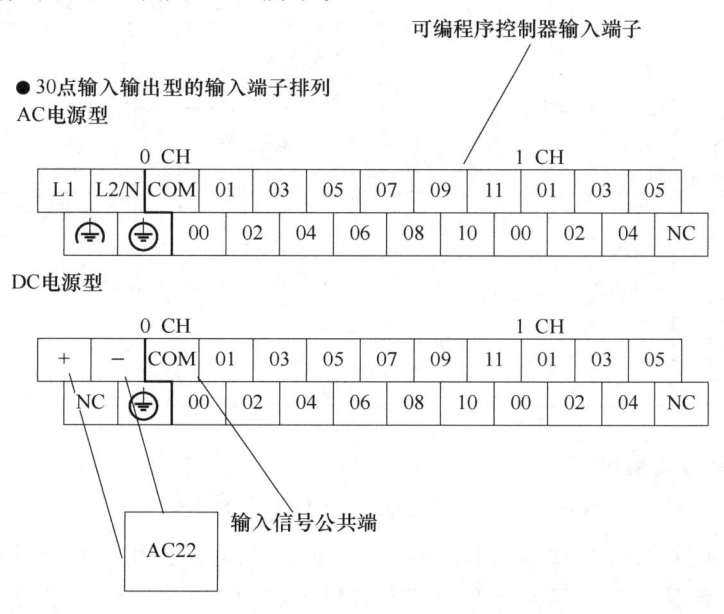

图 4.23 输入端子接线原理图

● 30点输入输出型的输出端子排列
AC电源型
E/N30(S□)D□-A

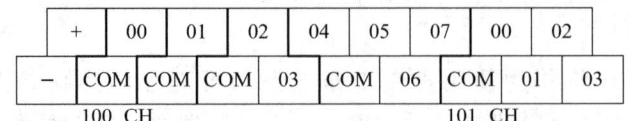

DC电源型
N30D□-D

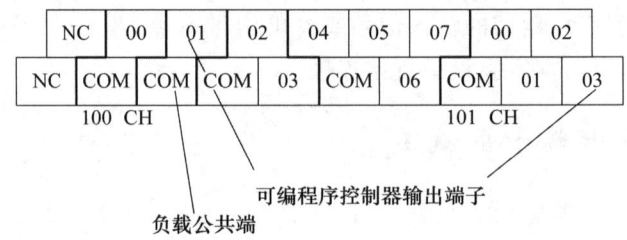

图4.24 输出端子接线原理图

4.3.4 实验区域功能解析

实验区域及其对应功能如表4.1所示,在各实验区内除能完成任务书中给出的基本实验和应用实验外,还可利用其资源开设出许多其他内容的实验。

微课视频4.3.4

表4.1 实验区域及其对应功能

扩展模块连接区	混合液体实验区	开关量输出单元	辅助输入输出信号区	
			模拟量单元	开关量输入端子
			脉冲量单元	
电源开关	交通信号灯实验区	开关量输入单元		开关量输出端子
				模拟量端子

1. 交通信号灯实验区

交通信号灯实验区在实验板的上方。面板上示意十字路口交通信号灯,由三色发光二极管形象显示。信号灯分东西和南北两组,在印刷线路板上,同组的相同颜色的信号灯相互并联。将5 V电源的正极接至发光二极管台阶插座,对应的一组发光二极管就会发光。实验时,将这些插座连接至可编程序控制器的输出端子上(这些端子与直流5 V电源正极连接),信号灯的工作状态就受控于可编程序控制器的程序,显示其控制功能。

2. 液体混合实验区

该实验区在实验板的右侧。面板为液体混合设备示意。液体 A 和液体 B 的输入和输出,以及混合液体 C 的工作状态和搅拌机的工作状态均由发光二极管表示。液体的液面高低由可升降的光柱表示,液体 A 或液体 B 输入时,料位上升;混合液体 C 输出时,料位下降。液面的高、中、低 3 个位置信号由 3 个光电开关产生,应接至可编程序控制器的输入端。

液体混合的控制方式可分为手动、自动、单周期和连续等控制方式,信号可选择辅助输入输出信号区的方式开关。

3. 辅助输入输出信号区

(1) 输入输出接线端子单元介绍

实验箱端子与 PLC 请按如下方法连接(如出厂已连接好,请检查接线):

① PLC 开关量输入:接实验箱 DIGITAL INPUT 00…23,公共端接实验箱的 1M…4M;接实验箱 24 V 处。

② PLC 开关量输出:接实验箱 DIGITAL OUTPUT 00…15,公共端接实验箱的 1L…2L;接实验箱 GND 处。

③ PLC 模拟量:接实验箱 ANALOG,输入接 AIA…AID,输出接 AO1、AO2,公共端接实验箱的 COM。

一般情况下,COMS1、COMS2 接地(COMS1 控制红色按钮,COMS2 控制黑色按钮)。

(2) 开关量信号单元介绍

输入信号分为不带锁按键和带自锁按键的输入信号,各有 8 个,共 16 个。按键按下时是高电平还是低电平由公共端决定,不带锁按键的公共端是 COMS1 接口,带自锁按键的公共端是 COMS2 接口。一般情况下,COMS1 和 COMS2 均接地。

输出信号是两组输出指示灯和一个蜂鸣器声音信号,其中一组指示灯的信号是低电平点亮,标示为 LED1~LED4,另一组指示灯的信号是高电平点亮,标示为 LED5~LED8。

声音信号的接口标示为 BEEP,接通低电平信号时蜂鸣器响。

4.4 实验原理

4.4.1 十字路口交通信号灯控制实验

1. 控制要求

该实验在交通信号灯实验区内完成,交通信号灯分为 1、2 两组,控制规律相同。按下启动按钮,循环开始。启动后,方向 1 绿灯亮 20 s,随后绿灯闪烁 3 s 同时黄灯亮起,然后绿灯黄灯灭,红灯亮 23 s,方向 2 状态与方向 1 相反。按下停止按钮,所有灯都灭。

提高部分:加两开关,开关在自动位置时,按上述时序运行;开关在手动位置时,自动运行停止,可以按路口实际情况控制车辆通过路口。

2. I/O 分配

在本实验中,1M、2M、3M、4M 接 GND,1L、2L、COMS1、COMS2 接 24 V 电源。

注意:红、黄、绿信号灯完成一个工作周期后应循环工作。

本实验的接线示例图如图 4.25 所示,注意,接法并不唯一,只要与梯形图对应即可。

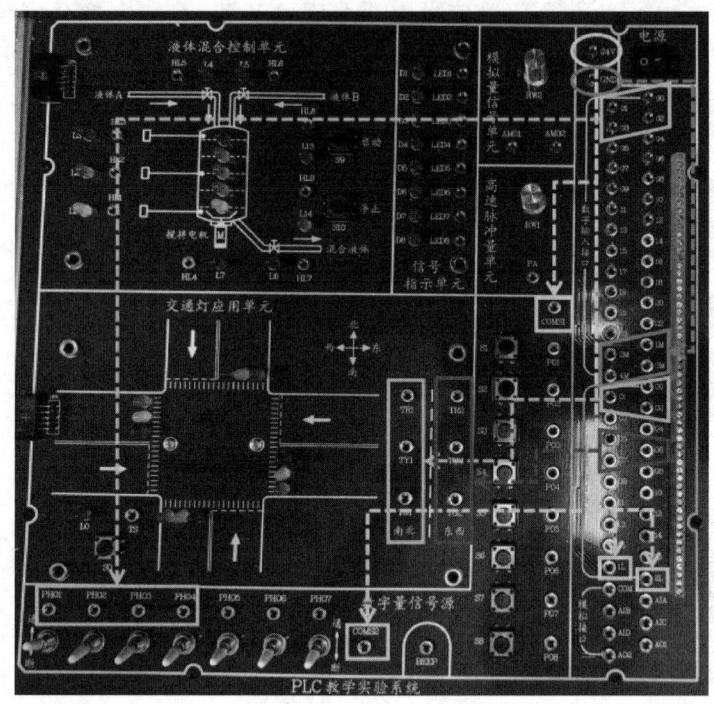

图 4.25 接线示例图

控制板类型与主板端口类型的对照表如表 4.2 所示。

表 4.2 控制板类型与主板端口类型对照表

控制板类型 主板端口类型	主板	交通灯应用单元
输出端口	00	TR1
	01	TY1
	02	TG1
	03	TR2
	04	TY2
	05	TG2
输入端口	00	PH01
	01	PH02
	02	PH03
	03	PH04

3. 程序参考

本实验的参考程序如图 4.26 所示。

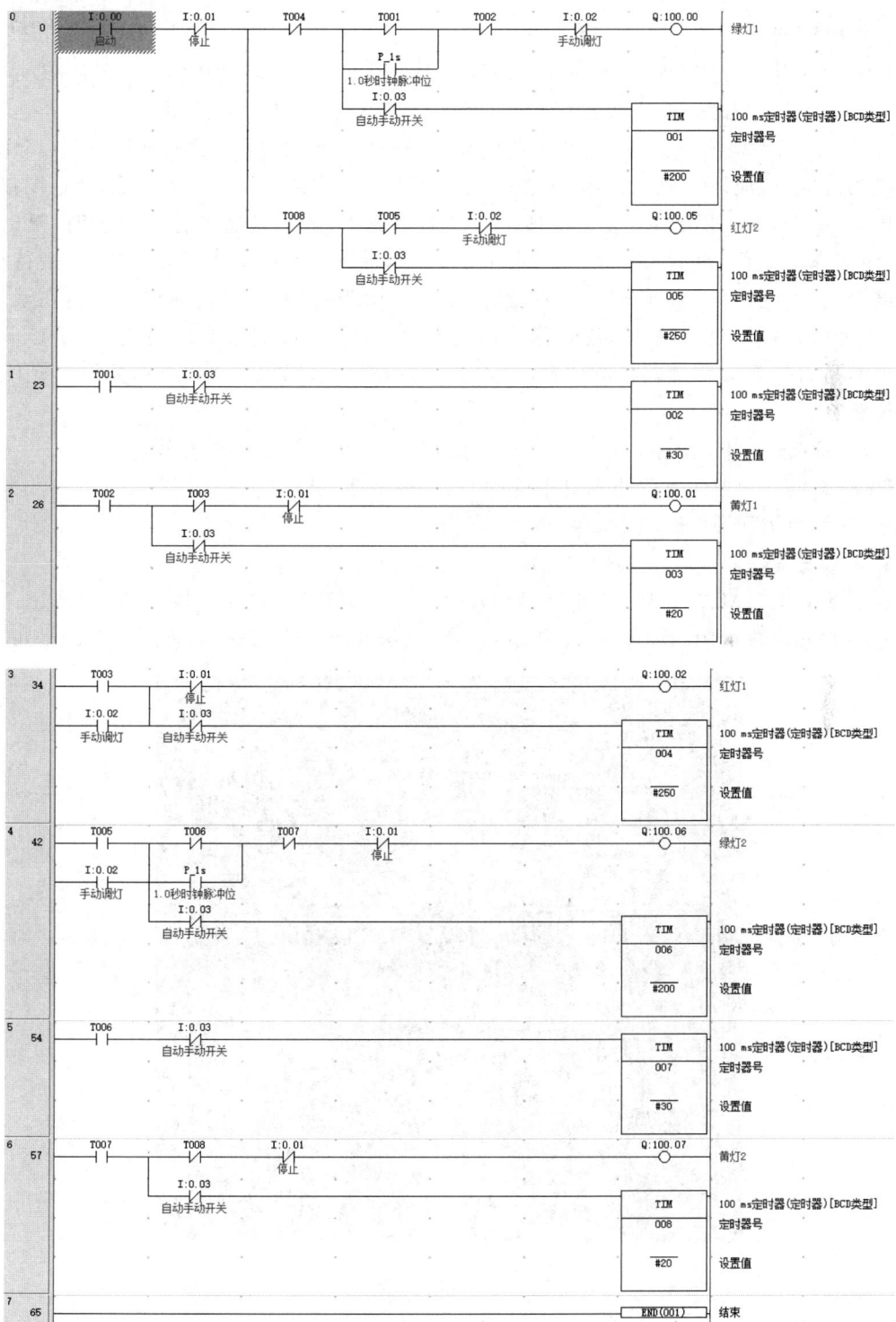

图 4.26 十字路口交通信号灯实验的参考程序

4.4.2 液体混合控制实验

1. 控制要求

该实验在混合液体实验区内完成。液面在最下方时,按下启动按钮可进行连续混料。首先,液体 A 阀门打开,液体 A 流入容器;当液面升到 M(middle)传感器检测位置时,液体 A 阀门关闭,液体 B 阀门打开;当液面升到 H(high)传感器检测位置时,液体 B 阀门关闭,搅拌电机开始工作。搅拌电机工作 6 s 后,停止搅拌,混合液体 C 阀门打开,开始放出混合液体。当液面降到 L(low)传感器检测位置时,延时 2 s 后,关闭液体 C 阀门,然后再开始下一周期操作。如果在工作期间按下停止按钮,则待该次混料结束后,方能停止,不再进行下一周期的工作。由于初始工作时,液位不一定在液面的最下方,为此,需按下复位按钮,使料位液面处于最下方(复位按钮的作用是:打开 C 阀门,检测液面是否降到 L 传感器检测位置,到达 L 传感器检测位置后,延时 2 s,关闭 C 阀门)。

注意:

① 复位按钮、启动按钮在正常工作中不起作用,只在初始工作时有效;

② 液面上升和液面下降指示灯不能同时亮,否则会烧毁电机;

③ 有可能用到辅助继电器 200.00~200.15。

2. I/O 分配

在本实验中,1M、2M、3M、4M 接 GND,1L、2L、COMS1、COMS2 接 24 V 电源。

本实验的接线示例图如图 4.27 所示,注意,接法并不唯一,只要与梯形图对应即可。

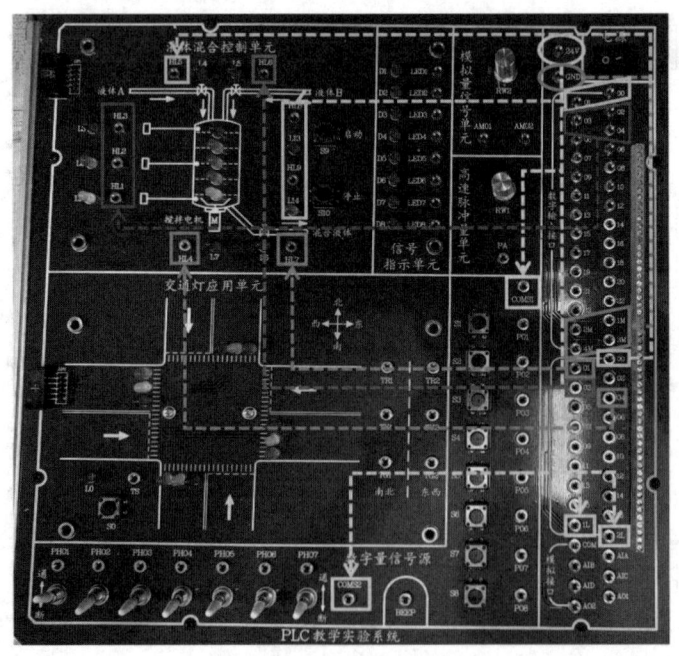

图 4.27 接线示例图

控制板类型与主板端口类型的对照表如表 4.3 所示。

表 4.3 控制板类型与主板端口类型对照表

主板端口类型	控制板类型 主板	液体混合控制单元	控制对象及作用
输出端口	00	HL5	A 阀门电磁闸
	01	HL7	C 阀门电磁闸
	03	HL6	B 阀门电磁闸
	04	HL4	搅拌电机
输入端口	00	PH01	启动开关
	01	PH02	停止开关
	02	HL2	middle 传感器
	03	HL3	high 传感器
	04	HL1	low 传感器

3. 程序参考

本实验的参考程序如图 4.28 所示。

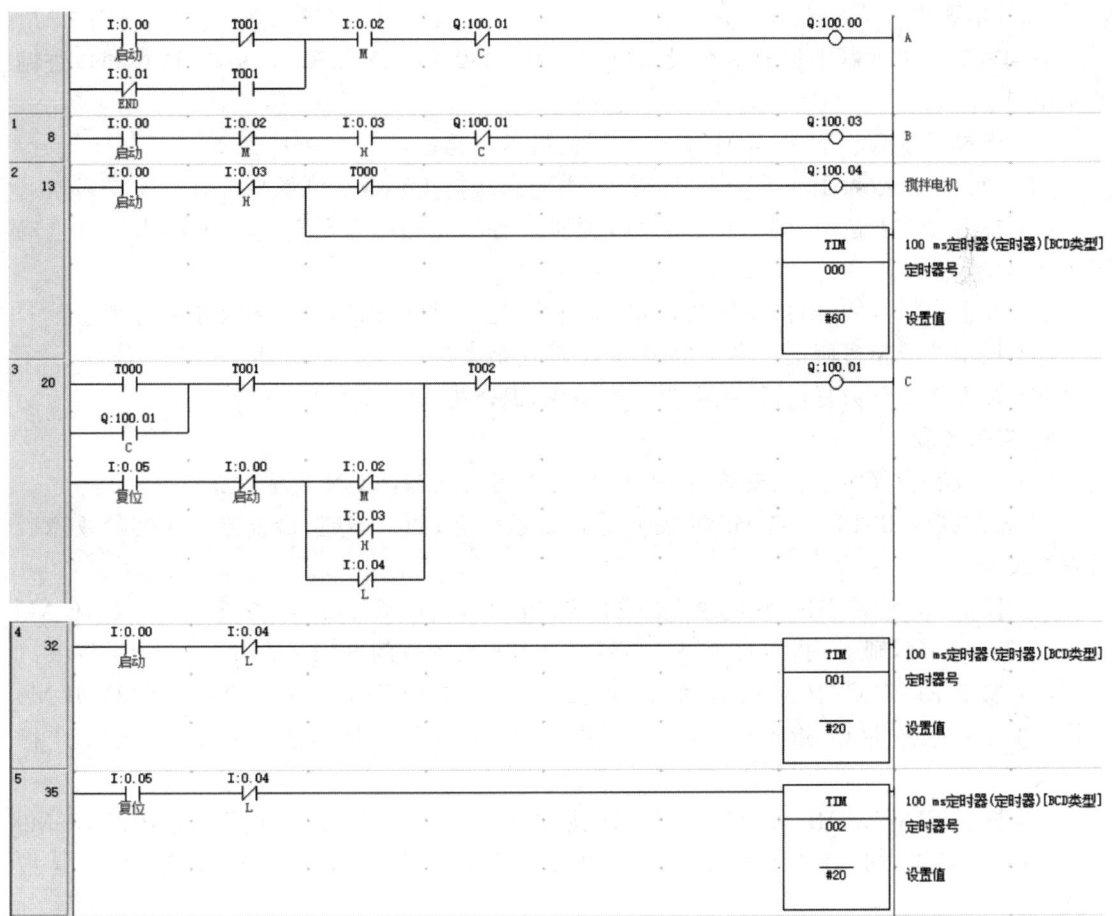

图 4.28 液体混合控制实验的参考程序

4.4.3 自动售货系统实验

1. 实验目的

(1) 熟悉编程软件及编程方法;

(2) 熟悉脉冲输出编程原理及方法;

(3) 掌握自动售货系统工作原理和控制技巧。

微课视频 4.4.3

2. 实验设备

(1) 可编程序控制器 1 台;

(2) PLC 实验箱 1 台;

(3) 装有编程软件和开发软件的计算机 1 台;

(4) 自动售货系统实验模块 1 块;

(5) 电缆 1 根。

3. 实验内容

使用 PLC 数字量输入、输出控制自动售货系统。

4. 基本要求

自动售货机的面板上设有 3 个投币口,分别可以投 1 元、5 元和 10 元,有饮料和口香糖两个出口。

(1) 当投币总数小于 15 元时,口香糖按钮指示灯亮;

(2) 当投币总数大于或等于 15 元时,口香糖和饮料按钮指示灯都亮;

(3) 按下口香糖按钮,则排出口香糖,同时口香糖按钮指示灯闪烁,3 s 后指示灯自动熄灭;

(4) 按下饮料按钮,则排出饮料,同时饮料按钮指示灯闪烁,3 s 后指示灯自动熄灭;

(5) 投币总值超过所选产品价值时,自动退还余款;

(6) 按下手动计数复位键,则取消本次操作,退还投入的钱币。

5. 实验步骤

(1) 下载实验程序,成功安装后,使 PLC 处于运行状态,RUN 指示灯亮;

(2) 上电后,EL-PLC-Ⅲ-M9 模块上的 L 指示灯亮,如果不亮,检查原因并排除故障后再继续实验;

(3) 按下 EL-PLC-Ⅲ-M9 模块上的 S1 按键,L1、L5 指示灯亮,再按下 EL-PLC-Ⅲ-M9 模块上的 S4 按键,则 L1 指示灯灭,L7 指示灯亮,L5 指示灯闪烁,3 s 后,L5、L7 指示灯灭;

(4) 按下 EL-PLC-Ⅲ-M9 模块上的 S2 按键,L2、L5 指示灯亮,再按下 EL-PLC-Ⅲ-M9 模块上的 S4 按键,则 L2 指示灯灭,L7、L4 指示灯亮,L5 指示灯闪烁,3 s 后,L5、L7、L4 指示灯灭;

(5) 按下 EL-PLC-Ⅲ-M9 模块上的 S3 按键,L3、L5 指示灯亮,再按下 EL-PLC-Ⅲ-M9 模块上的 S4 按键,则 L3 指示灯灭,L7、L4 指示灯亮,L5 指示灯闪烁,3 s 后,L5、L7、L4 指示灯灭;

(6) 按下 EL-PLC-Ⅲ-M9 模块上的 S2 和 S3 按键,L2、L3、L5、L6 指示灯亮,再按下 EL-PLC-Ⅲ-M9 模块上的 S5 按键,则 L2、L3 指示灯灭,L8 指示灯亮,L6 指示灯闪烁,3 s

后,L6、L8 指示灯灭;

(7) 按下 EL-PLC-Ⅲ-M9 模块上的 S1、S2 和 S3 按键,L1、L2、L3、L5、L6 指示灯亮,再按下 EL-PLC-Ⅲ-M9 模块上的 S5 按键,则 L1、L2、L3、L5 指示灯灭,L8、L4 指示灯亮,L6 指示灯闪烁,3 s 后,L4、L6、L8 指示灯灭;

(8) 按下 EL-PLC-Ⅲ-M9 模块上的 S1、S2 和 S3 按键,L1、L2、L3、L5、L6 指示灯亮,再按下 EL-PLC-Ⅲ-M9 模块上的 S6 按键,则 L1、L2、L3、L5、L6 指示灯灭,L4 指示灯亮,3 s 后,L4 指示灯灭;

(9) 实验结束,完成实验。

6. 提高要求:智能售货机

智能售货机可记忆投币总数,当投币总数小于 15 元时,口香糖按钮指示灯亮;当投币总数大于或等于 15 元时,口香糖和饮料按钮指示灯亮;可根据购买的货物计算剩余币值,按下口香糖按钮,则排出口香糖,同时口香糖按钮指示灯闪烁,3 s 后指示灯自动熄灭;按下饮料按钮,则排出饮料,同时饮料按钮指示灯闪烁,3 s 后指示灯自动熄灭,按下复位键后,购物完成,退还剩余钱数。

7. 接线方式

在本实验中 1M、2M、3M、4M 接 24 V 电源,1L、2L、COMS1、COMS2 接 GND。本实验的接线方式与 4.4.1 小节和 4.4.2 小节相反。

本实验的接线示例图如图 4.29 所示,注意,接法并不唯一,只要与梯形图对应即可。

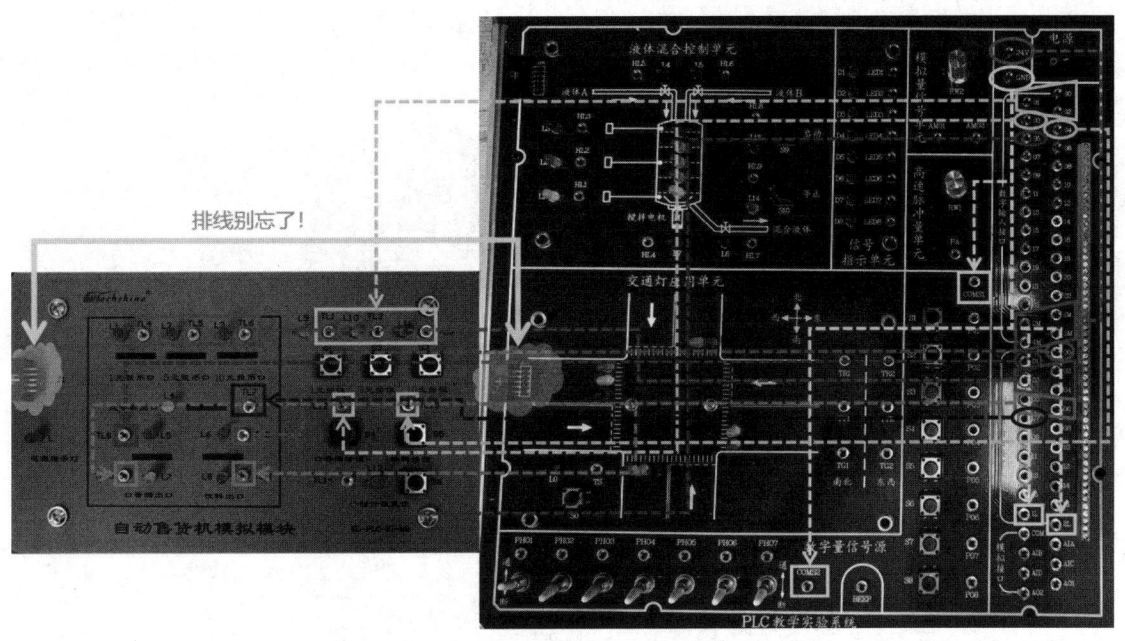

图 4.29 接线示例图

8. 程序参考

本实验的参考程序如图 4.30 和图 4.32 所示。

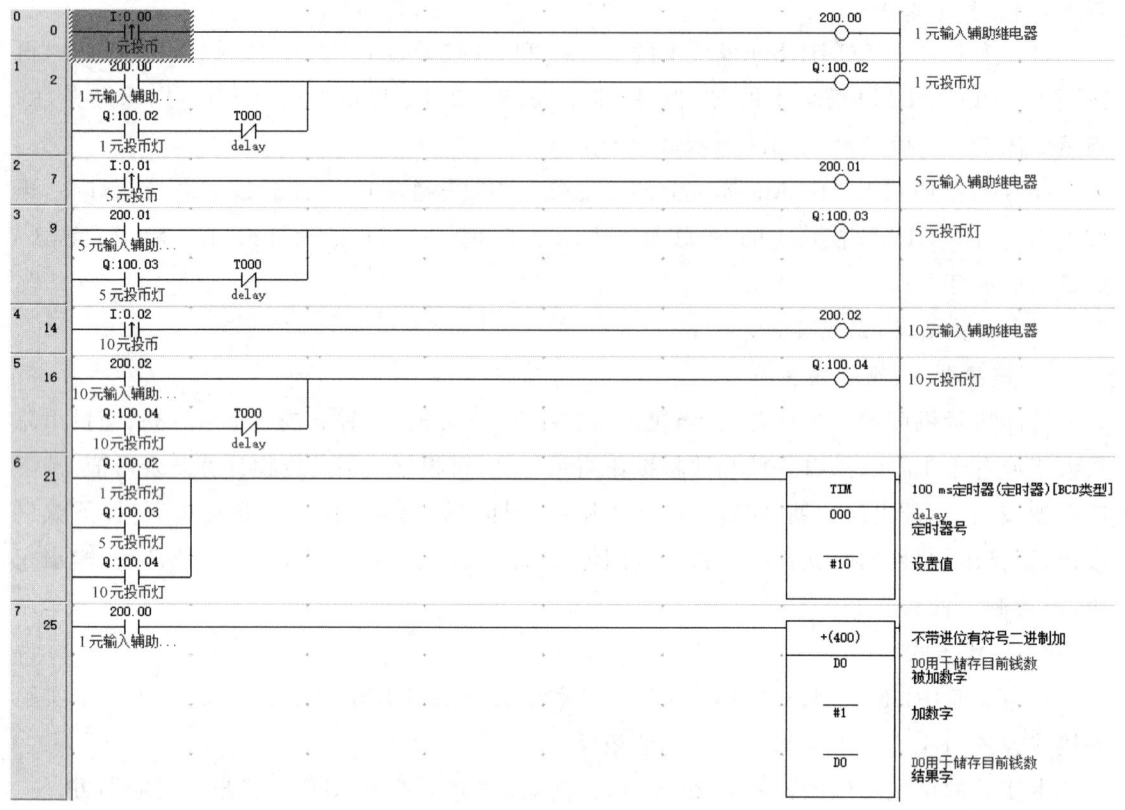

图 4.30 自动售货系统实验的参考程序(一)

注:上升沿"|↑|"的设置方法如图 4.31 所示。

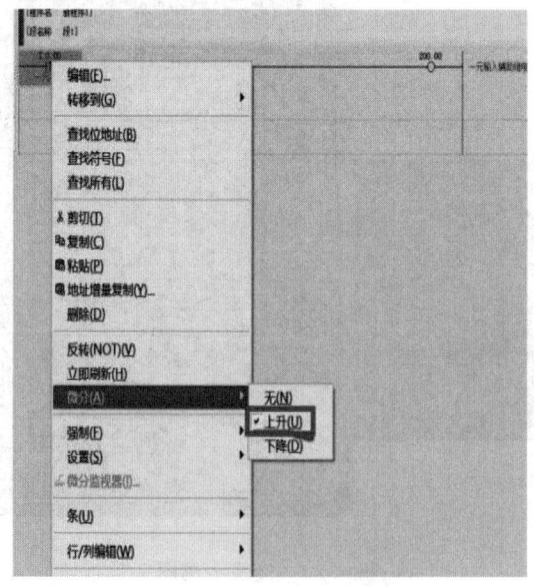

图 4.31 上升沿"|↑|"设置方法

第 4 章 PLC 系统仿真实验

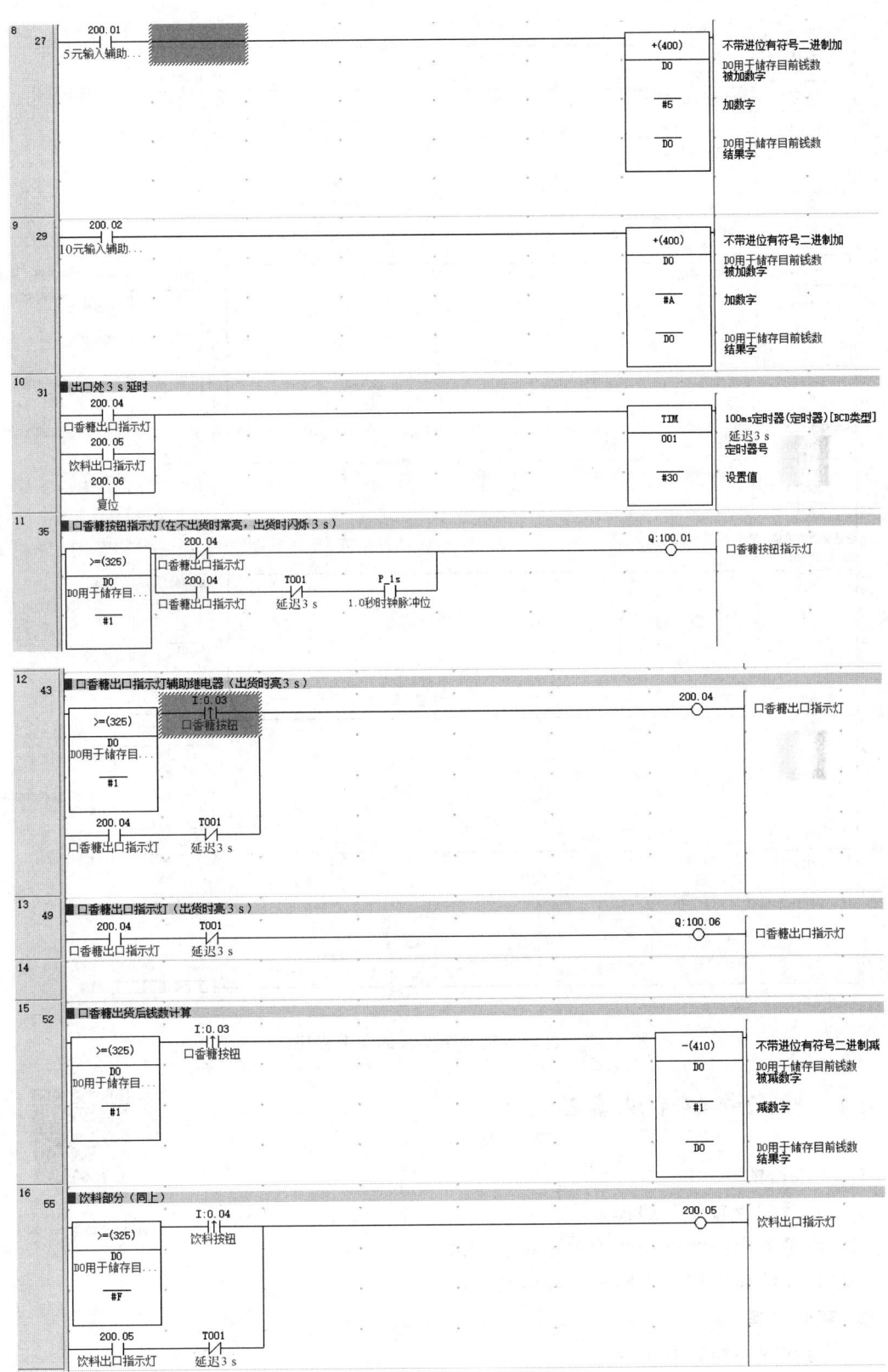

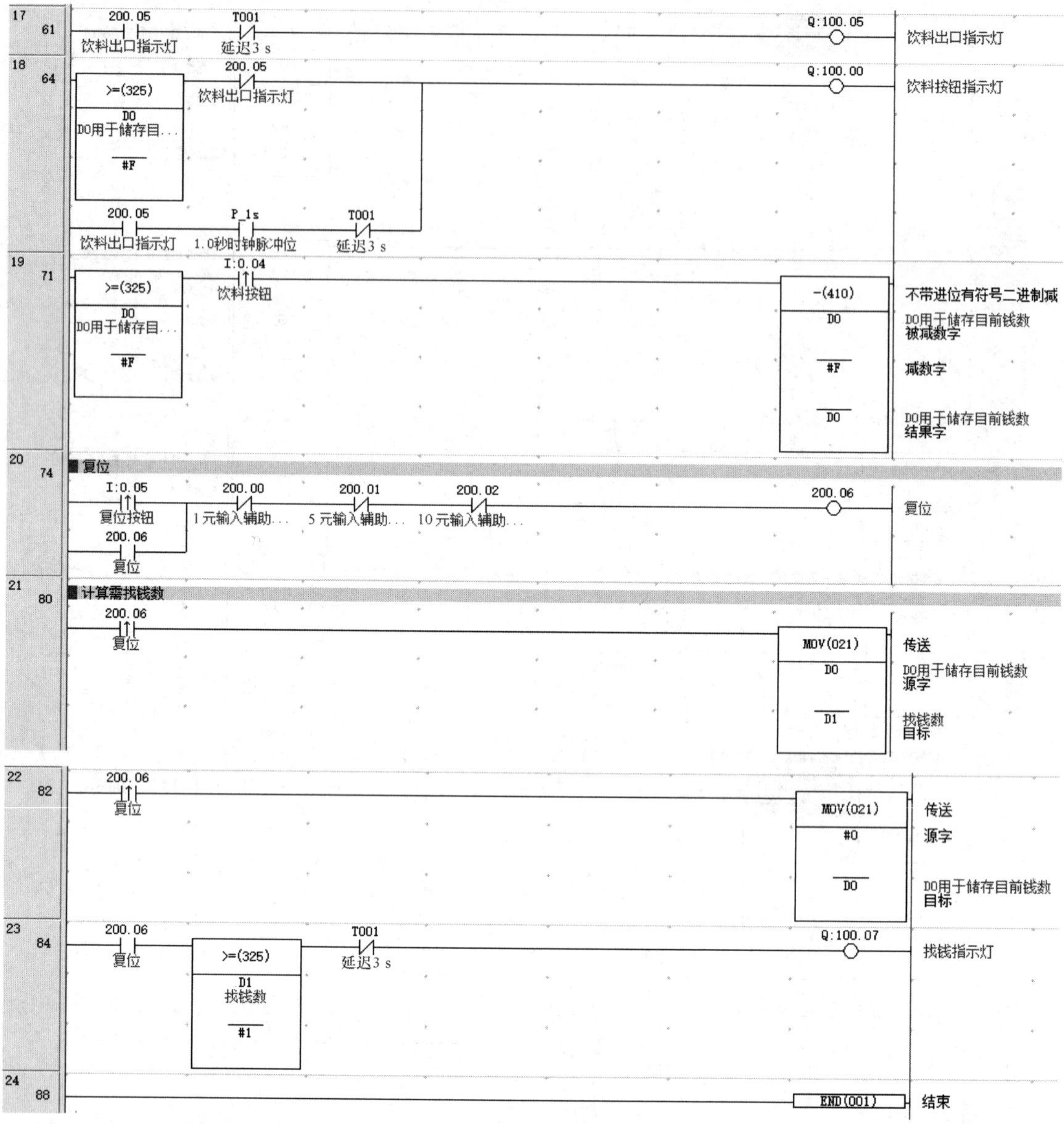

图 4.32　自动售货系统实验的参考程序(二)

4.4.4　喷泉模拟系统实验

1. 实验目的

(1) 熟悉编程软件及编程方法；
(2) 熟悉顺序控制指令的编程原理及方法；
(3) 自动喷泉系统工作原理和控制技巧。

2. 实验设备

(1) 可编程序控制器 1 台；

微课视频 4.4.4

(2) PLC 实验箱 1 台；
(3) 装有编程软件和开发软件的计算机 1 台；
(4) 喷泉模拟系统实验模块 1 块；
(5) 电缆 1 根。

3．实验内容

自动控制 8 路喷泉的花样变化。

4．实验原理

(1) 输出端采用控制灯组的方式；
(2) 当所有灯组的信号全部处于停止状态时，按下启动开关，所有灯组从起始状态开始运行；
(3) 任何时候按下停止开关，所有输出信号均停止；
(4) 8 路中任意一路短路，所有输出信号均停止。

5．实验步骤

(1) 下载实验程序 TT18，成功安装后，使 PLC 处于运行状态，RUN 指示灯亮；
(2) 上电后，EL-PLC-Ⅲ-M10 模块上的 LED 指示灯亮，如果不亮，检查原因并排除故障后再继续实验；
(3) 按下 EL-PLC-Ⅲ-M10 模块上的 S1 按键；
(4) 第一路和第八路指示灯由下向上依次亮；
(5) 第二路和第七路指示灯由下向上依次亮；
(6) 第三路和第六路指示灯由下向上依次亮；
(7) 第四路和第五路指示灯由下向上依次亮；
(8) 第一路、第二路和第三路指示灯由下向上依次亮；
(9) 第四路、第五路和第六路指示灯由下向上依次亮；
(10) 第七路、第八路和第一路指示灯由下向上依次亮；
(11) 第一路、第二路、第三路和第四路指示灯由下向上依次亮；
(12) 第五路、第六路、第七路和第八路指示灯由下向上依次亮；
(13) 第一路、第三路、第五路和第七路指示灯由下向上依次亮；
(14) 第二路、第四路、第六路和第八路指示灯由下向上依次亮；
(15) 第一路、第二路、第三路、第四路、第五路、第六路、第七路和第八路指示灯由下向上依次亮；
(16) 8 路指示灯全灭；
(17) 重复执行步骤(4)；
(18) 在步骤(4)和步骤(18)之间的任意步骤按下 S2 按键，所有输出信号均停止，当 8 路的所有灯全灭时，按下 EL-PLC-Ⅲ-M10 模块上的 S1 按键，信号从步骤(4)重新执行；
(19) 在步骤(4)和步骤(18)之间的任意步骤按下 S3 按键，所有输出信号均停止，当 8 路的所有灯全灭时，按下 EL-PLC-Ⅲ-M10 模块上的 S1 按键，信号从步骤(4)重新执行；
(20) 在步骤(4)和步骤(18)之间的任意步骤按下 S4 按键，所有输出信号均停止，当 8 路的所有灯全灭时，按下 EL-PLC-Ⅲ-M10 模块上的 S1 按键，信号从步骤(4)重新执行；
(21) 在步骤(4)和步骤(18)之间的任意步骤按下 S5 按键，所有输出信号均停止，当 8

路的所有灯全灭时,按下 EL-PLC-III-M10 模块上的 S1 按键,信号从步骤(4)重新执行;

(22) 在步骤(4)和步骤(18)之间的任意步骤按下 S6 按键,所有输出信号均停止,当 8 路的所有灯全灭时,按下 EL-PLC-III-M10 模块上的 S1 按键,信号从步骤(4)重新执行;

(23) 在步骤(4)和步骤(18)之间的任意步骤按下 S7 按键,所有输出信号均停止,当 8 路的所有灯全灭时,按下 EL-PLC-III-M10 模块上的 S1 按键,信号从步骤(4)重新执行;

(24) 在步骤(4)和步骤(18)之间的任意步骤按下 S8 按键,所有输出信号均停止,当 8 路的所有灯全灭时,按下 EL-PLC-III-M10 模块上的 S1 按键,信号从步骤(4)重新执行;

(25) 在步骤(4)和步骤(18)之间的任意步骤按下 S9 按键,所有输出信号均停止,当 8 路的所有灯全灭时,按下 EL-PLC-III-M10 模块上的 S1 按键,信号从步骤(4)重新执行;

(26) 在步骤(4)和步骤(18)之间的任意步骤按下 S10 按键,所有输出信号均停止,当 8 路的所有灯全灭时,按下 EL-PLC-III-M10 模块上的 S1 按键,信号从步骤(4)重新执行;

(27) 实验结束,完成实验。

6. 接线方式

(1) PLC 输入

00:启动开关 TL1。

01:停止开关 TL2。

02:第一路短路信号 TL3。

03:第二路短路信号 TL4。

04:第三路短路信号 TL5。

05:第四路短路信号 TL6。

06:第五路短路信号 TL7。

07:第六路短路信号 TL8。

08:第七路短路信号 TL9。

09:第八路短路信号 TL10。

1M:接 24 V 电源。

2M:接 24 V 电源。

(2) PLC 输出

00:第一路控制信号 TL11。

01:第二路控制信号 TL12。

02:第三路控制信号 TL13。

03:第四路控制信号 TL14。

04:第五路控制信号 TL15。

05:第六路控制信号 TL16。

06:第七路控制信号 TL17。

07:第八路控制信号 TL18。

1L:接 GND。

2L:接 GND。

在本实验中,1M、2M、3M、4M 接 24 V 电源;1L、2L、COMS1、COMS2 接 GND。

本实验的接线示例图如图 4.33 所示,注意,接法并不唯一,只要与梯形图对应即可。

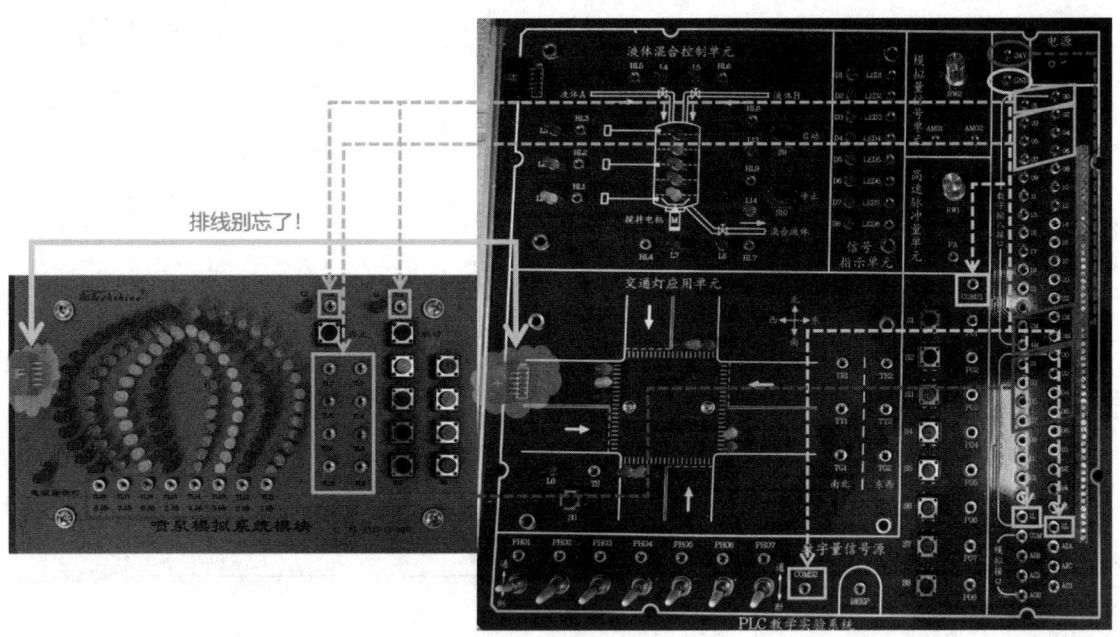

图 4.33 接线示例图

7. 程序参考

本实验的参考程序如图 4.34 所示。

```
4  47   T001  T002                                                Q:100.02   第三路
        ─┤├──┤/├─                                                   ─○─
        T003  T004
        ─┤├──┤/├─
        T006  T007
        ─┤├──┤/├─
        T008  T009
        ─┤├──┤/├─
        T010  T011
        ─┤├──┤/├─

5  62   T002  T003                                                Q:100.03   第四路
        ─┤├──┤/├─                                                   ─○─
        T004  T005
        ─┤├──┤/├─
        T006  T007
        ─┤├──┤/├─
        T009  T010
        ─┤├──┤/├─
        T010  T011
        ─┤├──┤/├─

6  77   T002  T003                                                Q:100.04   第五路
        ─┤├──┤/├─                                                   ─○─
        T004  T005
        ─┤├──┤/├─
        T007  T008
        ─┤├──┤/├─
        T008  T009
        ─┤├──┤/├─
        T010  T011
        ─┤├──┤/├─

7  92   T001  T002                                                Q:100.05   第六路
        ─┤├──┤/├─                                                   ─○─
        T004  T005
        ─┤├──┤/├─
        T007  T008
        ─┤├──┤/├─
        T009  T010
        ─┤├──┤/├─
        T010  T011
        ─┤├──┤/├─

8  107  T000  T001                                                Q:100.06   第七路
        ─┤├──┤/├─                                                   ─○─
        T005  T006
        ─┤├──┤/├─
        T007  T008
        ─┤├──┤/├─
        T008  T009
        ─┤├──┤/├─
        T010  T011
        ─┤├──┤/├─

9  122  100.09 T000                                               Q:100.07   第八路
        ─┤├──┤/├─                                                   ─○─
        T005  T006
        ─┤├──┤/├─
        T007  T008
        ─┤├──┤/├─
        T009  T010
        ─┤├──┤/├─
        T010  T011
        ─┤├──┤/├─
```

第 4 章 PLC 系统仿真实验

梯级	触点	指令	说明
10 / 137	100.09 ─┤├─ T011 ─┤/├─	TIM 000 #60	100 ms定时器(定时器)[BCD类型] 定时器号 设置值
11 / 140	T000 ─┤├─	TIM 001 #55	100 ms定时器(定时器)[BCD类型] 定时器号 设置值
12 / 142	T001 ─┤├─	TIM 002 #50	100 ms定时器(定时器)[BCD类型] 定时器号 设置值
13 / 144	T002 ─┤├─	TIM 003 #40	100 ms定时器(定时器)[BCD类型] 定时器号 设置值
14 / 146	T003 ─┤├─	TIM 004 #60	100 ms定时器(定时器)[BCD类型] 定时器号 设置值
15 / 148	T004 ─┤├─	TIM 005 #50	100 ms定时器(定时器)[BCD类型] 定时器号 设置值
16 / 150	T005 ─┤├─	TIM 006 #60	100 ms定时器(定时器)[BCD类型] 定时器号 设置值
17 / 152	T006 ─┤├─	TIM 007 #60	100 ms定时器(定时器)[BCD类型] 定时器号 设置值
18 / 154	T007 ─┤├─	TIM 008 #60	100 ms定时器(定时器)[BCD类型] 定时器号 设置值
19 / 156	T008 ─┤├─	TIM 009 #60	100 ms定时器(定时器)[BCD类型] 定时器号 设置值

图 4.34 喷泉模拟系统实验的参考程序

4.4.5 电梯实验

微课视频 4.4.5

1. 实验目的

(1) 熟悉编程软件及编程方法；
(2) 熟悉顺序控制指令的编程原理及方法；
(3) 掌握电梯实验的工作原理和控制技巧。

2. 实验设备

(1) 可编程序控制器 1 台；
(2) PLC 实验箱 1 台；
(3) 装有编程软件和开发软件的计算机 1 台；
(4) 电梯实验模块 1 块；
(5) 电缆 1 根。

3. 实验内容

使用 PLC 数字量输入、输出控制电梯升降及电梯门的开关。接收到请求信号后，电梯门关闭，电梯停到相应的楼层，电梯门开关及电梯上下由模拟电机控制。每层设有呼叫开关 4 个(INPUT)、呼叫指示灯 4 个(直接和呼叫开关相连)、到位开关 4 个(OUTPUT)。电梯的呼叫开关是按钮式开关，故为瞬间接通有效。

4. 实验原理

本实验设计问题较多，故可采用面向对象的思想。将电梯作为一个对象进行设计。

此对象包含以下属性：①楼层；②上升、下降状态；③按钮；④指示灯。

此对象包含以下动作：①开门；②关门；③上升 ；④下降。

故 PLC 程序设计分为 3 部分——升降态、开关门、楼层。

(1) 升降态

升降态部分只有两个输出，分别表示上升状态和下降状态。上升状态的输入是 3 个并联的常开开关，即 0->1,1->2,2->3；下降态同理，也是 3 个并联的常开开关作为输入，分别是 4->3,3->2,2->1。

(2) 开关门

开关门部分设计时参考了现实生活中的电梯开关门的逻辑。按下开门按钮或电梯到达某一楼层是开门的触发条件,在上升和下降时,电梯不能开门,在关门时按下开门键,电梯门应立刻打开,故将开门的过程拆分为了两个过程:

① 电梯门从完全封闭到完全打开;

② 电梯门持续完全打开的状态 3 s。

过程②由过程①直接触发,过程①的输入则是由 T004(到达一楼)、T005(到达二楼)、T006(到达三楼)、T007(到达四楼)、开门按钮、自锁等并联构成。

而关门的输入则由关门按钮、开门响应构成。

(3) 楼层

楼层部分调用了 D0 作为楼层位置的寄存器,默认初始值为 1,即一层。按下楼层按钮后,会有一个 CMP 的比较,若按钮楼层大于当前楼层,则呈上升状态;若小于,则呈下降状态;若相等,则无操作。

上述所有输出都伴有指示灯。

5. 接线方式

在本实验中,1M 接 24 V 电源,1L 接 GND。

本实验的接线示例图如图 4.35 所示,注意,接法并不唯一,只要与梯形图对应即可。

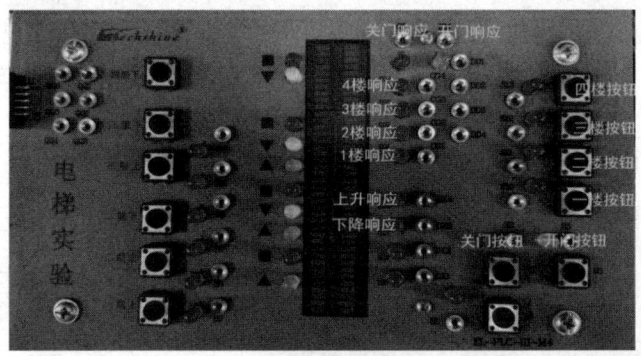

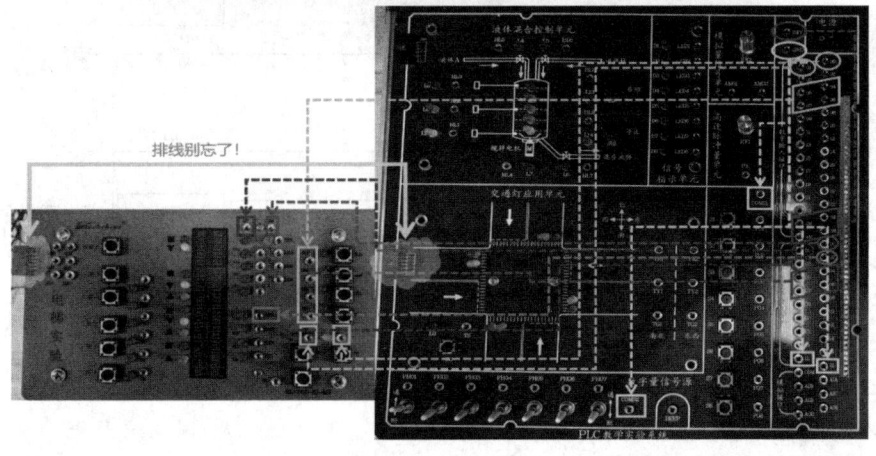

图 4.35 接线示例图

6. 程序参考

电梯实验的程序可分为 4 段,如图 4.36 所示。

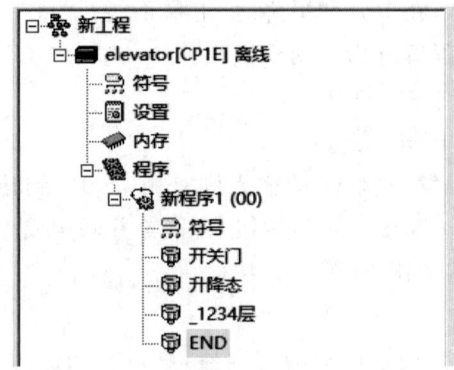

图 4.36　程序结构

(1) 开关门控制

开关门控制的参考程序如图 4.37 所示。

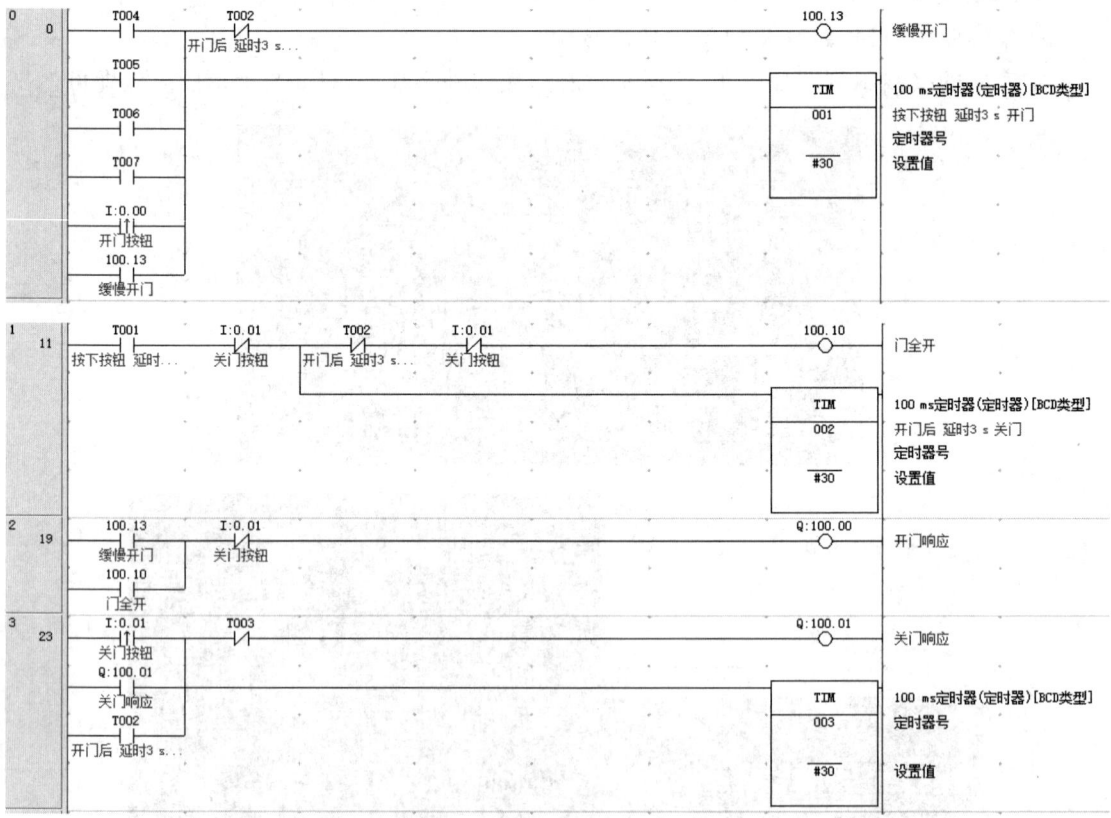

图 4.37　开关门控制的参考程序

(2) 升降态控制

升降态控制的参考程序如图 4.38 所示。

图 4.38 升降态控制的参考程序

(3) 楼层控制

楼层控制的参考程序如图 4.39 所示。

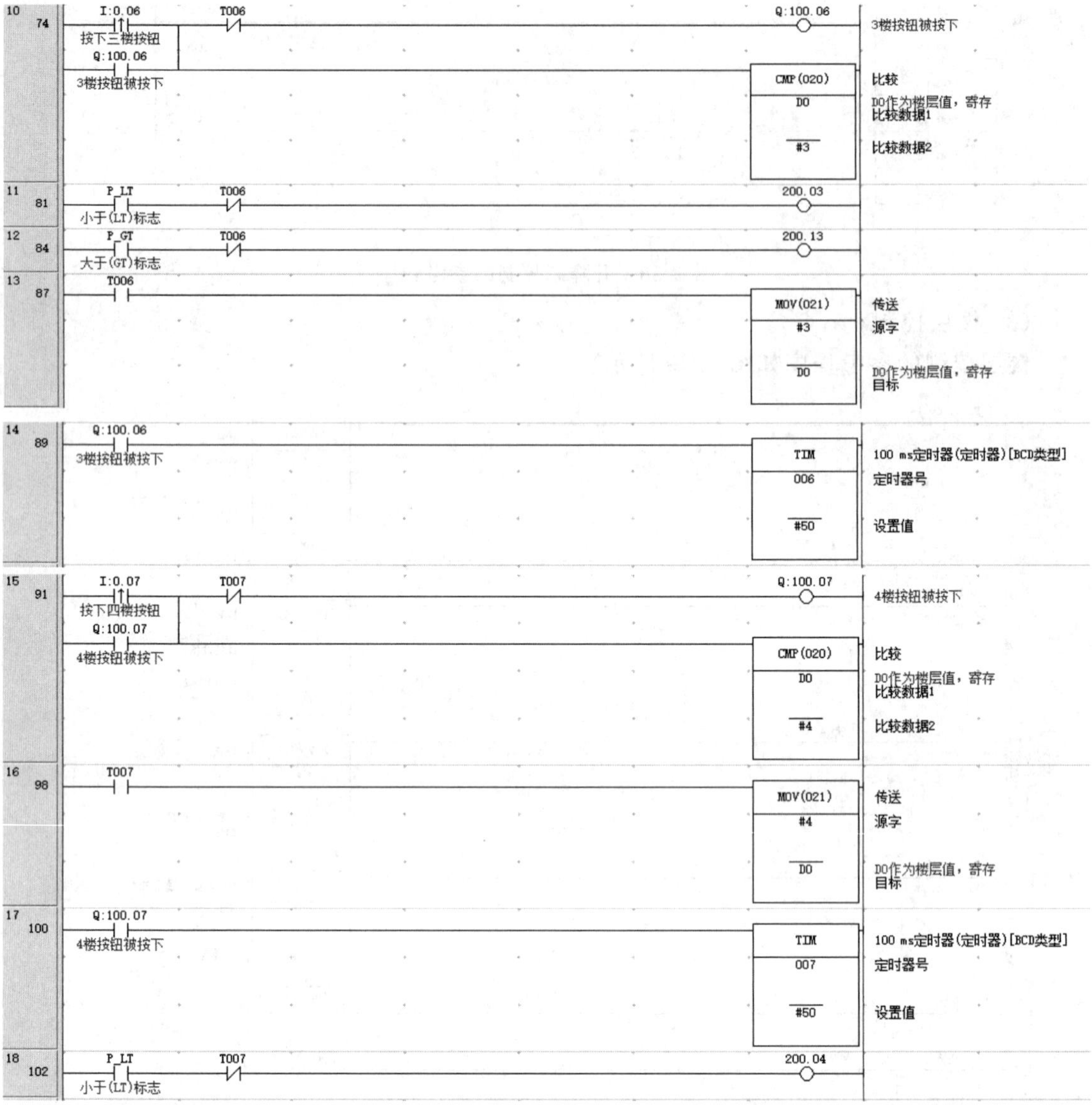

图 4.39 楼层控制的参考程序

(4) END

END 的参考程序如图 4.40 所示。

图 4.40 END 的参考程序

4.4.6 机械手实验

1. 实验目的

(1) 熟悉编程软件及编程方法；

微课视频 4.4.6

(2) 熟悉顺序控制指令的编程原理及方法；
(3) 掌握机械手实验的工作原理和控制技巧。

2. 实验设备

(1) 可编程序控制器 1 台；
(2) PLC 实验箱 1 台；
(3) 装有编程软件和开发软件的计算机 1 台；
(4) 机械手实验模块 1 块；
(5) 电缆 1 根。

3. 实验内容

左限位开关 LX(left)闭合为即置左,右限位开关 RX(right)闭合为置右,上限位 UX(up)闭合为置上,下限位 DX(down)闭合为置下。

(1) 初始状态时,左限位开关 LX 闭合(即置左),右限位开关 RX 断开(即置左),上限位开关 UX 闭合(即置上),下限位开关 DX 断开(即置上);
(2) 按下启动键,原位灯亮;
(3) 断开上限位开关 UX(即置下),AD(A down)灯亮,即此时机械手向下运动到 A 点工件所在处;
(4) 闭合下限位开关 DX(即置下),GL 灯亮,即此时机械手夹紧 A 点处的工件;
(5) 断开下限位开关 DX(即置上),AU(A up)灯亮,即此时机械手上升到 A 点上方;
(6) 闭合上限位开关 UX(即置上),断开左限位开关 LX(即置右),TR 灯亮,即此时机械手向右运动到 B 点上方;
(7) 闭合右限位开关 RX(即置右),断开上限位开关 UX(即置下),BC 灯亮,即此时机械手向下运动到 B 点;
(8) 闭合下限位开关 DX(即置下),BD(B down)灯灭,即此时夹紧的机械手松开,将工件放到 B 点;
(9) 断开下限位开关 DX(即置上),BU(B up)灯亮,即此时机械手向上运动;
(10) 闭合上限位开关 UX(即置上),断开右限位开关 RX(即置左),TL 灯亮,即此时机械手向左运动;
(11) 闭合左限位开关 LX(即置左),原位灯亮,即此时机械手已恢复原位;
(12) 按下停止键,实验完成。

4. 接线方式

在本实验中,1M、1L 接 24 V 电源,不接地。

本实验的接线示例图如图 4.41 所示,注意,接法并不唯一,只要与梯形图对应即可。

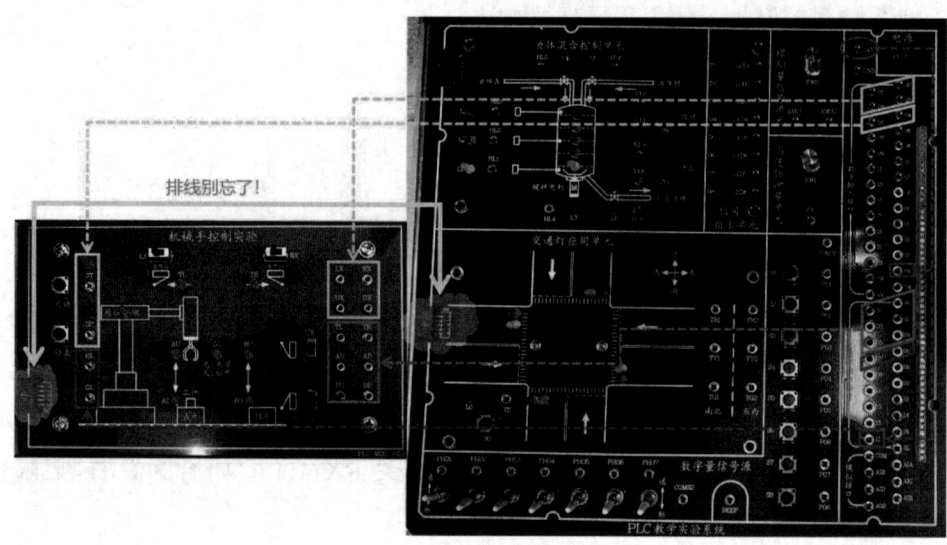

图 4.41　接线示例图

5．程序参考

本实验的参考程序如图 4.42 所示。

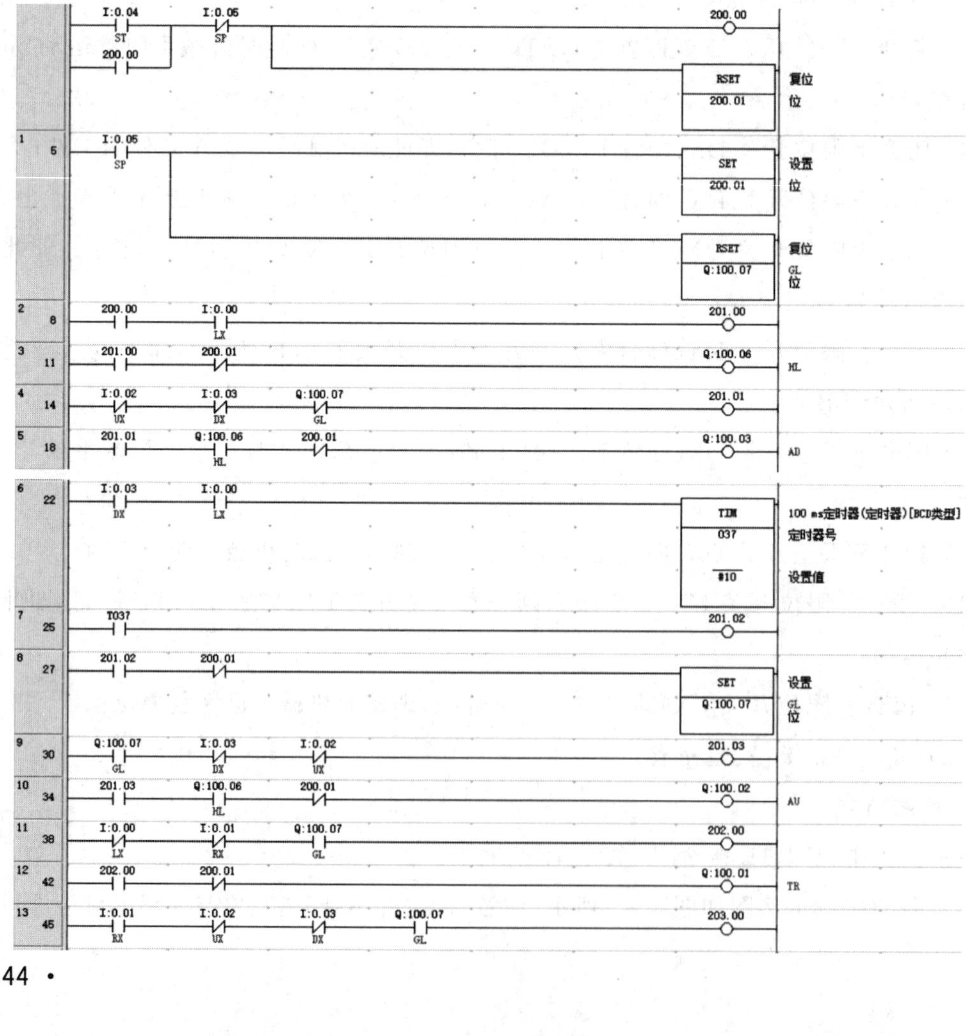

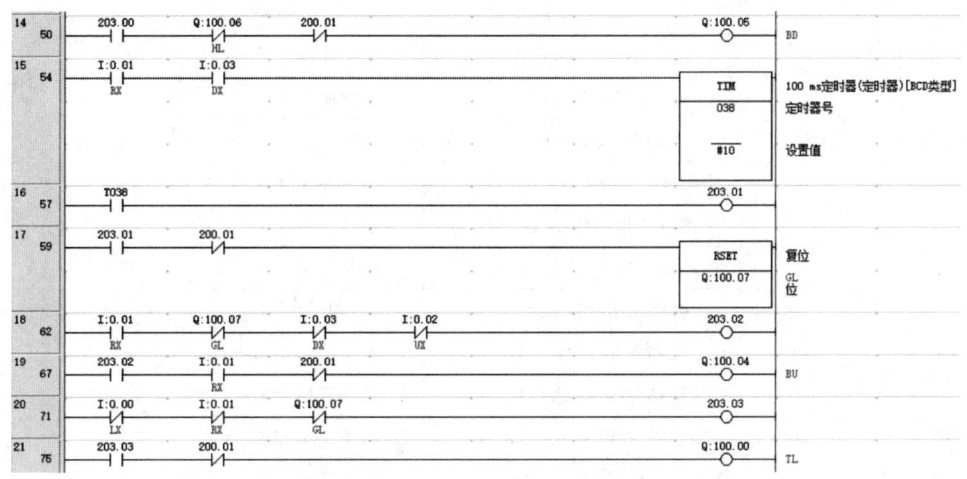

图 4.42 机械手实验的参考程序

4.4.7 半自动封闭电路模拟实验

1. 实验目的

(1) 熟悉编程软件及编程方法;

(2) 熟悉顺序控制指令的编程原理及方法;

(3) 掌握半自动封闭电路模拟实验的工作原理和控制技巧。

微课视频 4.4.7

2. 实验设备

(1) 可编程序控制器 1 台;

(2) PLC 实验箱 1 台;

(3) 装有编程软件和开发软件的计算机 1 台;

(4) 半自动封闭电路模拟实验模块 1 块;

(5) 电缆 1 根。

3. 实验内容

首先,按下甲站闭塞按钮,甲站请求发车,甲乙两站同时共鸣;其次,按下乙站闭塞按钮,乙站接受发车,按下甲站发车按钮,灯亮,乙站接受发车,甲站接车信号灯亮起的同时乙站蜂鸣响,GBD 红灯闪烁。当列车到达乙站轨道接入路段时,FBD 和 GBD 都亮红灯,此时,乙站收到答复信号,按下复原按钮,灯灭,甲站蜂鸣响,并且红灯熄灭。

4. 接线方式

本实验的接线方式如表 4.4 所示。

表 4.4 半自动封闭电路模拟实验接线对应表

原件名称	作用
甲站闭塞按钮 BSA	关闭甲站
甲站发车按钮	甲站发车
乙站接车按钮	乙站接车

续表

原件名称	作用
乙站闭塞按钮 BSA	关闭乙站
乙站复原按钮 FUA	复原乙站
甲站发车指示灯-黄色 QT4	甲站发车间歇
甲站发车指示灯-绿色 QT5	甲站开始发车
甲站发车指示灯-红色 QT6	甲站停止发车
甲站发车电铃-QT14	甲站开始发车
乙站发车-红色 QT1	乙站停止发车
乙站发车-绿色 QT2	乙站开始发车
乙站发车-黄色 QT3	乙站发车间歇
乙站发车-电铃 QT14	乙站开始发车
甲站发车 QT13	
乙站接车 QT13	

输入信号地址可自行决定。在本实验中，1M 接 GND，1L、2L、COMS1、COMS2 接 24 V 电源。

本实验的接线示例图如图 4.43 所示，注意，接法并不唯一，只要与梯形图对应即可。

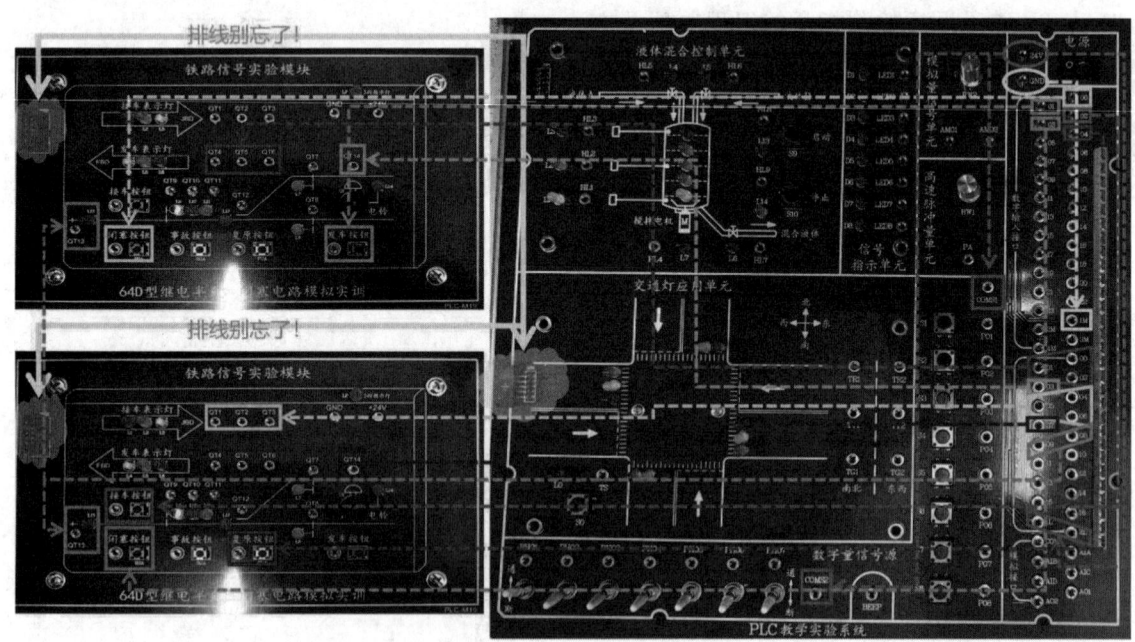

图 4.43　接线示例图

5．程序参考

本实验的参考程序如图 4.44 所示。

第 4 章 PLC 系统仿真实验

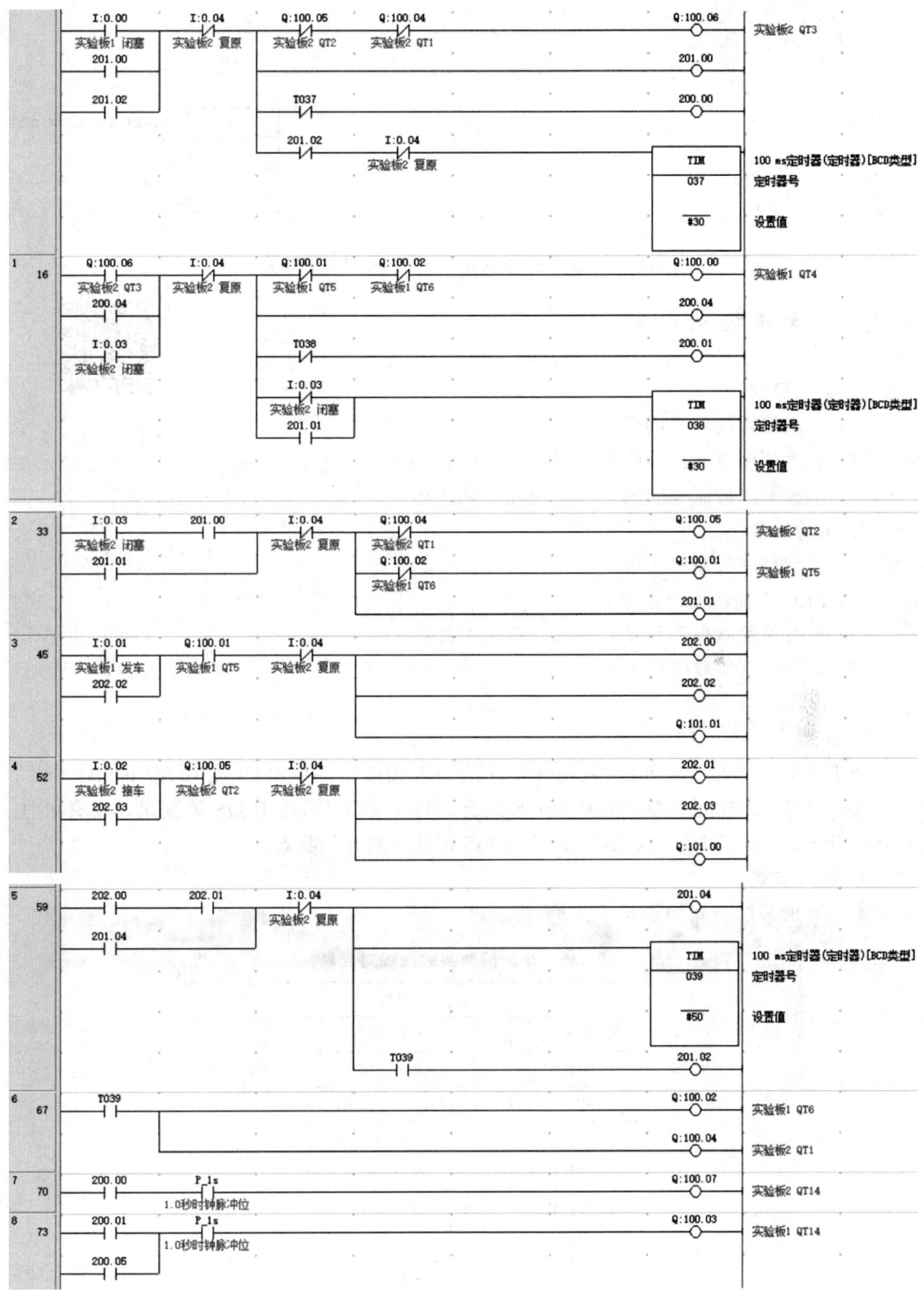

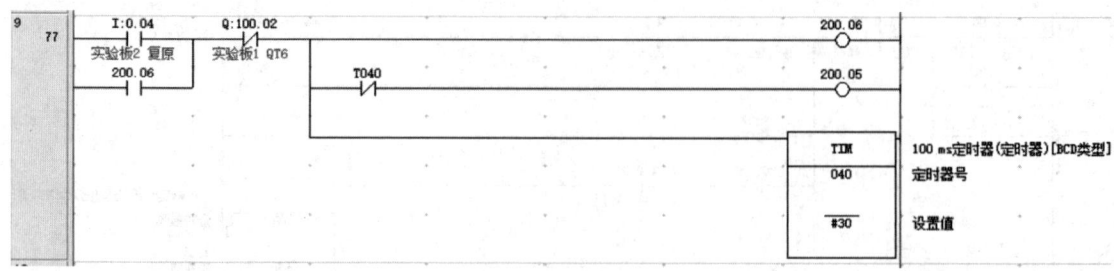

图 4.44 半自动封闭电路模拟实验的参考程序

4.4.8 车床控制实验

微课视频 4.4.8

1. 实验目的

（1）熟悉编程软件及编程方法；
（2）熟悉顺序控制指令的编程原理及方法；
（3）掌握车床控制实验的工作原理和控制技巧。

2. 实验设备

（1）可编程序控制器 1 台；
（2）PLC 实验箱 1 台；
（3）装有编程软件和开发软件的计算机 1 台；
（4）车床控制实验模块 1 块；
（5）电缆 1 根。

3. 实验内容

按下 SA 开按钮，SA 和 EL 照明灯亮；按下 SA 关按钮，SA 和 EL 灯灭；按下 SB1 开关，KM 吸合，M1 工作；按下 QS 开按钮，QS 闭合，M2 开始工作；按下 QS 关按钮，M2 停止工作，QS 断开；按下 SB2 开关，KM、M1、M2、QS 都处于断开的状态。

4. 接线方式

本实验的接线方式如表 4.5 所示。

表 4.5 车床控制实验接线对应表

原件名称	作用
SA 开按钮	开启 SA
SA 关按钮	关闭 SA
SB1	开启和关闭 SB1
SB2	开启和关闭 SB2
QS 开按钮	开启 QS
QS 关按钮	关闭 QS
KM	显示 KM 状态
QS	显示 QS 状态
SA 灯	显示 SA 状态

输入信号地址可自行决定。在本实验中,1M、1L 接 24 V 电源。

本实验的接线示例图如图 4.45 所示,注意,接法并不唯一,只要与梯形图对应即可。

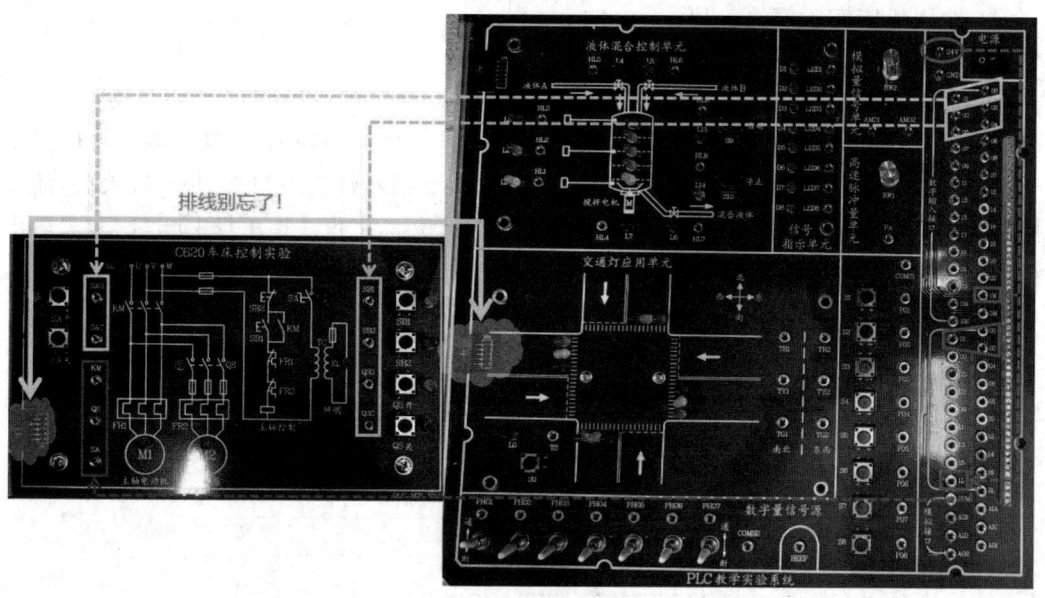

图 4.45 接线示例图

5. 程序参考

本实验的参考程序如图 4.46 所示。

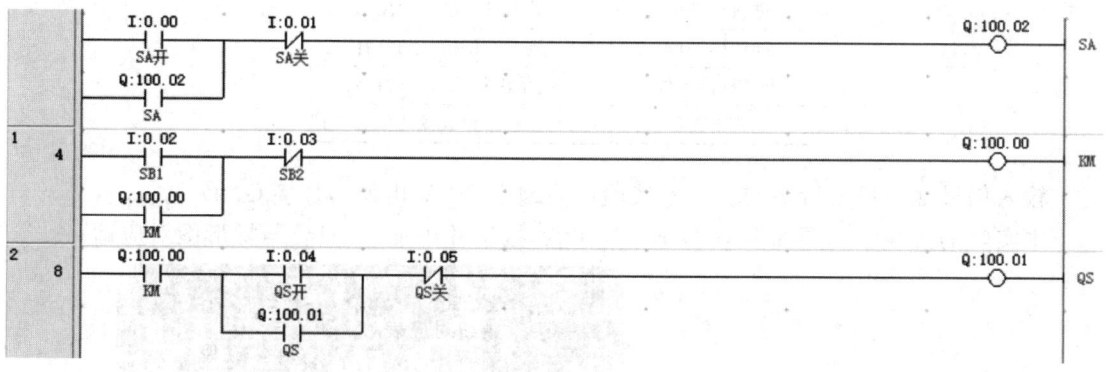

图 4.46 车床控制实验的参考程序

4.4.9 冲压机床实验

微课视频 4.4.9

1. 实验目的

(1) 熟悉编程软件及编程方法;
(2) 熟悉顺序控制指令的编程原理及方法;
(3) 掌握冲压机床实验的工作原理和控制技巧。

2. 实验设备

(1) 可编程序控制器 1 台;

(2) PLC 实验箱 1 台；

(3) 装有编程软件和开发软件的计算机 1 台；

(4) 冲压机床实验模块 1 块；

(5) 电缆 1 根。

3. 实验内容

按下启动按钮，进料灯闪烁，经过工位 1，工位 1 指示灯 L9 灯亮，L9 灯灭后进料机械手控制 L1 和进料吸盘控制 L3 灯亮；准备经过工位 2，工位 2 指示灯 L10 灯亮，L10 灯灭后，冲压模具控制 L4 灯亮，出料机械手控制 L2 灯亮；准备经过工位 3，工位 3 指示灯 L11 灯亮，之后出料吸盘控制 L5 灯亮；L11 灯灭后，出料灯亮，灯熄灭，完成一个流程，再次循环进入下一个流程。

4. 接线方式

本实验的接线方式如表 4.6 所示。

表 4.6 冲压机床实验接线对应表

原件名称	作用
Start 按钮	开启
工位 1 按钮	
工位 2 按钮	
工位 3 按钮	
进料电机	显示进料电机工作状态
出料电机	显示出料电机工作状态
进料机器手位	显示机器手的位置
进料吸盘位	显示进料吸盘的位置
冲压模具位	显示冲压模具的位置
出料机器手位	显示出料机器手的位置
出料吸盘位	显示出料吸盘的位置

输入信号地址可自行决定。在本实验中，1M 接 24 V 电源，1L 接 GND。

本实验的接线示例图如图 4.47 所示，注意，接法并不唯一，只要与梯形图对应即可。

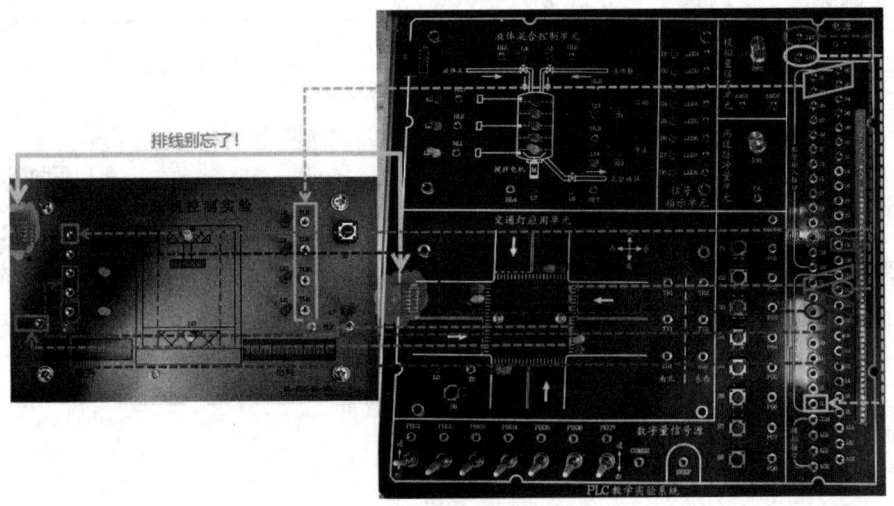

图 4.47 接线示例图

5. 程序参考

本实验的参考程序如图 4.48 所示。

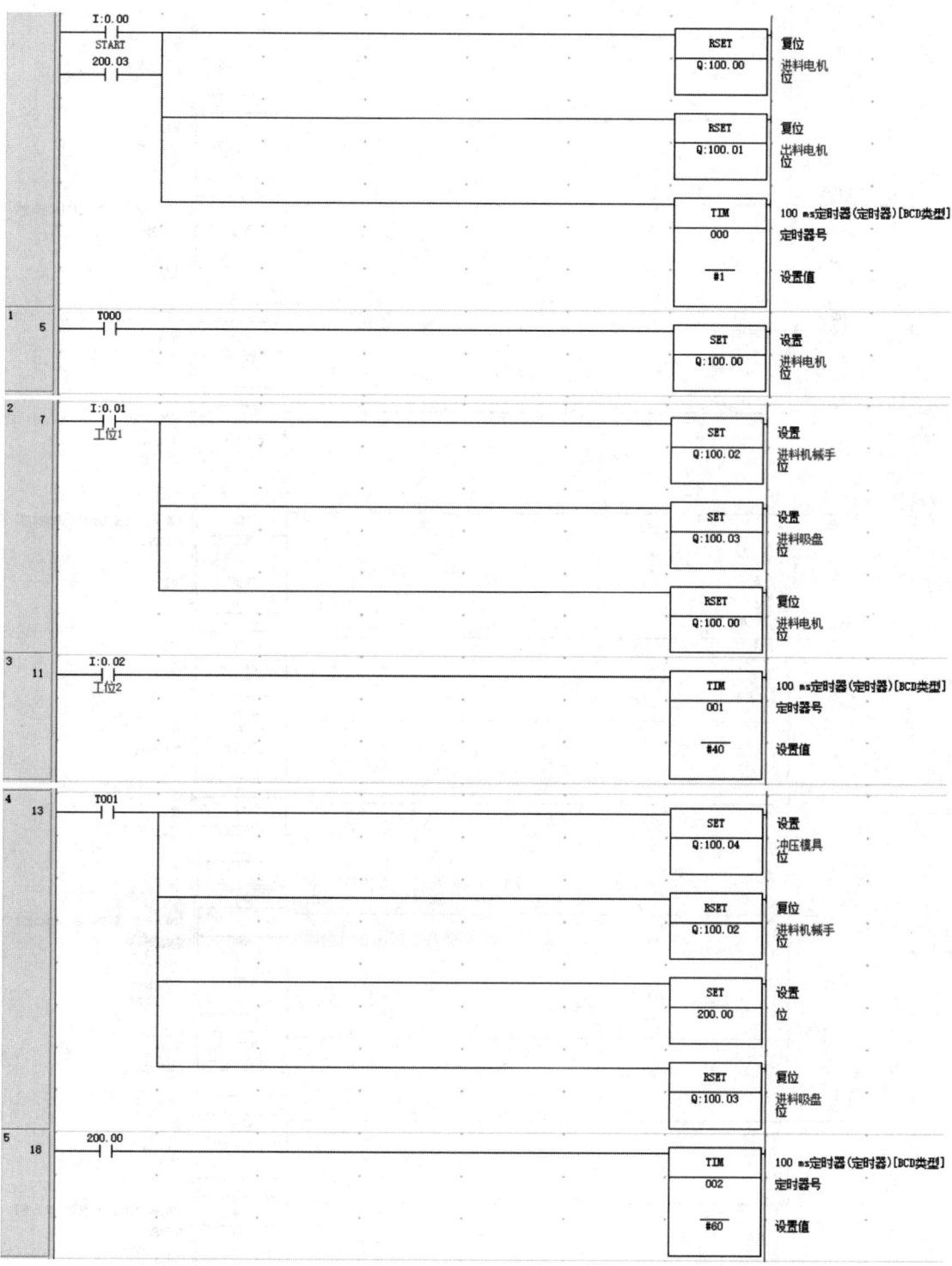

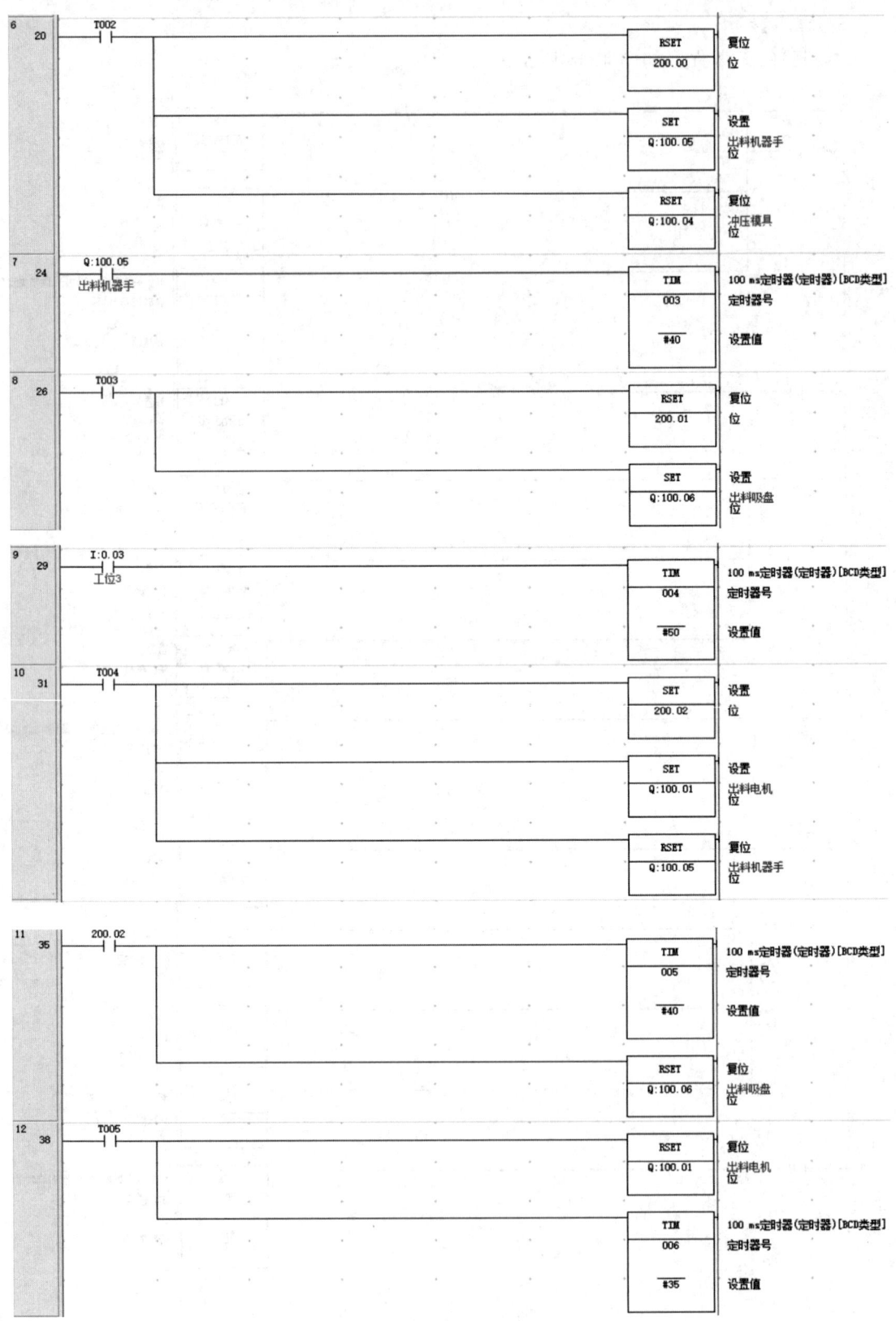

图 4.48 冲压机床实验的参考程序

4.4.10 电机控制实验

1. 实验目的

(1) 熟悉编程软件及编程方法；
(2) 熟悉顺序控制指令的编程原理及方法；
(3) 掌握电机控制实验的工作原理和控制技巧。

微课视频 4.4.10

2. 实验设备

(1) 可编程序控制器 1 台；
(2) PLC 实验箱 1 台；
(3) 装有编程软件和开发软件的计算机 1 台；
(4) 电机控制实验模块 1 块；
(5) 电缆 1 根。

3. 实验内容

按下 S2 开关,彩灯缓慢的循环闪烁,然后快速循环闪烁；按下 S6 开关,所有彩灯熄灭；按下 S7 开关,彩灯逆时针闪烁；按下 S8 开关,彩灯顺时针闪烁。

4. 接线方式

本实验的接线方式如表 4.7 所示。

表 4.7 电机控制实验接线对应表

原件名称	作用
S2	TL4 启动
S6	TL3 停止
S7	TL2 反转
S8	TL1 正转
	KM1 电源进线
	KM2 角形运行
	KM3 星形启动
	KMF2 反转运行
	KMZ2 正转运行

输入信号地址可自行决定。在本实验中,1M 接 24 V 电源,1L 接 GND。

本实验的接线示例图如图 4.49 所示,注意,接法并不唯一,只要与梯形图对应即可。

MCU 与 PLC 系统开发综合实训

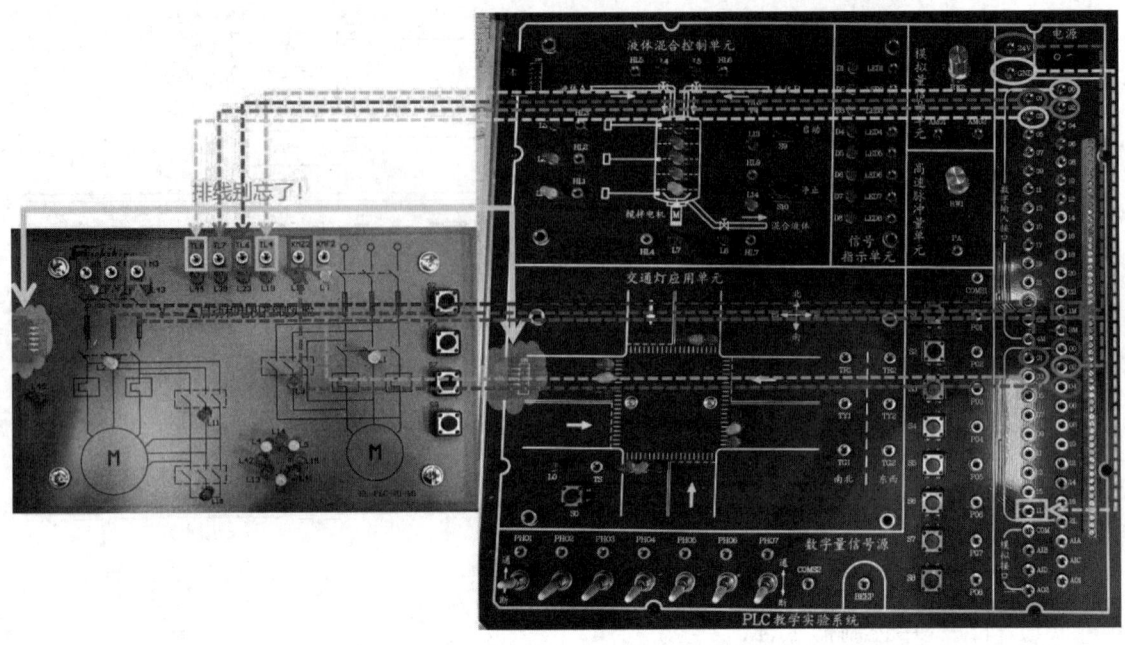

图 4.49 接线示例图

5. 程序参考

本实验的参考程序如图 4.50 所示。

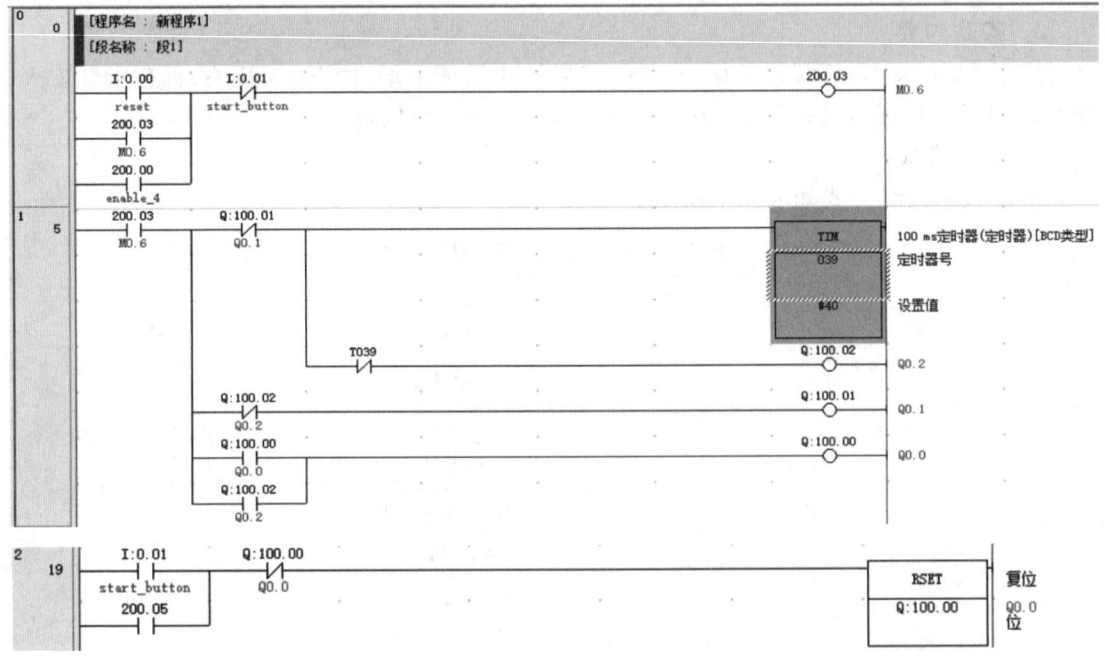

第 4 章　PLC 系统仿真实验

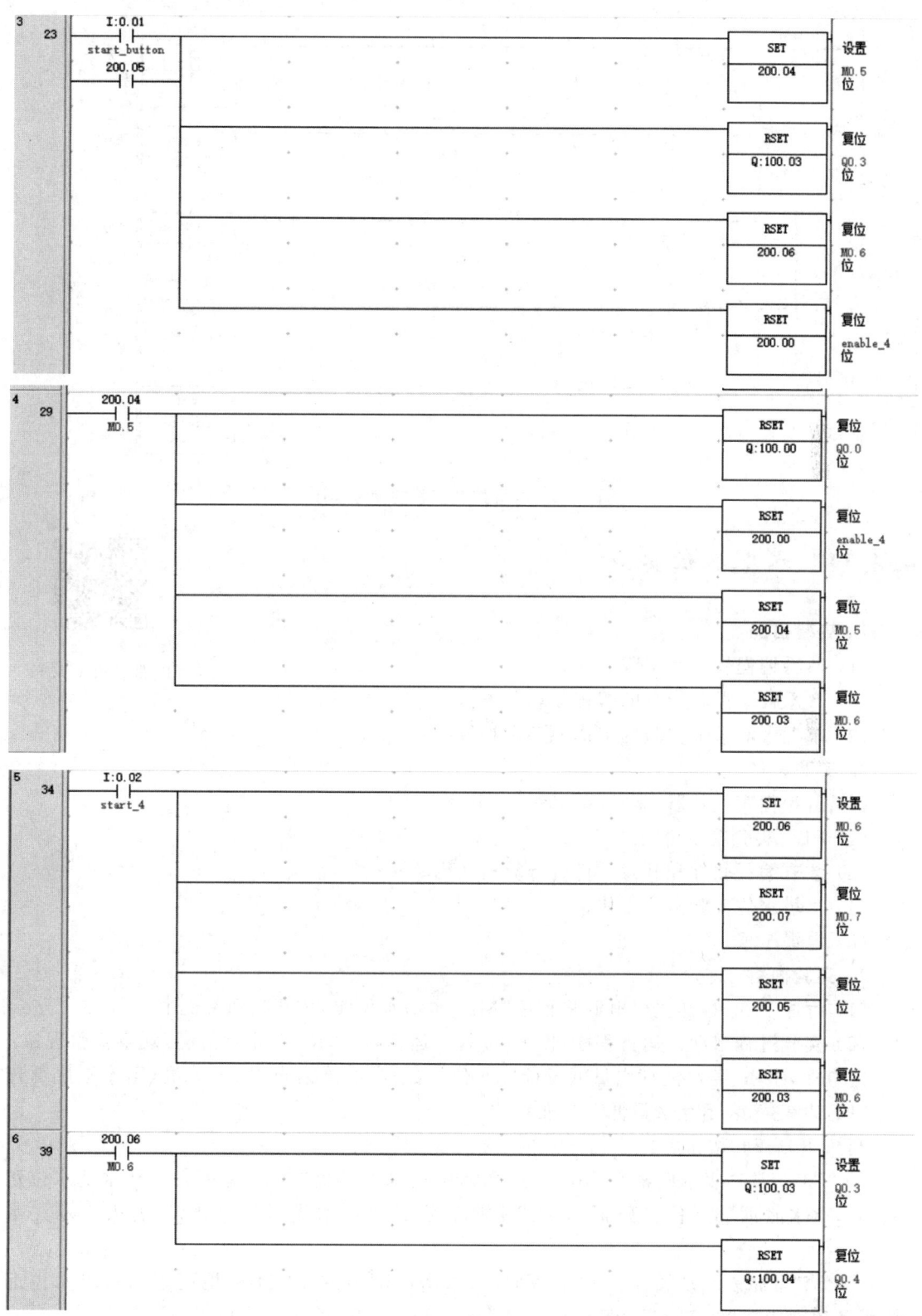

图 4.50 电机控制实验的参考程序

4.4.11 水塔水位实验

微课视频 4.4.11

1. 实验目的

(1) 熟悉编程软件及编程方法；
(2) 熟悉顺序控制指令的编程原理及方法；
(3) 掌握水塔水位实验的工作原理和控制技巧。

2. 实验设备

(1) 可编程序控制器 1 台；
(2) PLC 实验箱 1 台；
(3) 装有编程软件和开发软件的计算机 1 台；
(4) 水塔水位实验模块 1 块；
(5) 电缆 1 根。

3. 实验内容

(1) 程序下载：打开主机电源将程序"M22 水塔水位实验"下载到主机中。
(2) 实验过程启动并运行程序，使 PLC 处于运行状态，RUN 指示灯亮，观察实验现象：

上电后，水塔、蓄水池存水量低于标准水位，水塔底部传感器"TBS"常亮、蓄水池底部传感器"PBS"常亮，表示存水量低于标准水位。

当按下"启动"按钮后：

① "ISW"常亮表示向蓄水池中注水，蓄水池底部传感器"PBS"熄灭表示蓄水池水位正在上升，蓄水池顶部水位传感器"PTS"常亮表示蓄水池水满，同时"ISW"熄灭表示注水停止；

② "M"常亮表示从蓄水池往水塔抽水，水塔底部传感器"TBS"熄灭表示水塔水位上升，水塔顶部传感器"TTS"常亮表示水塔已满，同时"M"熄灭表示停止工作；

③ 在往水塔抽水的过程中，蓄水池的水位下降，当水塔满时，蓄水池水位低于标准水

位,指示灯"PBS"常亮,此时"ISW"常亮向蓄水池中注水;

④ 手动打开水塔出水开关"ESW",当指示灯"ESW"常亮时,水塔水位开始下降,当水塔水位指示灯"TBS"常亮时,表示水塔水位低于标准水位,此时重复步骤②;

⑤ 当按下"停止"按钮后,系统停止工作,当再次按下"启动"按钮时,系统将继续进行停止工作之前的工作过程;

(3) 实验结束,整理好实验导线,保持桌面整洁,完成实验。

4. 接线方式

本实验的接线方式如表 4.8 所示。

表 4.8 水塔水位实验接线对应表

输入	TTS 水塔高水位输入
	TBS 水塔低水位输入
	PTS 蓄水池高水位输入
	PBS 蓄水池低水位输入
	ST 启动
	SP 停止
输出	M 上水电机
	ISW 蓄水池进水阀门

输入信号地址可自行决定。在本实验中,1M、1L 都接 24 V 电源,不接地。

本实验的接线示例图如图 4.51 所示,注意,接法并不唯一,只要与梯形图对应即可。

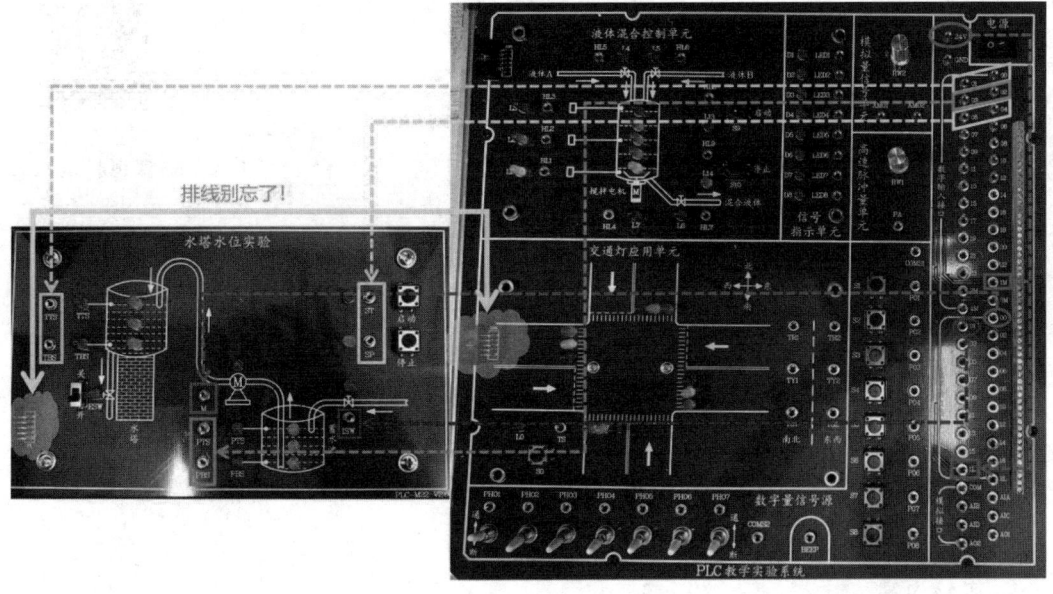

图 4.51 接线示例图

5. 程序参考

本实验的参考程序如图 4.52 所示。

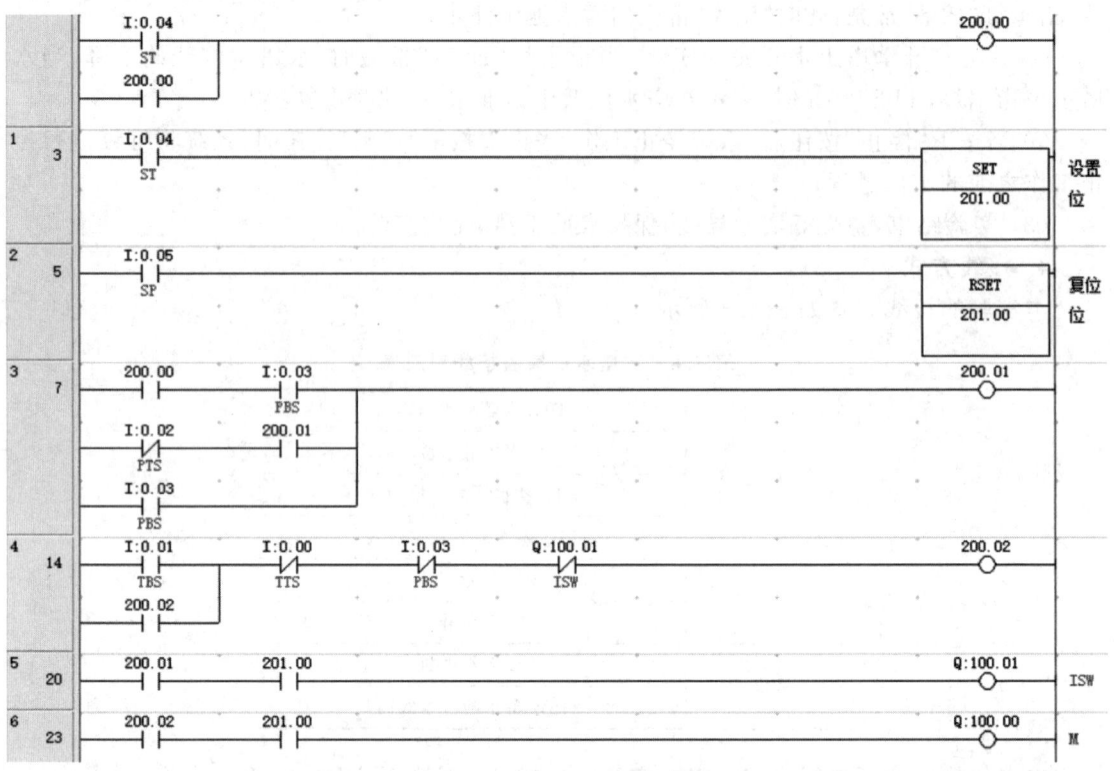

图 4.52 水塔水位实验的参考程序

4.4.12 运料小车实验

1. 实验目的

(1) 熟悉编程软件及编程方法;
(2) 熟悉顺序控制指令的编程原理及方法;
(3) 掌握运料小车实验的工作原理和控制技巧。

2. 实验设备

(1) 可编程序控制器 1 台;
(2) PLC 实验箱 1 台;
(3) 装有编程软件和开发软件的计算机 1 台;
(4) 运料小车实验模块 1 块;
(5) 电缆 1 根。

3. 实验内容

按下启动键,装料完成,开始向右快速移动;减速灯(RC)亮,开始卸货,卸货完毕,开始向左移动;减速 1 s,继续装料,装料完成,继续循环。

微课视频 4.4.12

4．接线方式

本实验的接线方式如表 4.9 所示。

表 4.9 运料小车实验接线对应表

输入	LS 左侧停车监测点
	LC 左侧减速检测点
	RC 右侧减速检测点
	RS 右侧停车检测点
	ST 启动
	SP 停止
输出	LD
	ULD
	RUN
	LU
	RU

输入信号地址可自行决定。在本实验中，1M、1L 都接 24 V 电源，不接地。

本实验的接线示例图如图 4.53 所示，注意，接法并不唯一，只要与梯形图对应即可。

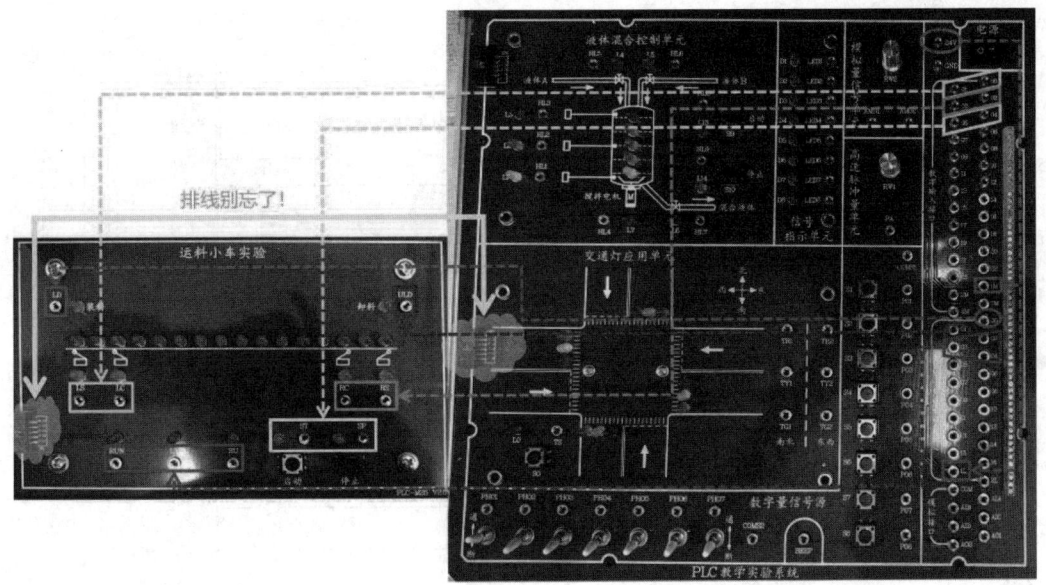

图 4.53 接线示例图

5．程序参考

本实验的参考程序如图 4.54 所示。

Rung	Instruction	Operand	Output
1 (2)	I:0.04 ST		DIFD(014) 203.00 下降沿微分位
1 (2)	203.00 / 200.00		200.00
2 (5)	I:0.01 LD		DIFU(013) 203.01 上升沿微分位
3 (7)	203.01 / 200.05 ; 200.06 ⫽		200.05
4 (11)	200.05 ; I:0.00 LS		200.06
5 (14)	I:0.04 ST		SET 201.00 设置位
6 (16)	I:0.05 SP		RSET 201.00 复位位
7 (18)	200.00 ; 200.06 ⫽		TIM 041 #10 100 ms定时器(定时器)[BCD类型] 定时器号 设置值
8 (21)	T041		TIM 042 #50 100 ms定时器(定时器)[BCD类型] 定时器号 设置值
9 (23)	T042		TIM 043 #10 100 ms定时器(定时器)[BCD类型] 定时器号 设置值
10 (25)	T043 ; Q:100.00 ⫽ LD		200.01
11 (28)	I:0.03 RS		TIM 044 #10 100 ms定时器(定时器)[BCD类型] 定时器号 设置值
12 (30)	T044		TIM 045 #50 100 ms定时器(定时器)[BCD类型] 定时器号 设置值
13 (32)	T044 ; T045		200.03
14 (35)	T044 ; 200.03 ⫽		200.02
15 (38)	T045		TIM 046 #10 100 ms定时器(定时器)[BCD类型] 定时器号 设置值
16 (40)	T046		200.04

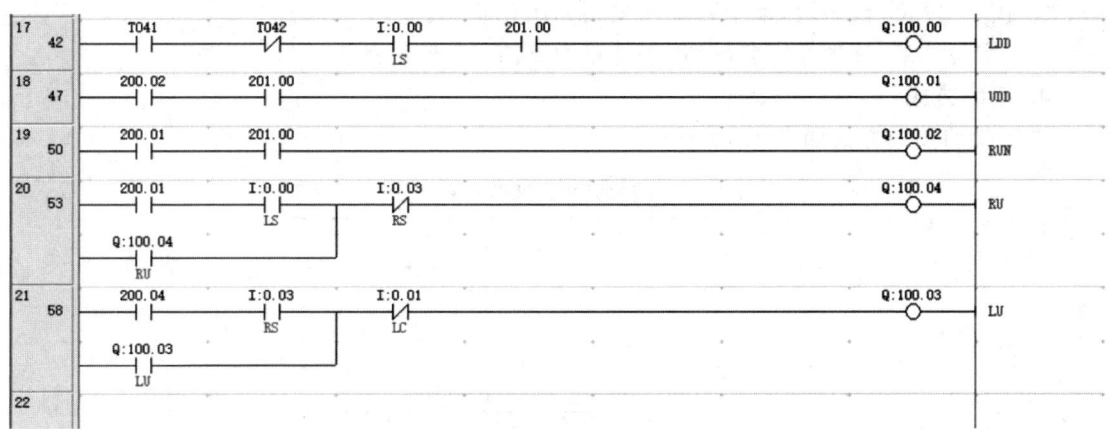

图 4.54 运料小车的实验参考程序

4.4.13 装配流水线实验

微课视频 4.4.13

1. 实验目的

（1）熟悉编程软件及编程方法；

（2）熟悉顺序控制指令的编程原理及方法；

（3）掌握装配流水线实验的工作原理和控制技巧。

2. 实验设备

（1）可编程序控制器 1 台；

（2）PLC 实验箱 1 台；

（3）装有编程软件和开发软件的计算机 1 台；

（4）装配流水线实验模块 1 块；

（5）电缆 1 根。

3. 实验内容

（1）打开主机电源，将程序"M26 装配流水线实验"下载到主机中。

（2）启动并运行程序，使 PLC 处于运行状态，RUN 指示灯亮，观察实验现象。

当按下"启动"按钮后：

① 传送带启动，"D"亮"E、F、G"熄灭，延时 1 s 后，"E"亮"D、F、G"熄灭，延时 1 s 后，"F"亮"D、E、G"熄灭，延时 1 s 后，"G"亮"D、E、F"熄灭，延时 1 s 后，"D"亮"E、F、G"熄灭，顺序循环；

② 传送带启动后，按下"移位"按钮，此时传送带上开始传送工件，工件经过"DEFG"传送之后到达"A"操作工位，再经过"DEFG"传送之后到达"B"操作工位，再经过"DEFG"传送之后到达"C"操作工位，再经过"DEFG"传送之后到达"H"仓库；

③ 工作流程："D"亮→"E"亮→"F"亮→"G"亮、"A"亮（工位）5 s→"D"亮→"E"亮→"F"亮 → "G"亮、"B"亮（工位）4 s→"D"亮→"E"亮→"F"亮→"G"亮、"C"亮（工位）3 s→"D"亮→"E"亮→"F"亮→"G"亮、"H"亮（仓库）2 s→"D"亮→"E"亮→"F"亮→"G"亮、"A"亮（工位）5 s→…；

④ 按下"复位"按钮后,整个系统恢复到初始化状态。

(3) 实验结束,整理好实验导线,保持桌面整洁,完成实验。

4. 接线方式

本实验的接线方式如表 4.10 所示。

表 4.10 装配流水线实验接线对应表

输入	ST 启动
	RS 复位
	SP 停止
输出	H 仓库
	C 操作员
	B 操作员
	D 工位
	E 工位
	F 工位
	G 工位
	A 操作员

在本实验中,1M、1L 都接 24 V 电源,不接地。

本实验的接线示例图如图 4.55 所示,注意,接法并不唯一,只要与梯形图对应即可。

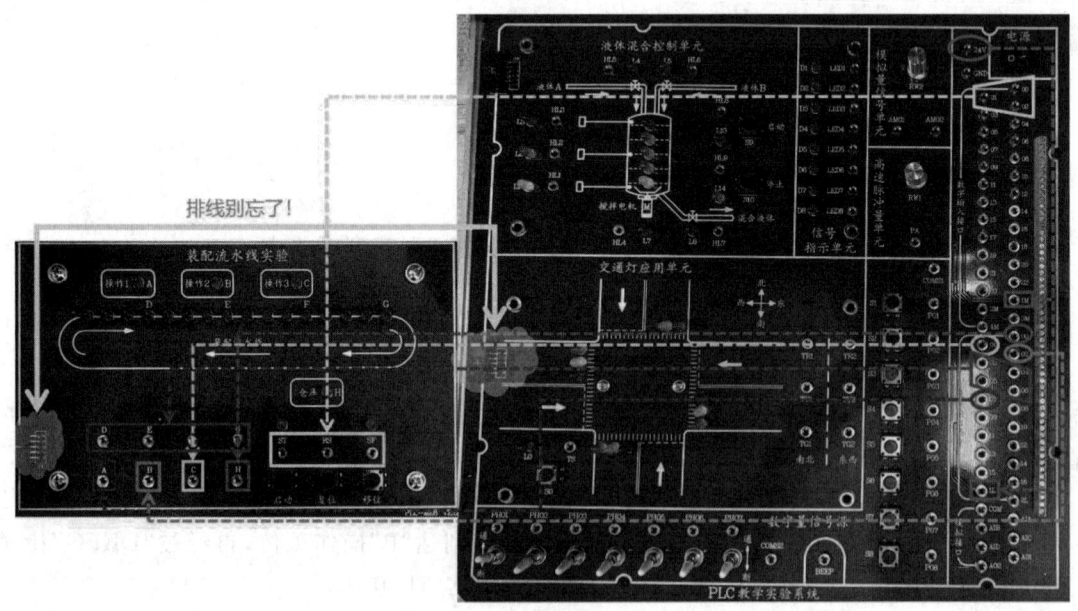

图 4.55 接线示例图

5. 程序参考

本实验的参考程序如图 4.56 所示。

第 4 章 PLC 系统仿真实验

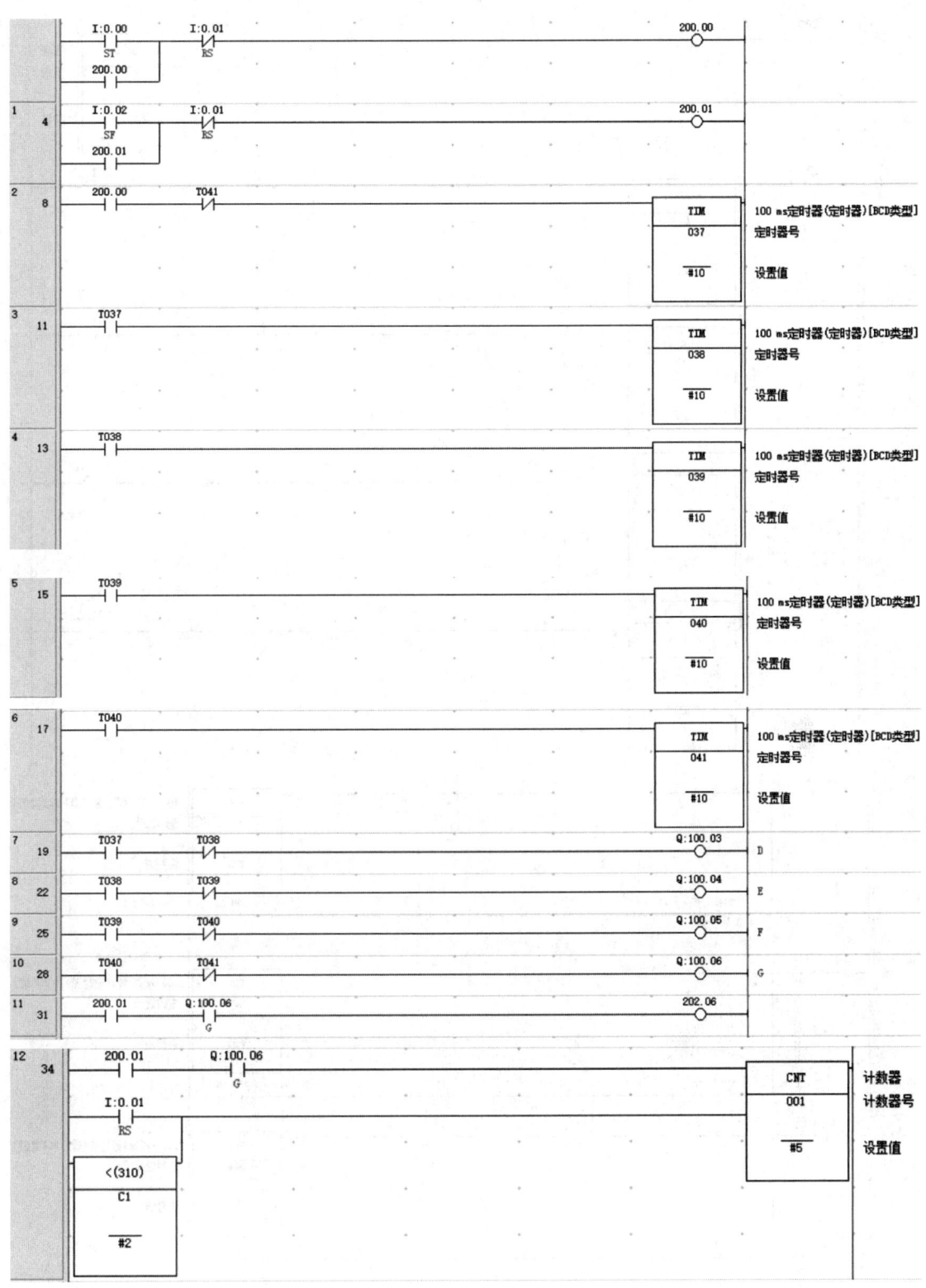

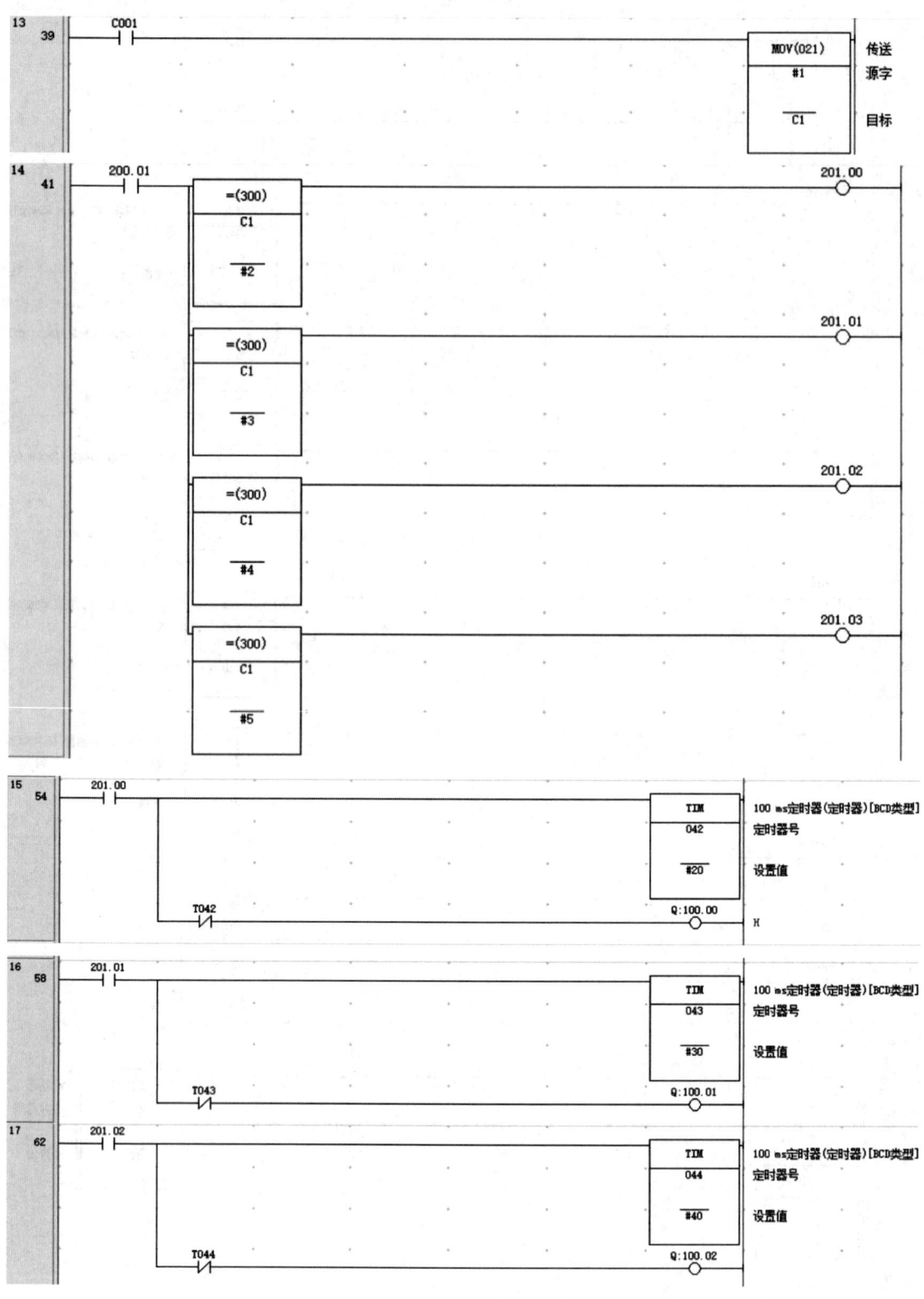

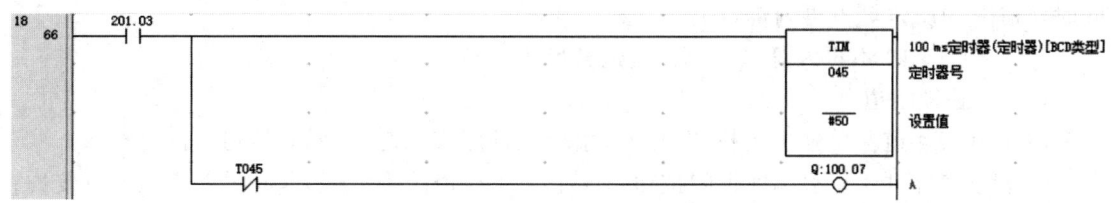

图4.56 装配流水线实验的参考程序

4.4.14 道岔控制实验

微课视频 4.4.14

1. 实验目的

(1) 熟悉编程软件及编程方法；
(2) 熟悉顺序控制指令的编程原理及方法；
(3) 掌握道岔控制实验的工作原理和控制技巧。

2. 实验设备

(1) 可编程序控制器 1 台；
(2) PLC 实验箱 1 台；
(3) 装有编程软件和开发软件的计算机 1 台；
(4) 道岔控制实验模块 1 块；
(5) 电缆 1 根。

3. 实验内容

(1) 单独操纵道岔至定位：如需操纵 1♯ 道岔至定位，应先按下道岔总定位按钮 ZDA，再按下 1♯ 道岔单独操纵定位按钮 1A，电路接通后松开，按钮自动复原，道岔自动转换至定位，1♯ 道岔表示绿色灯亮。

(2) 单独操纵道岔至反位：如需操纵 1♯ 道岔至反位，应先按下道岔总反位按钮 ZFA，再按下 1♯ 道岔单独操纵反位按钮 1A，电路接通后松开，按钮自动复原，道岔自动转换至反位，1♯ 道岔表示黄色灯亮。

(3) 单独锁闭道岔：对应每一组道岔均设有一个单独锁闭按钮，按下该按钮时，该按钮右方的红色表示灯点亮，该组道岔脱离操纵台对它的控制，再按一下，恢复操纵台对它的控制。

对应以上实验内容，需要操作的步骤如下：

(1) 单独操纵道岔至定位

① 按下道岔总定位按钮 ZDA，道岔总定位表示灯 DBD 亮，同时轨道上的定位灯闪烁；

② 再按下 1♯ 道岔单独操纵定位按钮 1A，1♯ 道岔单独操纵定位按钮表示灯 DBD 亮，同时轨道上的定位灯不再闪烁，L18 闪烁；

③ 4 s 后，L18 不再闪烁，L19 亮，轨道转换为定位。

(2) 单独操纵道岔至反位

① 按下道岔总反位按钮 ZFA，道岔总反位表示灯 FBD 亮，同时轨道上的反位灯闪烁；

② 再按下 1♯ 道岔单独操纵定位按钮 1A，1♯ 道岔单独操纵反位按钮表示灯 FBD 亮，

同时轨道上的反位灯不再闪烁,L19 闪烁;

③ 4 s 后,L19 不再闪烁,L18 亮,轨道转换为反位。

（3）单独锁闭道岔

① 按下 1♯ 道岔单独锁闭按钮,1♯ 道岔单独锁闭表示灯亮,同时轨道上的灯全灭;

② 再次按下 1♯ 道岔单独锁闭按钮,1♯ 道岔单独锁闭表示灯灭,同时轨道上的灯复原;

③ 实验结束,去掉实验接线,关断电源,整理好实验导线,完成实验。

4. 接线方式

在本实验中,1L、2L 接 24 V 电源,1M、2M、3M、4M 接 GND。

本实验的接线示例图如图 4.57 所示,注意,接法并不唯一,只要与梯形图对应即可。

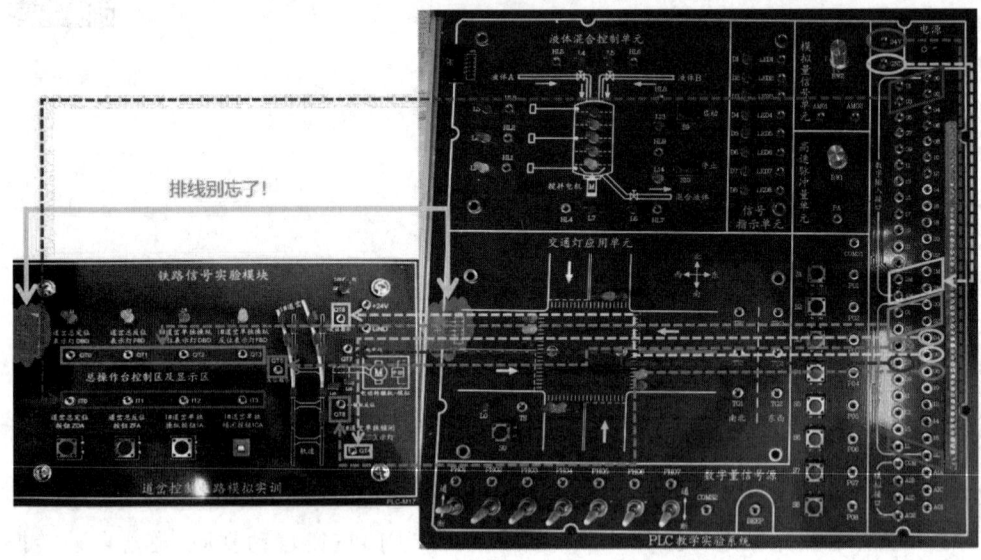

图 4.57 接线示例图

5. 程序参考

本实验的参考程序如图 4.58 所示。

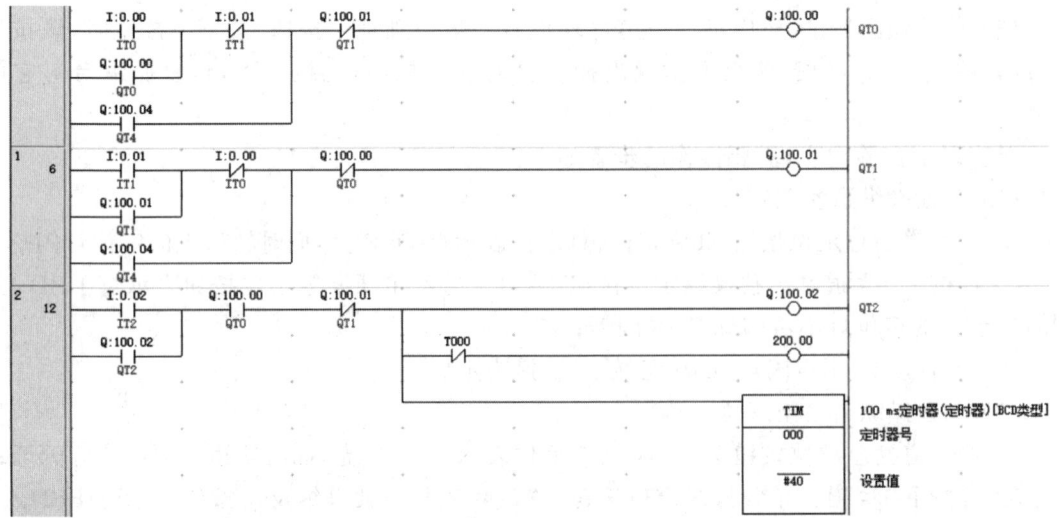

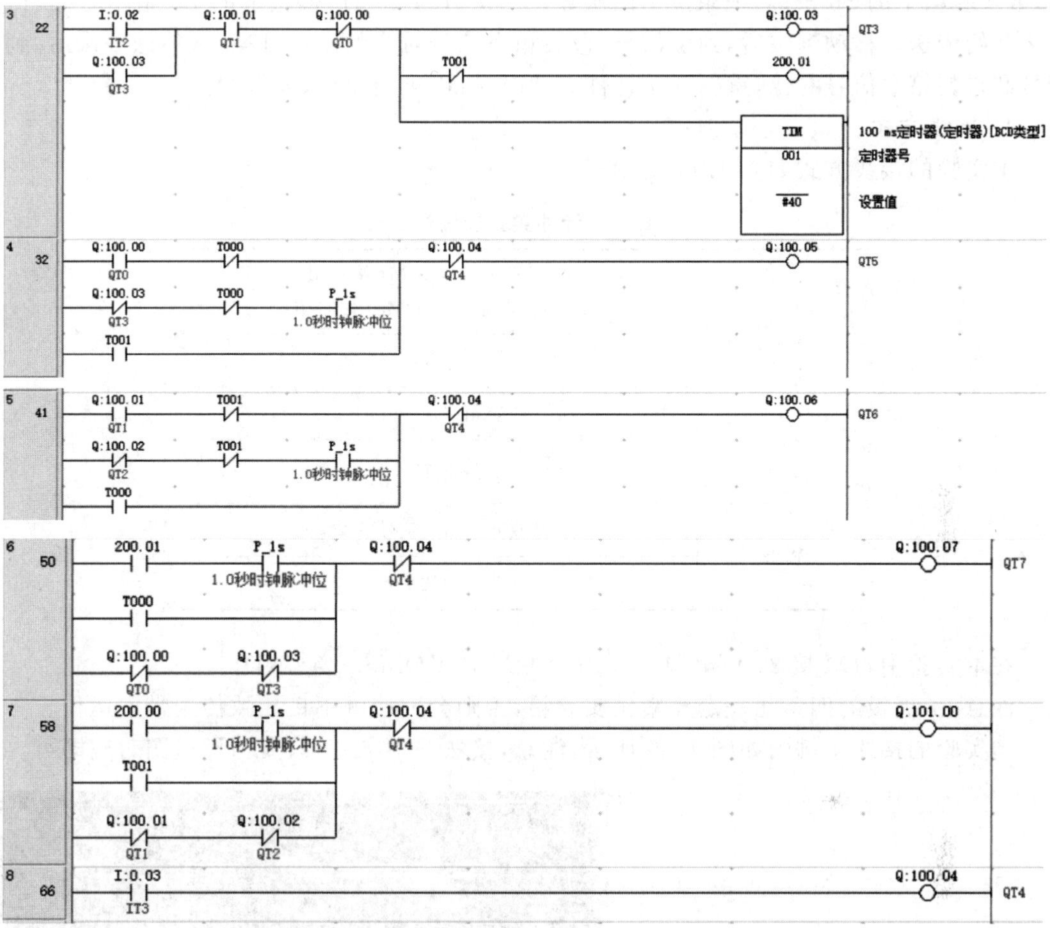

图 4.58 道岔控制实验的参考程序

4.4.15 计件实验

1. 实验目的

(1) 熟悉编程软件及编程方法；
(2) 熟悉顺序控制指令的编程原理及方法；
(3) 掌握计件实验的工作原理和控制技巧。

2. 实验设备

(1) 可编程序控制器 1 台；
(2) PLC 实验箱 1 台；
(3) 装有编程软件和开发软件的计算机 1 台；
(4) 计件实验模块 1 块；
(5) 电缆 1 根。

微课视频 4.4.15

3. 实验内容

按下 PLC-M2 模块上的启动按钮，连续按下 PLC-M2 模块上的 SW6 按键（模拟刀具库)或实验箱上的 S6 按键,记录按下的次数。当次数为 10 时,模块上的 L3 指示灯亮,传送带 2 开始传送。移动到位后,到位信号、包装箱空信号对应的指示灯亮,再传送一次后,到位信号和包装箱空信号复位,重新开始计件。此时,可以重新按键(模拟刀具库)计数。

4. 接线方式

本实验的接线方式如表 4.11 所示。

表 4.11 计件实验接线对应表

输入	S6(PLC-M27),COM1 接 GND 或 P06(实验箱),COMS1 接 GND
	启动 TL5
	包装箱空信号 TL1
	停止 TL4
输出	传送带 2 启动信号 TL3
	传送带 2 到达信号 TL2

在本实验中,1M 接 24 V 电源,1L、2L、COMS1、COMS2 接 GND。
注意:扩展板的四条腿一定要紧压实验箱,否则会因接触不良导致传送带不运作。
本实验的接线示例图如图 4.59 所示,注意,接法并不唯一,只要与梯形图对应即可。

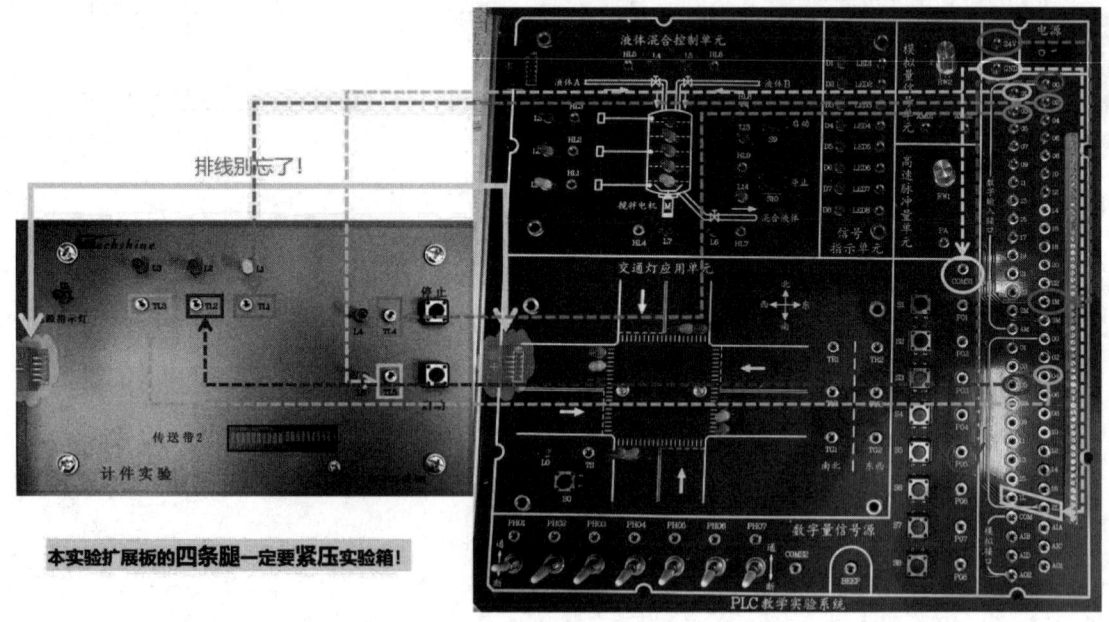

图 4.59 接线示例图

5. 程序参考

本实验的参考程序如图 4.60 所示。

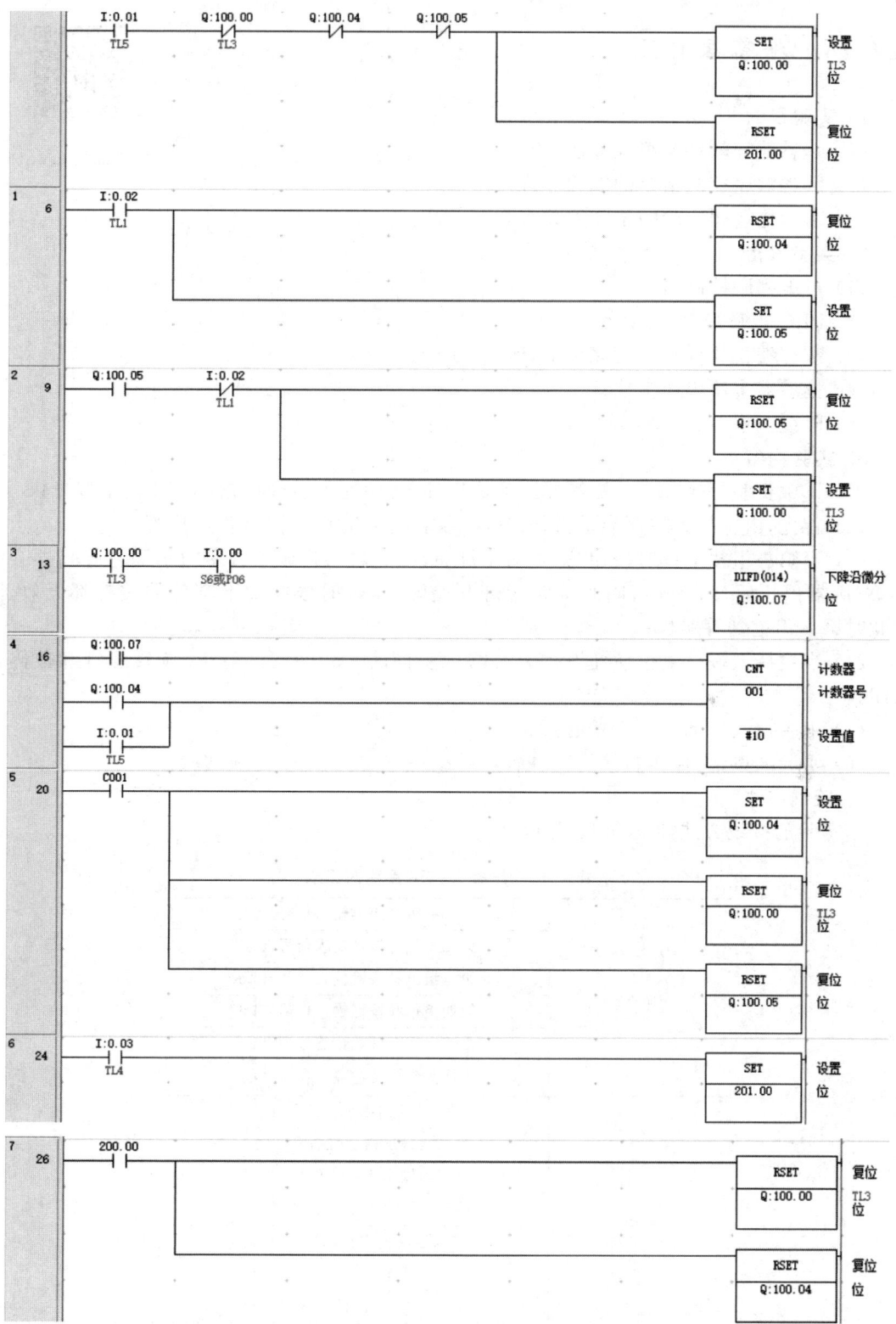

图 4.60 计件实验的参考程序

4.4.16 抢答器实验

微课视频 4.4.16

1. 实验目的

(1) 熟悉编程软件及编程方法；
(2) 熟悉顺序控制指令的编程原理及方法；
(3) 掌握抢答器实验的工作原理和控制技巧。

2. 实验设备

(1) 可编程序控制器 1 台；
(2) PLC 实验箱 1 台；
(3) 装有编程软件和开发软件的计算机 1 台；
(4) 抢答器实验模块 1 块；
(5) 电缆 1 根。

3. 实验内容

(1) 下载实验程序"M13_抢答器"，完成后使 PLC 处于运行状态，RUN 指示灯亮；
(2) 首先，由主持人按下启动按钮 S1，可以看到 L5 灯亮，然后等待抢答；
(3) 当第一组按下抢答按钮 S3 后，L1 灯亮，同时数码管显示数字"1"，而且蜂鸣器会响 2 s，蜂鸣器停止后，L7 灯亮，同时旋转彩灯开始转动，这时候在按下其他的按键都无效，因为此时第一组抢到答题权；
(4) 当主持人按下复位按钮 S2 后，L6 灯亮，同时 L5、L1、L7 灯灭，旋转彩灯和数码管关闭；
(5) 由主持人启动下一次抢答过程；
(6) 实验结束，去掉实验接线，关断电源，整理好实验导线，完成实验。

4. 接线方式

本实验的接线方式如表 4.12 所示。

表 4.12 抢答器实验接线对应表

输入	第一组抢答按键输入信号 TL3
	第二组抢答按键输入信号 TL4
	第三组抢答按键输入信号 TL5
	第四组抢答按键输入信号 TL6
	主持人宣布开始抢答按钮 TL1
	主持人复位按钮输入信号 TL2
输出	第一组输出指示灯信号 TL9
	第二组输出指示灯信号 TL10
	第三组输出指示灯信号 TL11
	第四组输出指示灯信号 TL12
	主持人启动输出指示灯信号 TL7
	主持人复位输出指示灯信号 TL8
	蜂鸣器输出指示灯信号 TL14
	旋转彩灯输出指示灯信号 TL13

在本实验中,1M 接 24 V 电源,1L 接地 GND。

本实验的接线示例图如图 4.61 所示,注意,接法并不唯一,只要与梯形图对应即可。

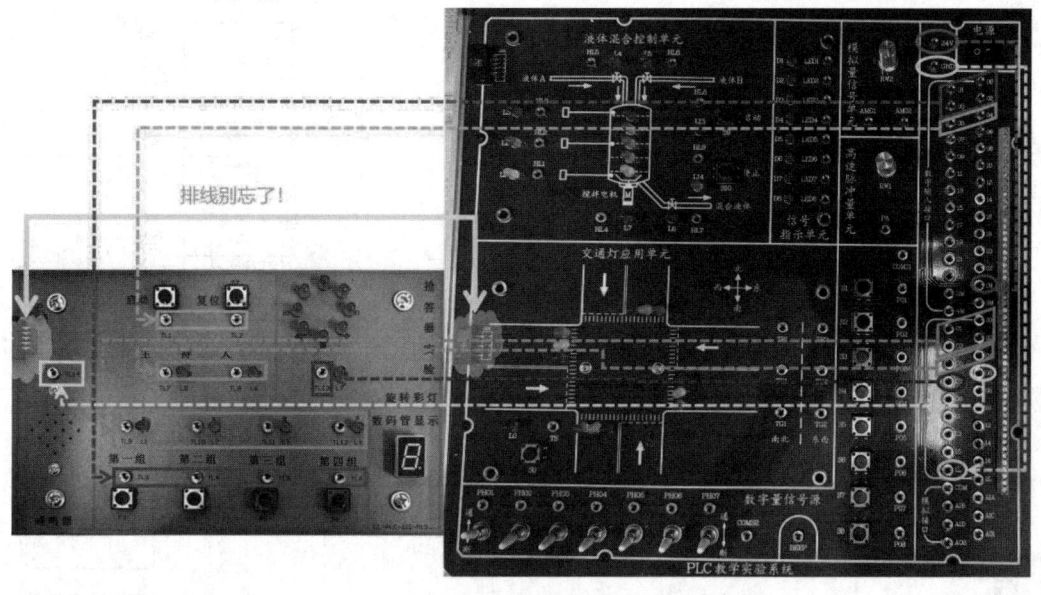

图 4.61 接线示例图

5. 程序参考

本实验的参考程序如图 4.62 所示。

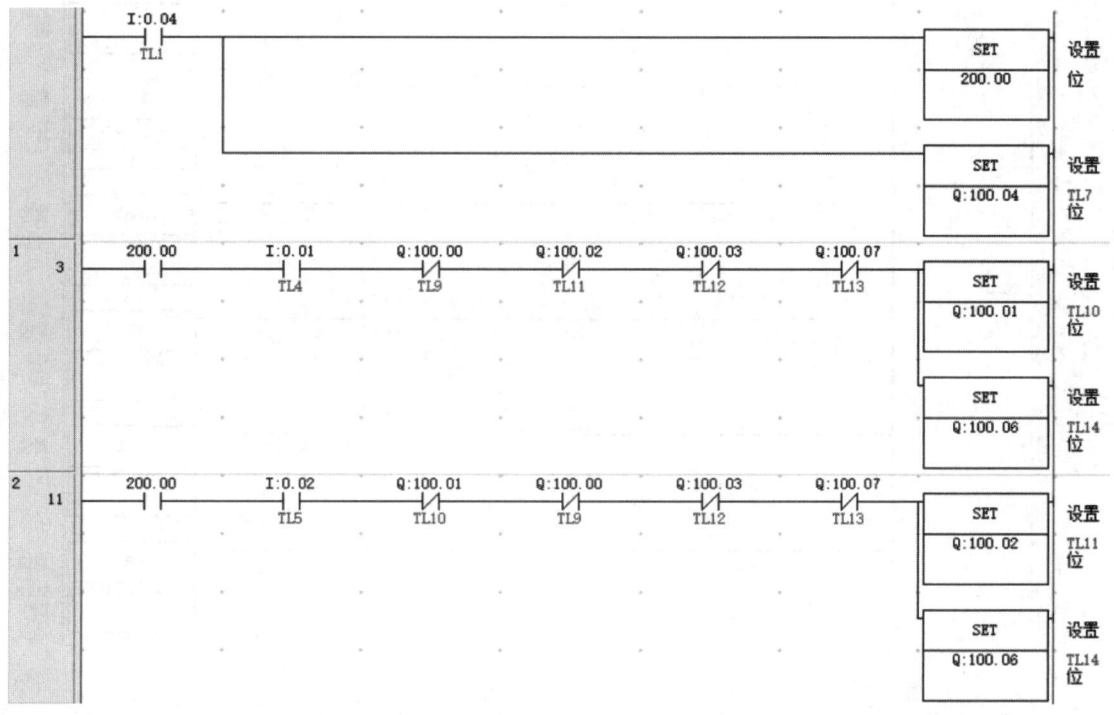

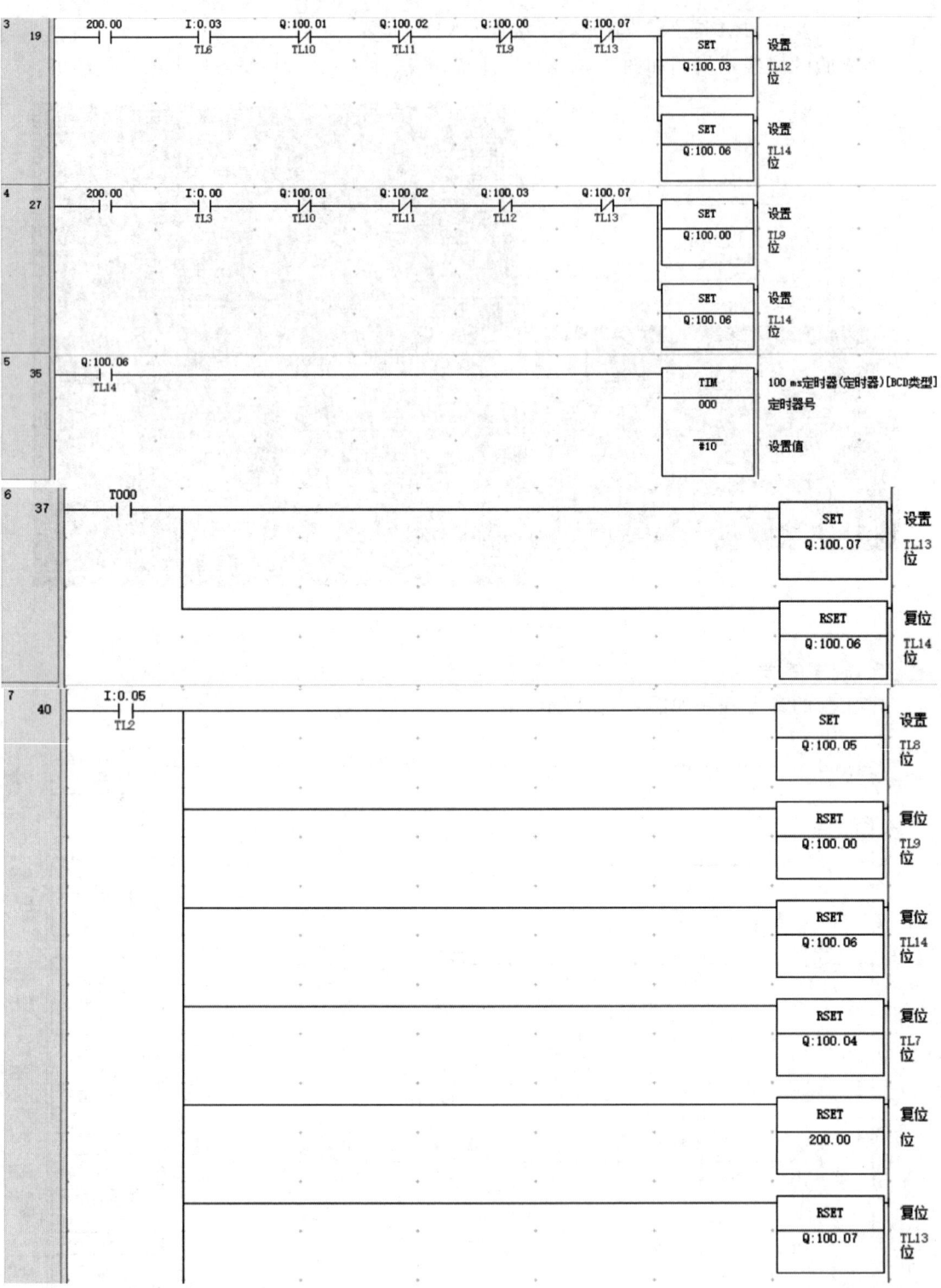

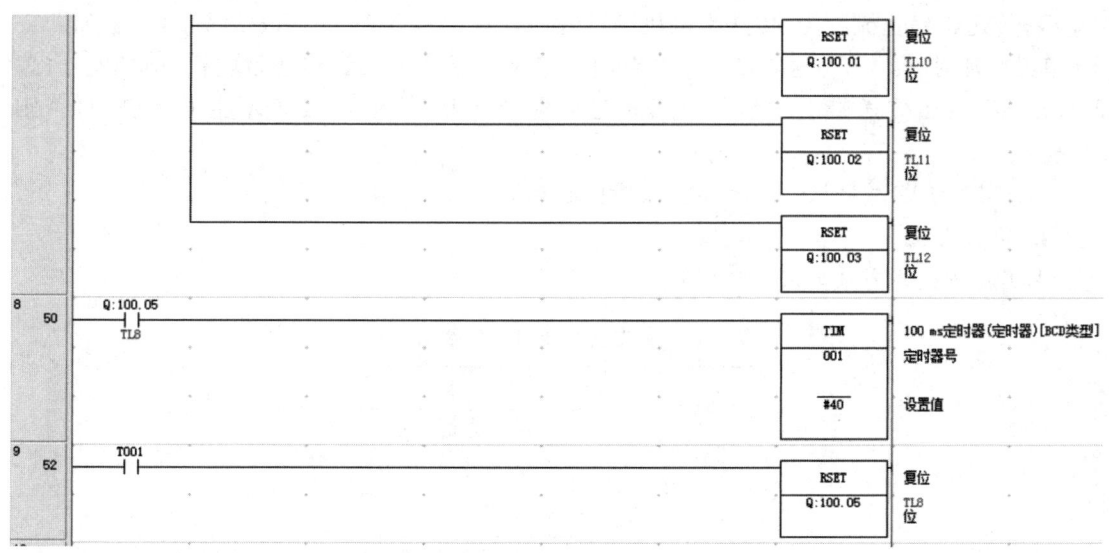

图 4.62 抢答器实验的参考程序

4.4.17 四节传送带实验

1. 实验目的

(1) 熟悉编程软件及编程方法；
(2) 熟悉顺序控制指令的编程原理及方法；
(3) 掌握四节传送带实验的工作原理和控制技巧。

微课视频 4.4.17

2. 实验设备

(1) 可编程序控制器 1 台；
(2) PLC 实验箱 1 台；
(3) 装有编程软件和开发软件的计算机 1 台；
(4) 四节传送带实验模块 1 块；
(5) 电缆 1 根。

3. 实验内容

(1) 启动并运行程序，使 PLC 处于运行状态，RUN 指示灯亮，观察实验现象。

(2) 先按"停止"按钮进行复位，再按"启动"按钮。

当按下"启动"按钮后：

① 传送带电机"M4"运转（常亮），延时 2 s 后，传送带电机"M3"运转（常亮），延时 2 s 后，传送带电机"M2"运转（常亮），延时 2 s 后，传送带电机"M1"运转（常亮）；

② 传送货物"C1"位置常亮，延时 2 s 后，传送货物"C1、C2"位置常亮，延时 2 s 后，传送货物"C2、C3"位置常亮，延时 2 s 后，传送货物"C3、C4"位置常亮，延时 2 s 后，传送货物"C4"位置常亮，延时 2 s 后，"C1、C2、C3、C4"全灭，依次循环；

③ 当在传送货物过程中按下"停止"按钮，货物必须全部由传送带电机"M4"传送完成后，传送带才能停止；

④ 传送带停止流程为:传送带电机"M1"停止(熄灭),延时 2 s 后,传送带电机"M2"停止(熄灭),延时 2 s 后,传送带电机"M3"停止(熄灭),延时 2 s 后,传送带电机"M4"停止(熄灭),并且只有当传送带上没有货物且传送带完全停止后,启动按钮才能再次启动,否则无效。

(3) 实验结束,整理好实验导线,保持桌面整洁,完成实验。

4. 接线方式

本实验的接线方式如表 4.13 所示。

表 4.13 四节传送带实验接线对应表

输入	ST 启动
	SP 停止
输出	M1 传送带 1
	M2 传送带 2
	M3 传送带 3
	M4 传送带 4
	C1 物体 1
	C2 物体 2
	C3 物体 3
	C4 物体 4

在本实验中,1M、1L 接 24 V 电源。

注意:先复位(停止)再启动。

本实验的接线示例图如图 4.63 所示,注意,接法并不唯一,只要与梯形图对应即可。

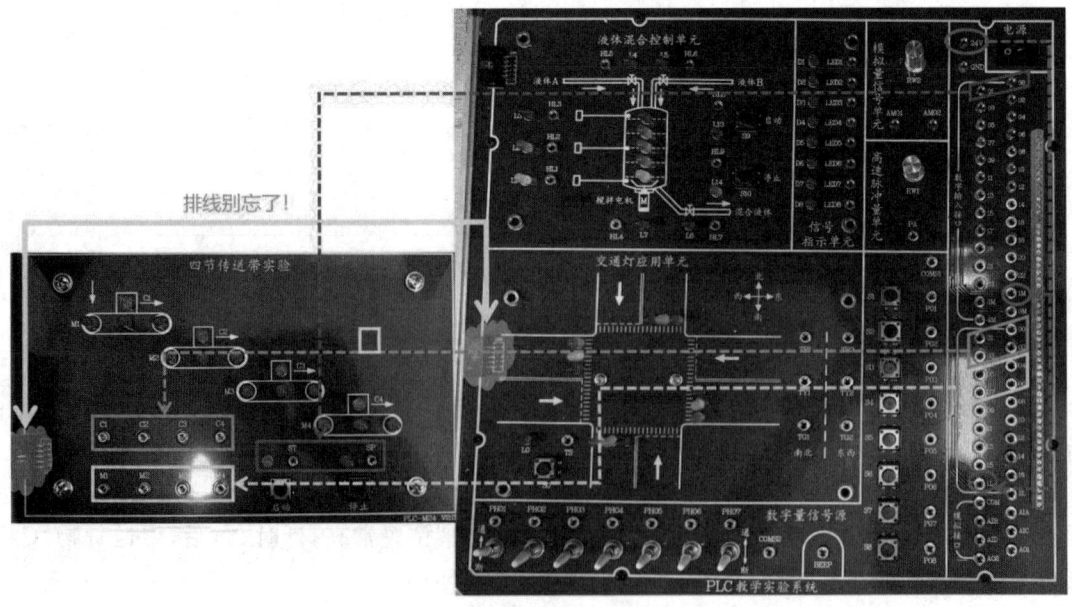

图 4.63 接线示例图

5．程序参考

本实验的参考程序如图 4.64 所示。

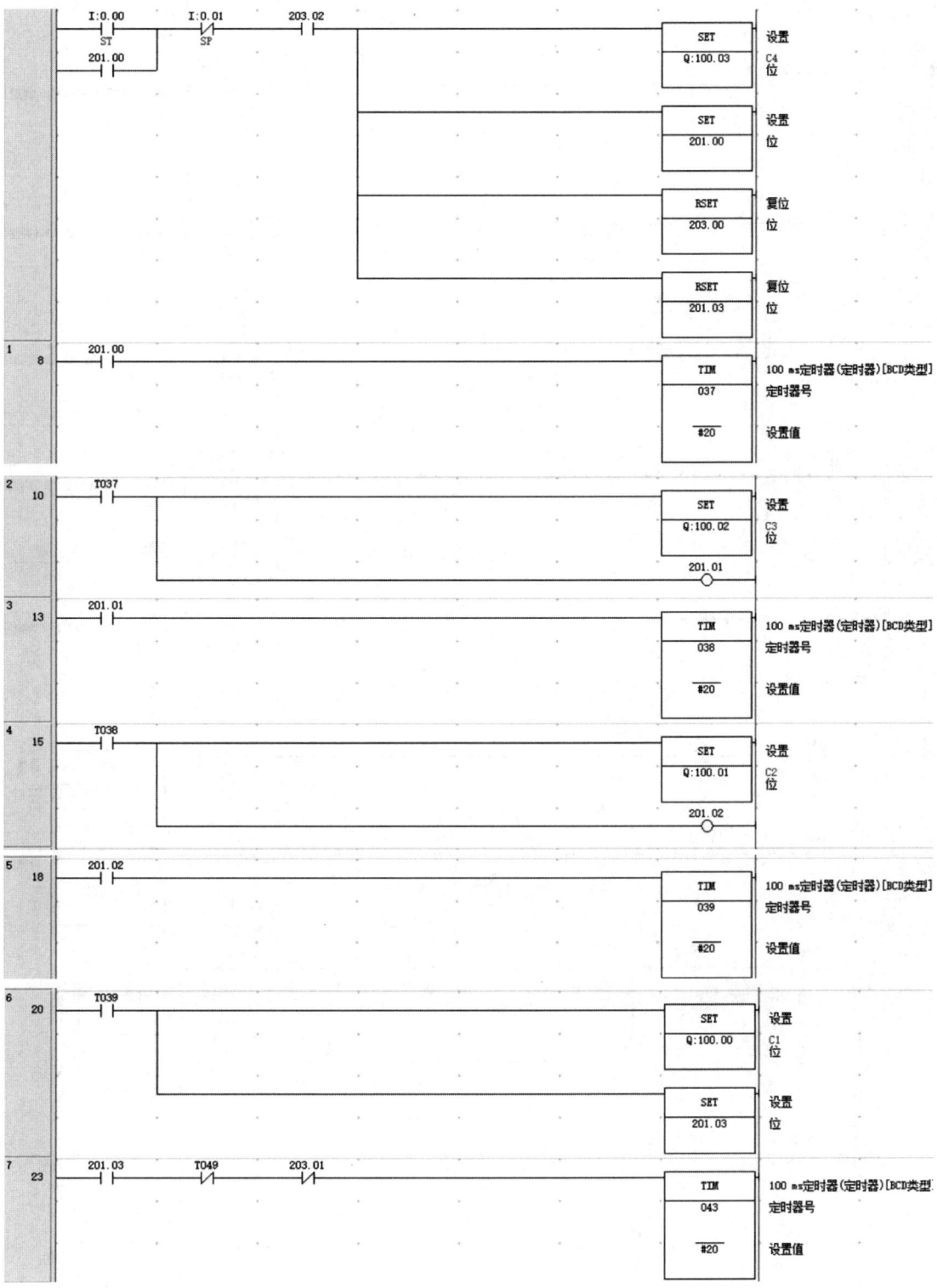

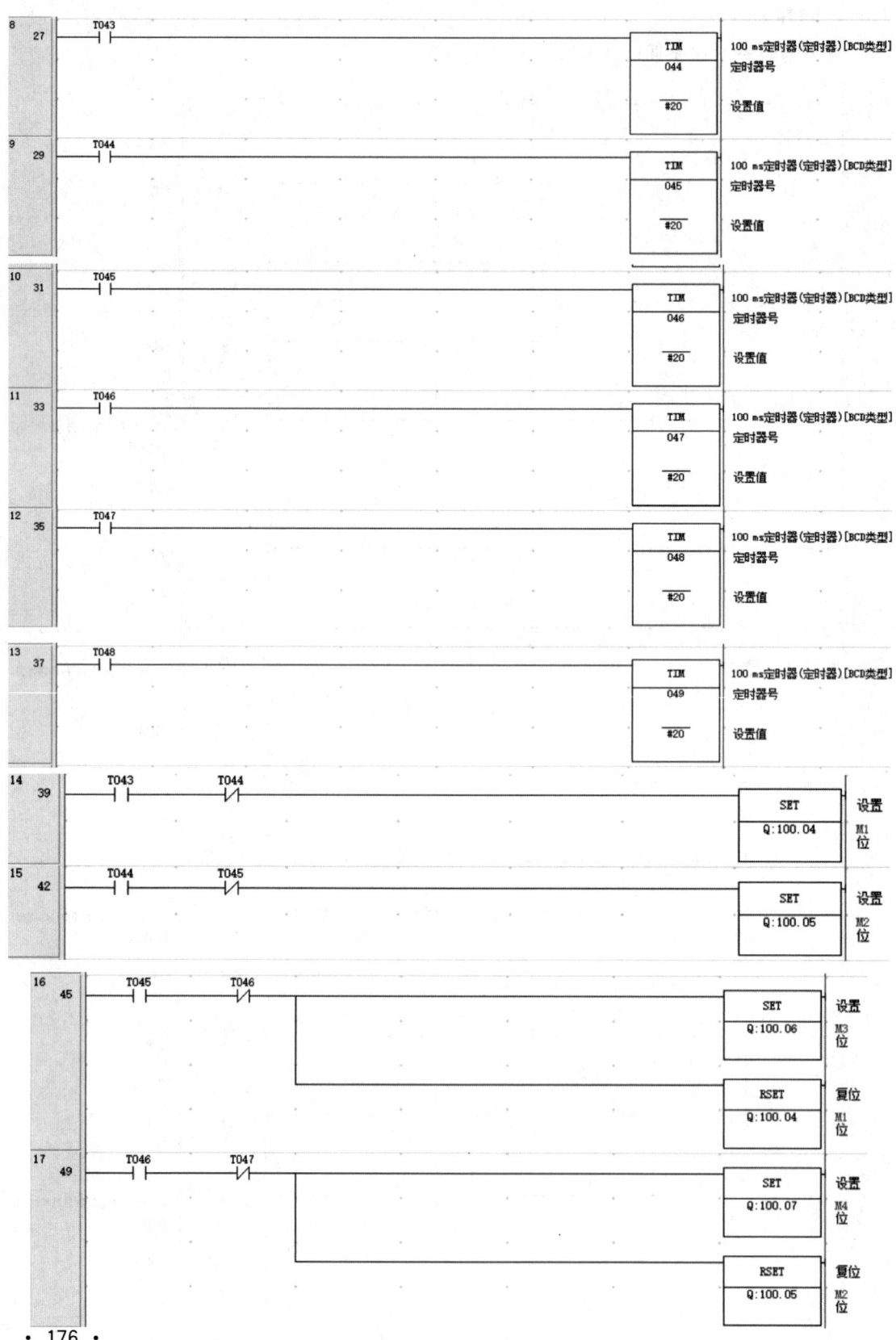

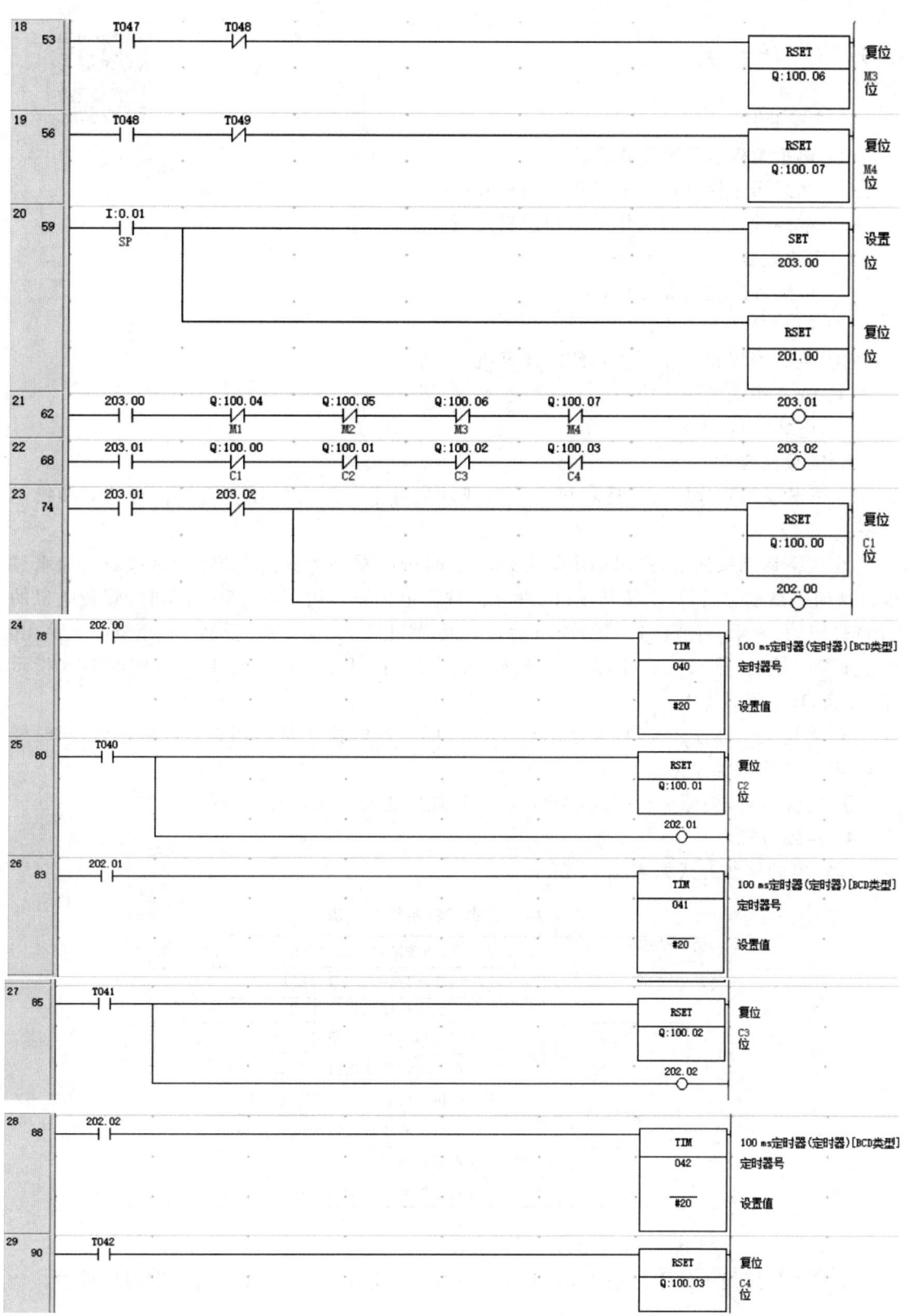

图 4.64 四节传送带实验参考程序

4.4.18 洗衣实验

微课视频 4.4.18

1. 实验目的

（1）熟悉编程软件及编程方法；
（2）熟悉顺序控制指令的编程原理及方法；
（3）掌握洗衣实验的工作原理和控制技巧。

2. 实验设备

（1）可编程序控制器 1 台；
（2）PLC 实验箱 1 台；
（3）装有编程软件和开发软件的计算机 1 台；
（4）洗衣实验模块 1 块；
（5）电缆 1 根。

3. 实验内容

① 下载实验程序"M12_洗衣机实验"，成功安装后，使 PLC 处于运行状态，RUN 指示灯亮。

② 按下启动按钮后，进水指示灯 L8 亮，这时可以看到光栅向上逐步点亮，表示加水过程。当到达高水位后，高水位指示灯 L3 亮。洗涤电机正转指示灯 L5 亮，同时，旋转电机的 LED 灯转动，表示开始洗涤。正转 5 s 后，L5 灭；静止 2 s 后，L6 亮，反转 5 s；静止 2 s 后，L6 灭。重复 5 次后，排水指示灯 L7 亮，当到达低水位时，低水位指示灯 L2 亮，同时脱水指示灯 L4 亮，10 s 后，L4 灭。

③ 重复上述过程 2 次，报警指示灯 L9 亮，同时蜂鸣器开始响，5 s 后，L9 灯灭，同时蜂鸣器停止，本次洗涤结束。

④ 实验结束，去掉实验接线，关断电源，整理好实验导线，完成实验。

4. 接线方式

本实验的接线方式如表 4.14 所示。

表 4.14 洗衣实验接线对应表

输入	启动按键输入信号 TL1
	高水位输入信号 TL3
	低水位输入信号 TL2
输出	进水指示灯输出信号 TL8
	排水指示灯输出信号 TL7
	洗涤电机正转指示灯输出信号 TL5
	洗涤电机反转指示灯输出信号 TL6
	脱水电机指示灯输出信号 TL4
	音乐报警指示灯输出信号 TL9

在本实验中，1M 接 24 V 电源，1L 接 GND。

本实验的接线示例图如图 4.65 所示，注意，接法并不唯一，只要与梯形图对应即可。

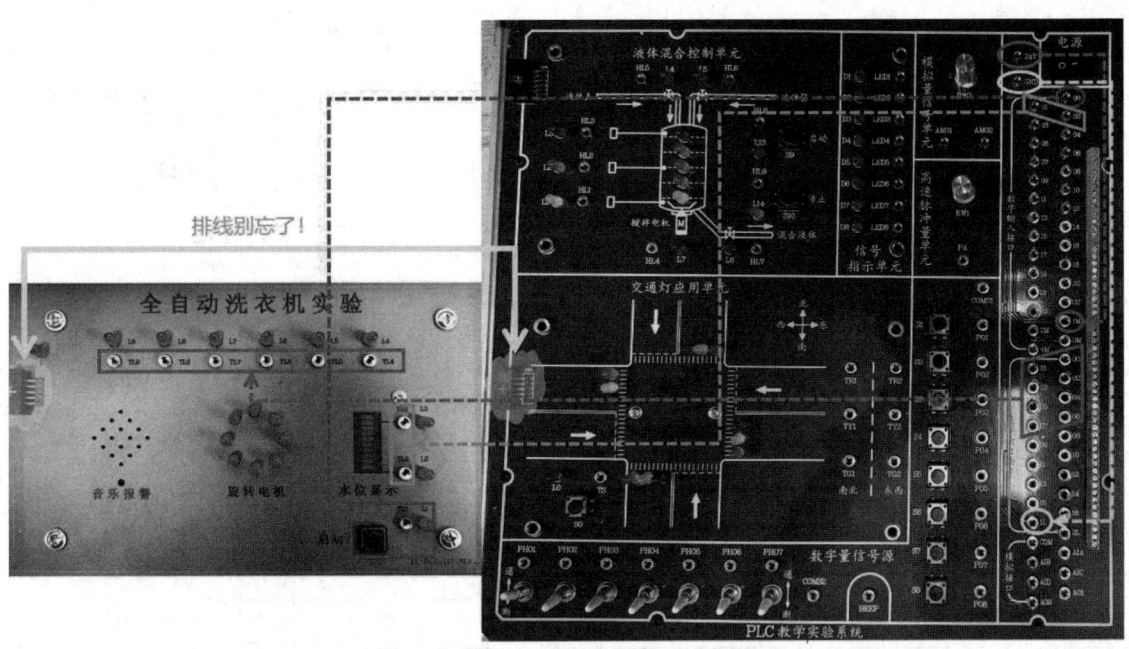

图 4.65 接线示例图

5. 程序参考

本实验的参考程序如图 4.66 所示。

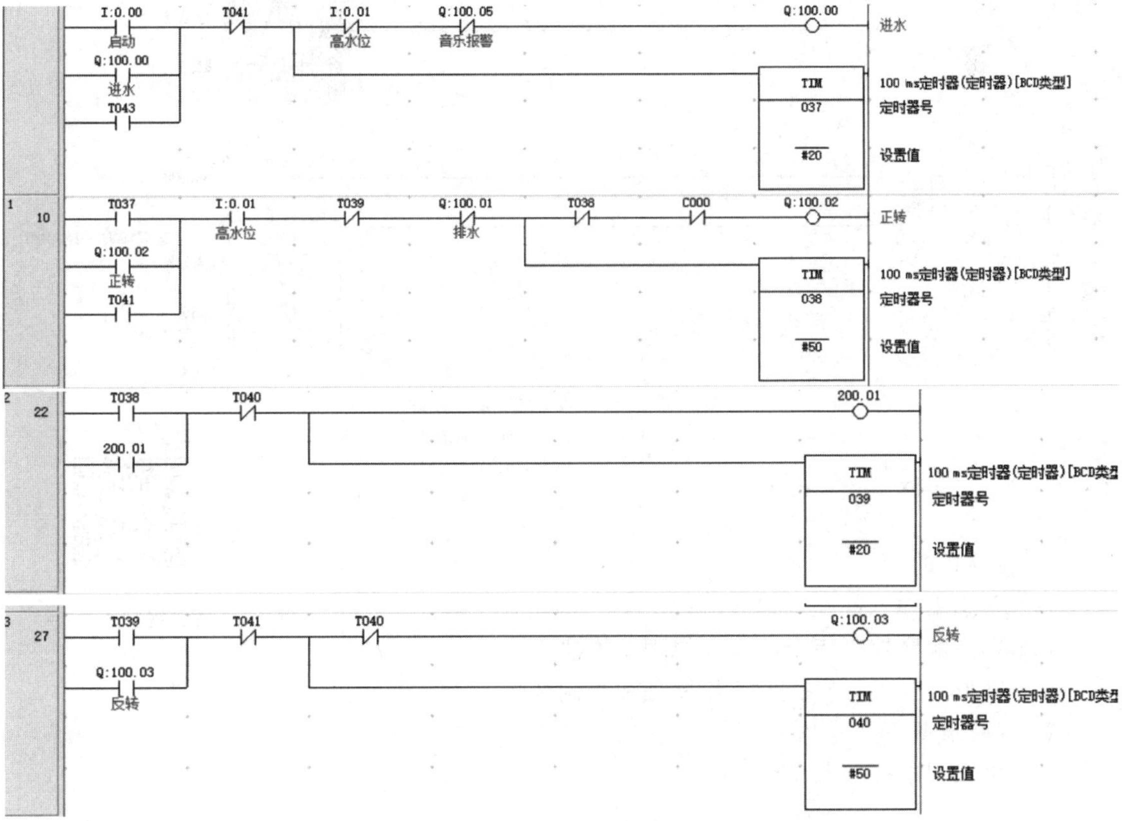

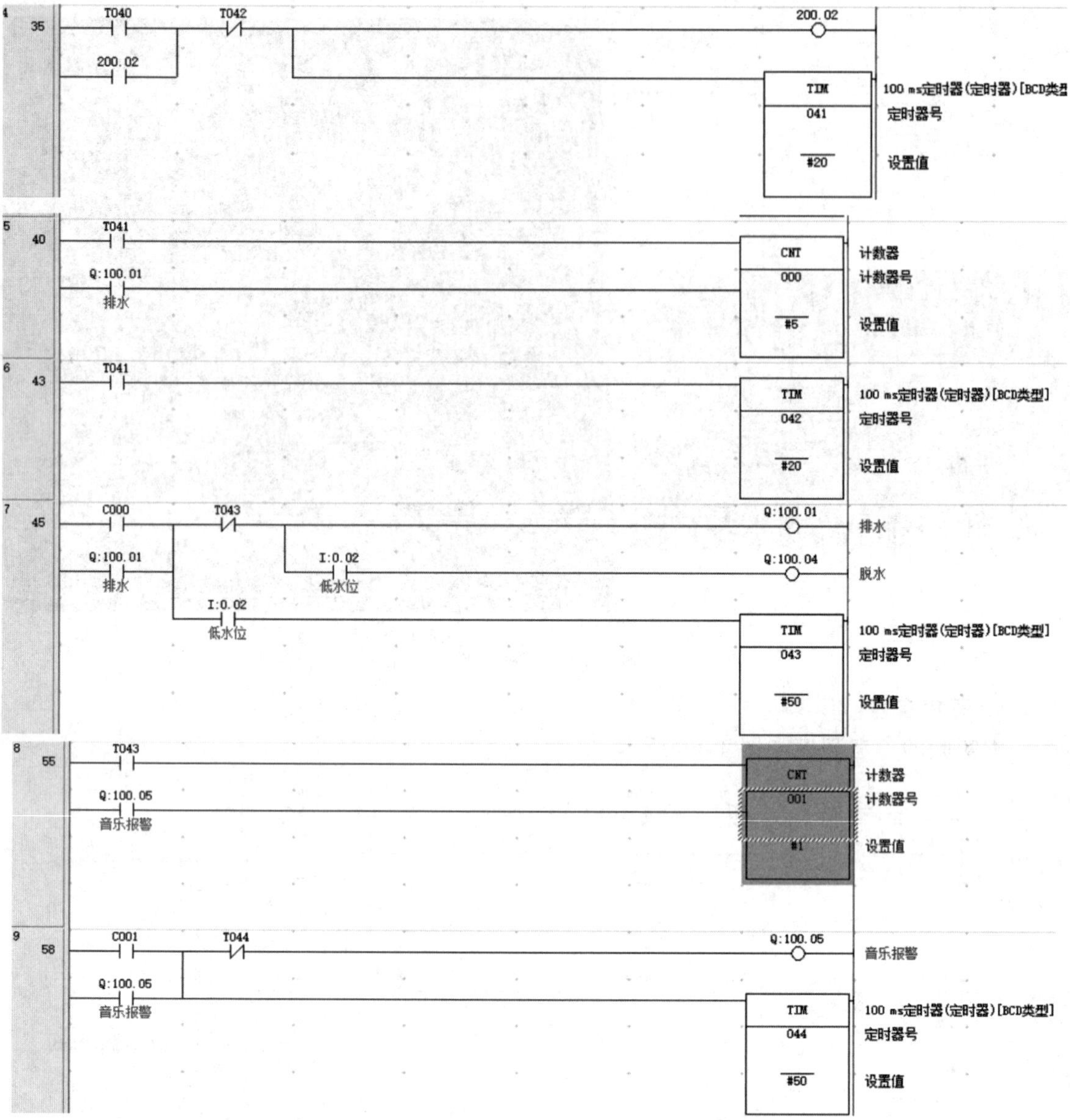

图 4.66 洗衣实验的参考程序

4.4.19 信号点灯实验

1. 实验目的

(1) 熟悉编程软件及编程方法；
(2) 熟悉顺序控制指令的编程原理及方法；
(3) 掌握信号点灯实验的工作原理和控制技巧。

2. 实验设备

(1) 可编程序控制器 1 台；

微课视频 4.4.19

(2) PLC 实验箱 1 台；
(3) 装有编程软件和开发软件的计算机 1 台；
(4) 铁路信号实验模块 1 块；
(5) 电缆 1 根。

3. 实验内容

下载实验程序，成功安装后，使 PLC 处于运行状态，RUN 指示灯亮。本实验的接线方式如表 4.15 所示。

表 4.15 按钮状态及对应表示灯状态

上电默认状态（LA、DA 均未按下）	L2、L4、L5、L8 亮
LA 按下、DA 未按下	L1、L3、L7 亮
LA 未按下、DA 按下	L2、L4、L6、L9 亮
LA 按下、DA 按下	L1、L3、L7 亮

实验说明：
① 按下列车按钮 LA，信号机亮绿色；
② 按下调车按钮 DA，信号机亮白色；
③ 同时按下列车按钮 LA、调车按钮 DA，信号机亮绿色；
④ 实验结束，去掉实验接线，关断电源，整理好实验导线，完成实验。

4. 接线方式

在本实验中，1L、1M 都接 24 V 电源，铁路信号实验模块的 24 V 电源、GND 分别与实验箱的 24 V 电源、GND 相连。

本实验的接线示例图如图 4.67 所示，注意，接法并不唯一，只要与梯形图对应即可。

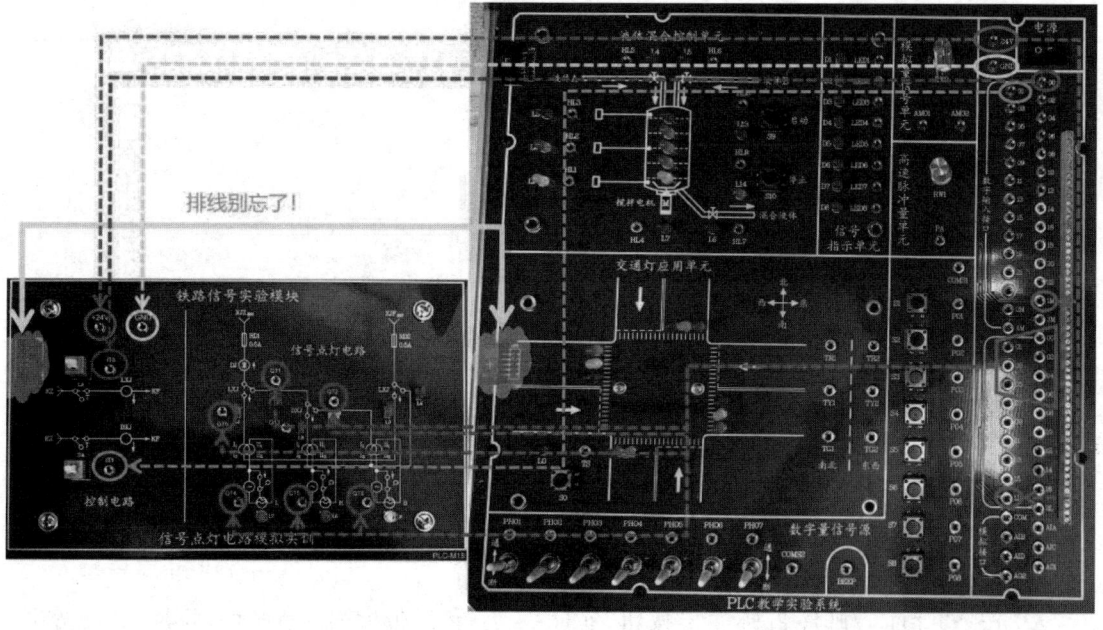

图 4.67 接线示例图

5. 程序参考

本实验的参考程序如图 4.68 所示。

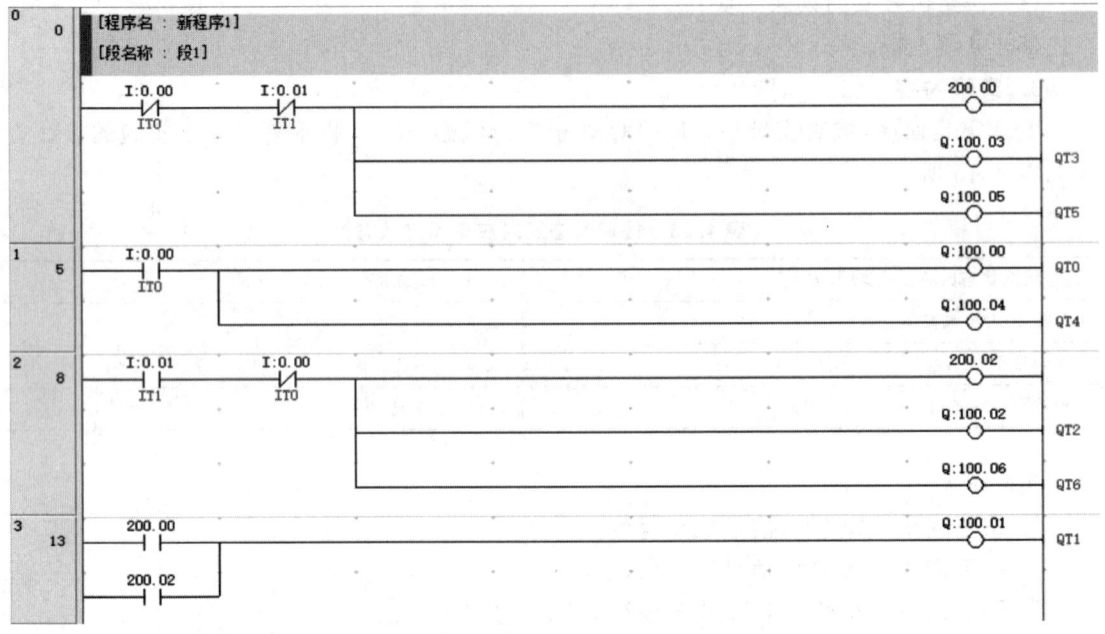

图 4.68 信号点灯实验的参考程序

4.4.20 邮件分拣实验

微课视频 4.4.20

1. 实验目的

(1) 熟悉编程软件及编程方法；
(2) 熟悉顺序控制指令的编程原理及方法；
(3) 掌握邮件分拣实验的工作原理和控制技巧。

2. 实验设备

(1) 可编程序控制器 1 台；
(2) PLC 实验箱 1 台；
(3) 装有编程软件和开发软件的计算机 1 台；
(4) 邮件分拣实验模块 1 块；
(5) 电缆 1 根。

3. 实验内容

(1) 打开主机电源，将程序"M23 邮件分拣实验"下载到主机中。
(2) 启动并运行程序，使 PLC 处于运行状态，RUN 指示灯亮，观察实验现象。

当按下"启动"按钮后：

① 传送带运行"M"指示灯常亮；

② 按下"邮件1/邮件2/邮件3"按钮，延时 1 s 后，传送带检测到有邮件，此时"S"点亮并在 1 s 后熄灭，同时邮件对应的颜色 LED 点亮，每隔 1 s 向右移动一位并熄灭前一位置的指示灯；

③ 当"邮件 1/邮件 2/邮件 3"传送到"邮箱 1/邮箱 2/邮箱 3"对应的位置时,传感器"SR/SG/SB"点亮并在 1 s 后熄灭,表明"邮箱 1/邮箱 2/邮箱 3"检测到要收入的"邮件 1/邮件 2/邮件 3"到达了"邮箱 1/邮箱 2/邮箱 3"位置,此时"TR/TG/TB"和"邮箱 1/邮箱 2/邮箱 3"指示灯常亮并在 0.5 s 后熄灭,表示气缸将邮件推送入目标"邮箱"中,当气缸没有将邮件推送至目标邮箱时,邮件将沿传送带移出;

④ 按下"停止"按钮后,传送带停止工作,当再次按下"启动"按钮后,传送带将继续运行。

(3) 实验结束,整理好实验导线,保持桌面整洁,完成实验。

4. 接线方式

本实验的接线方式如表 4.16 所示。

表 4.16 邮件分拣实验接线对应表

输入	S 邮件检测输入
	SR 邮件 1 输入
	SG 邮件 2 输入
	SB 邮件 3 输入
	ST 启动
	SP 停止
输出	M 传送带
	TR 邮件 1 气缸
	TG 邮件 2 气缸
	TB 邮件 3 气缸

在本实验中,只需将 1L 接 24 V 电源即可。

本实验的接线示例图如图 4.69 所示,注意,接法并不唯一,只要与梯形图对应即可。

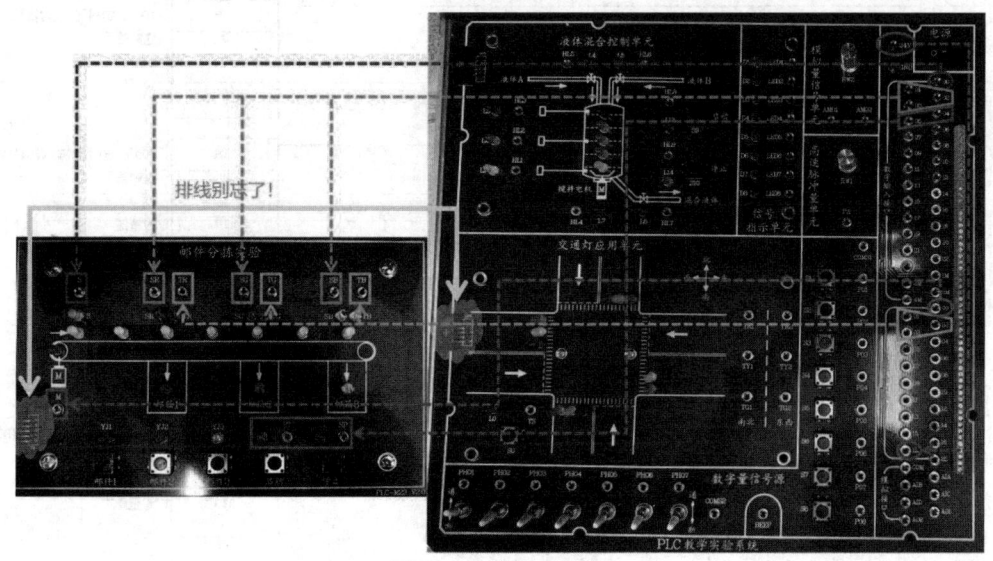

图 4.69 接线示例图

5. 程序参考

本实验的参考程序如图 4.70 所示。

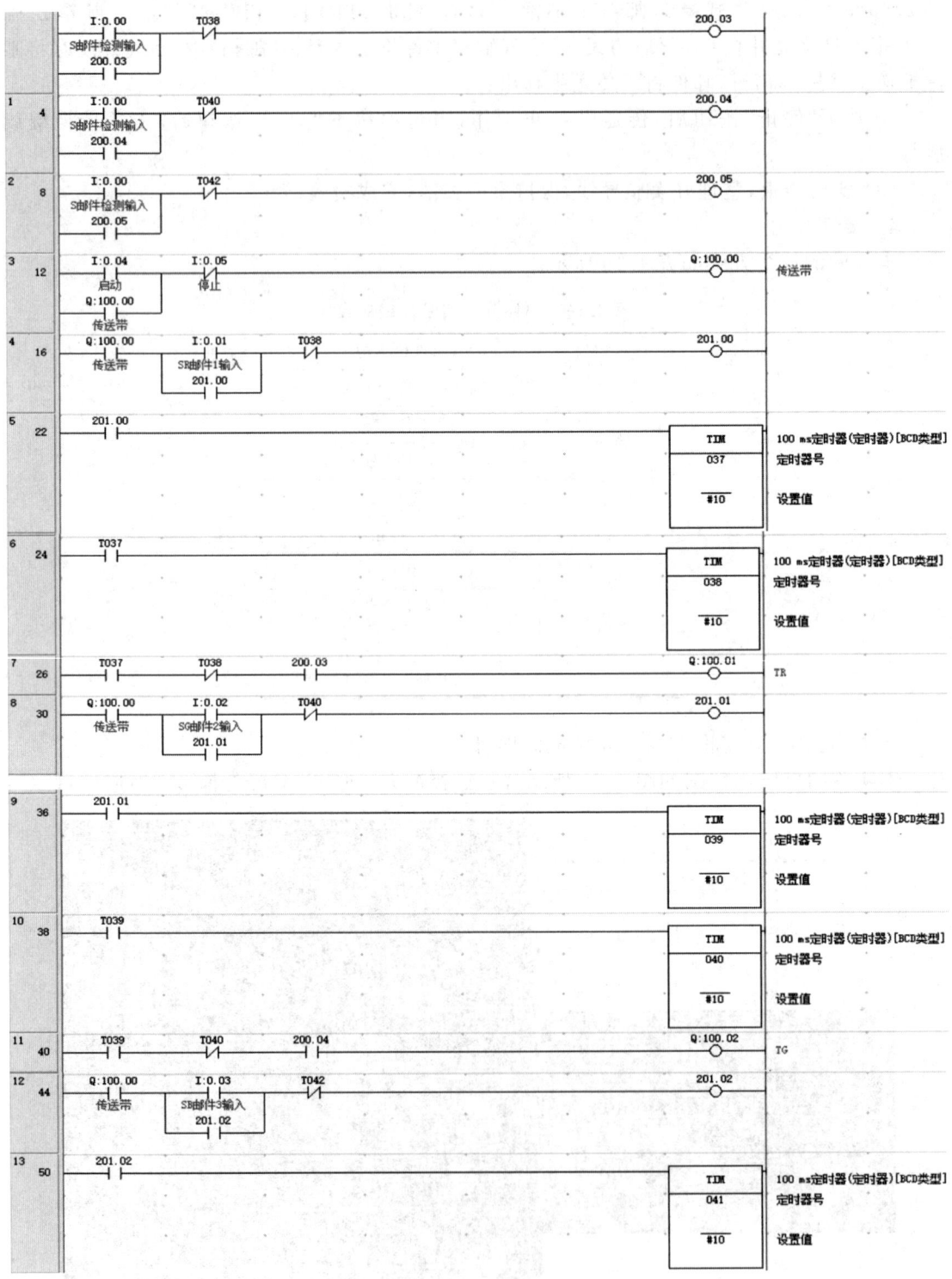

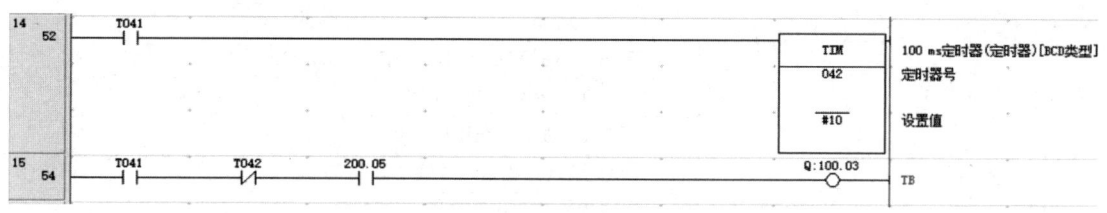

图 4.70 邮件分拣实验的参考程序

4.4.21 自动洗车实验

1. 实验目的

(1) 熟悉编程软件及编程方法；
(2) 熟悉顺序控制指令的编程原理及方法；
(3) 掌握自动洗车实验的工作原理和控制技巧。

2. 实验设备

(1) 可编程序控制器 1 台；
(2) PLC 实验箱 1 台；
(3) 装有编程软件和开发软件的计算机 1 台；
(4) 自动洗车实验模块 1 块；
(5) 电缆 1 根。

微课视频 4.4.21

3. 实验内容

(1) 下载实验程序"M15_自动洗车"，成功安装后，使 PLC 处于运行状态，RUN 指示灯亮。

(2) 按下启动按钮后，L4 亮，光栅显示汽车移动过程，当请求开门的指示灯 L5 亮、L4 灭，开门指示灯 L8 亮、L5 灭时，光栅显示开门动画过程。当到达上限后，L8 亮，然后灭，L9 灯也灭。汽车进入系统指示后，L2 亮，然后灭。此时，欲喷洗指示灯 L10 亮，延时 2 s 后灭；刷洗指示灯 L11 亮，延时 2 s 灭；过洗指示灯 L12 亮，延时 2 s 后灭；汽车驶出系统指示灯 L13 亮，关门指示灯 L3 亮，光栅动画显示关门过程。当到达低限位后，L6 亮，L3 灭。此时，汽车驶出过程指示灯 L7 亮，同时动画显示汽车运动过程。

(3) 当按下停止按钮后，系统停止工作。

(4) 实验结束，去掉实验接线，关断电源，整理好实验导线，完成实验。

4. 接线方式

本实验的接线方式如表 4.17 所示。

表 4.17 自动洗车实验接线对应表

输入	系统启动按键输入信号 TL0
	系统停止按键输入信号 TL1
	汽车进门输入信号 TL5
	自动门上升到高位输入信号 TL8
	自动门下降到低位输入信号 TL6

续表

	汽车驶入过程指示灯输出信号 TL4
	开门指示灯输出信号 TL2
	汽车进入系统输出信号 TL9
输出	汽车欲喷洗过程指示灯输出信号 TL10
	汽车刷洗过程指示灯输出信号 TL11
	汽车过洗过程指示灯输出信号 TL12
	汽车驶出系统输出信号 TL13
	关门指示灯输出信号 TL3
	汽车驶出过程输出信号 TL7

在本实验中,1M 接 24 V 电源,1L、2L 接 GND(接 2L 可以启用 101.00 输出)。

本实验的接线示例图如图 4.71 所示,注意,接法并不唯一,只要与梯形图对应即可。

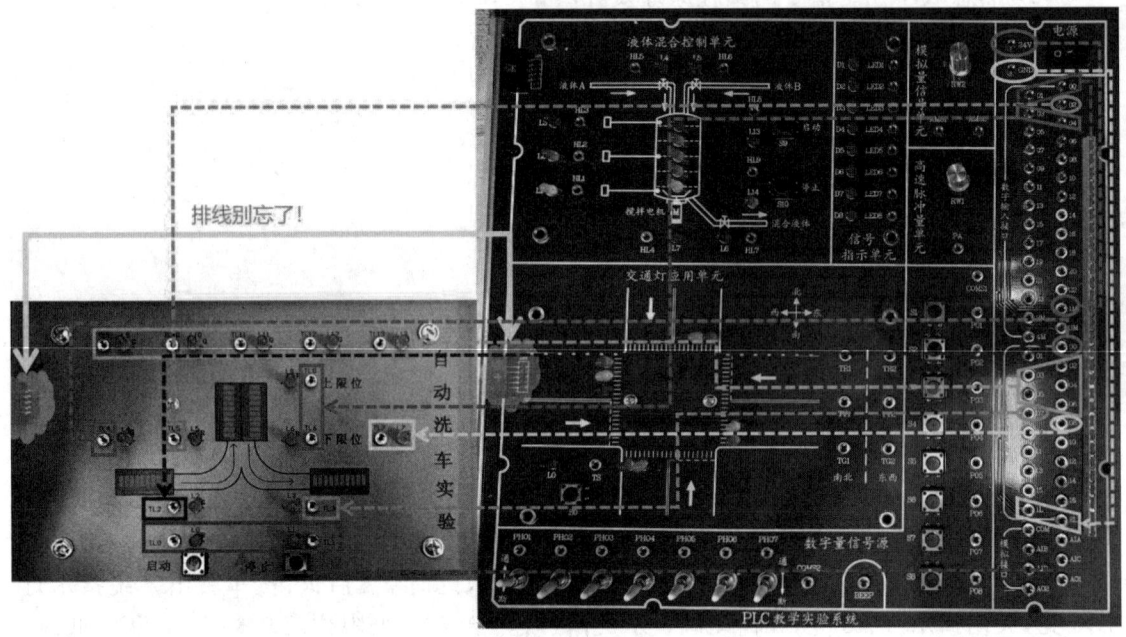

图 4.71 接线示例图

5. 程序参考

本实验的参考程序如图 4.72 所示。

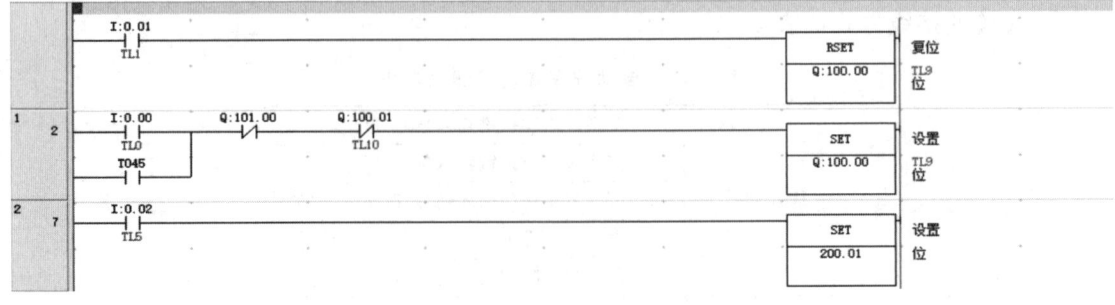

第 4 章 PLC 系统仿真实验

| 3 | 9 | 200.01 ─┤├─ ────────── TIM 037 #10 | 100 ms定时器(定时器)[BCD类型] 定时器号 设置值 |

梯形图程序（续）：

- 阶 3 / 步 9：触点 200.01 → TIM 037，#10（100 ms定时器 [BCD类型]）
- 阶 4 / 步 11：触点 T037 →
  - SET Q:100.01（设置 TL10 位）
  - RSET 200.01（复位 位）
  - RSET Q:100.00（复位 TL9 位）
- 阶 5 / 步 15：触点 I:0.03 ─┤├─ Q:100.02 ─┤/├─(TL11) Q:100.07 ─┤/├─(TL7) → SET 200.00（设置 位）
- 阶 6 / 步 19：触点 200.00 → TIM 038，#20（100 ms定时器 [BCD类型]）
- 阶 7 / 步 21：触点 T038 →
  - SET Q:100.02（设置 TL11 位）
  - RSET Q:100.01（复位 TL10 位）
  - RSET 200.00（复位 位）
- 阶 8 / 步 25：触点 Q:100.02（TL11） → TIM 039，#20（100 ms定时器 [BCD类型]）
- 阶 9 / 步 27：触点 T039 →
  - SET Q:100.03（设置 TL12 位）
  - RSET Q:100.02（复位 TL11 位）
- 阶 10 / 步 30：触点 Q:100.03（TL12） → TIM 040，#50（100 ms定时器 [BCD类型]）

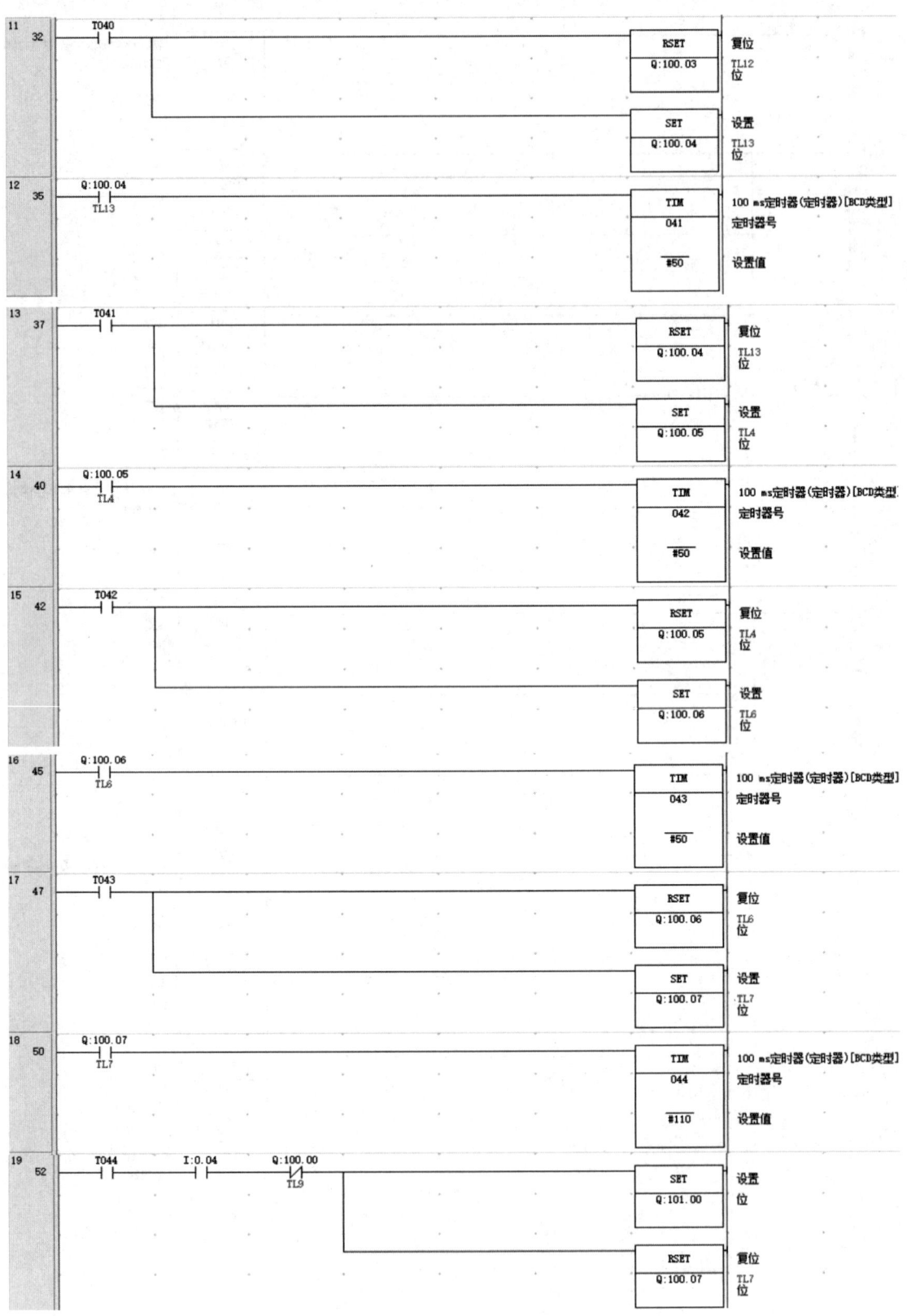

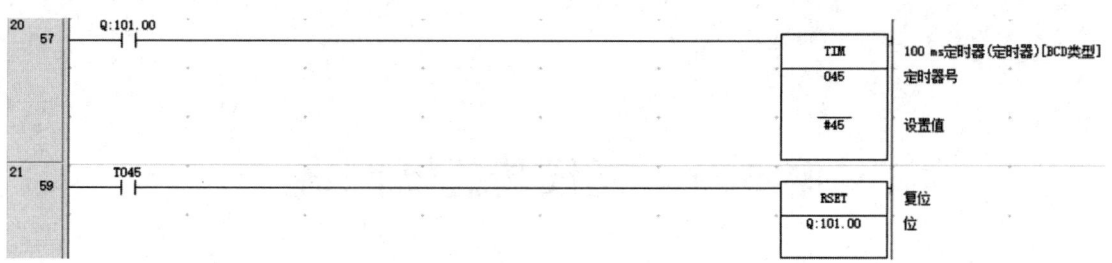

图 4.72 自动洗车实验的参考程序

第5章 无线传感器网络

无线传感器网络(wireless sensor networks,WSN)是当前在国际上备受关注的、涉及多学科高度交叉的、知识高度集成的前沿热点研究领域[9]。它综合了传感器、嵌入式计算、现代网络及无线通信和分布式信息处理等技术,能够通过各类集成化的微型传感器协同完成对各种环境或监测对象的信息的实时监测、感知和采集。这些信息通过无线方式被发送,并以自组多跳的网络方式传送到用户终端,从而实现物理世界、计算世界以及人类社会这三元世界的连通[10]。

5.1 无线传感器网络概述

无线传感器网络是由部署在检测区域内的大量廉价微型传感器节点组成的,通过无线通信的方式形成一个多跳的、自组织的网络系统,是当前国内外备受关注的、新兴的科学技术网络。有关无线传感器网络的最早研究来源于美国军方。无线传感器网络由多学科高度交叉而成,综合了传感器技术、嵌入式计算技术、网络通信技术、分布式信息处理技术和微电子制造技术等,能够通过各类集成化的微型传感器节点协作,对各种环境或检测对象的信息进行实时监测、感知和采集,并对采集到的信息进行处理,通过无线自组织网络以多跳中继方式将所感知的信息传送给终端用户。

作为一种全新的信息获取平台,无线传感器网络能够实时监测和采集网络区域内各种监控对象的信息,并将这些信息传送到网关节点,从而实现规定区域内目标监测、跟踪和远程控制。无线传感器网络是一个由大量各种类型且廉价的传感器节点(如电磁、气体、温度、湿度、噪声、光强度、压力、土壤成分等传感器)组成的无线自组织网络。每个传感器节点均由传感单元、信息处理单元、无线通信单元和能量供给单元等构成。一种普遍被人们接受的无线传感器网络的定义是:无线传感器网络是一种大规模、自组织、多跳、无基础设施支持的无线网络,网络中节点是同构的,成本较低,体积和耗电量较小,大部分节点不移动,被随意地散布在监测区域,要求网络具有尽可能长的工作时间和使用寿命[11]。

无线传感器网络在农业、医疗、工业、交通、军事、物流以及个人家庭等众多领域都具有广泛的应用,其研究、开发和应用很大程度上关系到国家安全、经济发展等各个方面。一方面,因为无线传感器网络具有广阔的应用前景和潜在的巨大应用价值,近年来,引起了国内外广泛关注。另一方面,国际上各个机构、组织和企业对无线传感器网络技术及相关研究的高度重视,也大大促进了无线传感器网络的高速发展。最终,无线传感器网络在越来越多的应用领域开始发挥其独特的作用。

与各种现有网络相比,无线传感器网络具有以下显著特点。

(1) 节点数量多,网络密度高

无线传感器网络通常密集部署在大范围无人的监测区域中,通过网络中大量冗余节点的协同工作来提高系统的工作质量。

(2) 分布式的拓扑结构

无线传感器网络中没有固定的网络基础设施,所有节点地位平等,通过分布式协议协调各个节点,以协作完成特定任务。节点可以随时加入或离开网络,不会影响网络的正常运行,具有很强的抗毁性。

(3) 自组织特性

无线传感器网络所应用的物理环境及网络自身具有很多不可预测因素,因此,需要网络节点具有自组织能力,即在无人干预和其他任何网络基础设施支持的情况下,可以随时随地自动组网,自动进行配置和管理,并使用适合的路由协议实现监测数据的转发。

5.2 无线传感器网络的发展历程

第一阶段:最早可以追溯到20世纪70年代越战时期使用的传统的传感器系统。当年美越双方在密林覆盖的"胡志明小道"进行了一场血腥较量,这条道路是胡志明部队向南方游击队源源不断输送物资的秘密通道,美军曾经绞尽脑汁动用空中力量狂轰滥炸,但效果不大。后来,美军投放了两万多个"热带树"传感器。所谓"热带树"实际上是由振动和声响传感器组成的系统,它由飞机投放,落地后插入泥土中,只露出伪装成树枝的无线电天线,因而被称为"热带树"。只要对方车队经过,传感器探测到目标产生的振动和声响信息,就会将该信息自动发送到指挥中心,美军立即展开追杀,共计炸毁或炸坏4.6万辆卡车。

第二阶段:20世纪80—90年代。这个阶段的传感器网络主要是美军研制的分布式传感器网络系统、海军协同交战能力系统、远程战场传感器系统等。这种现代微型化的传感器具备感知能力、计算能力和通信能力。因此,1999年,商业周刊将传感器网络列为21世纪最具影响的21项技术之一。

第三阶段:21世纪至今。这个阶段的传感器网络的技术特点在于网络传输自组织、节点设计低功耗。除应用于情报部门反恐活动外,传感器网络在其他领域更是获得了很好的应用。因此,2002年,美国国家重点实验室——橡树岭实验室——提出了"网络就是传感器"的论断。

由于无线传感器网络在国际上被认为是继互联网之后的第二大网络,2003年,美国《技术评论》杂志评选对人类未来生活产生深远影响的十大新兴技术,无线传感器网络被列为第一位。在现代意义上的无线传感器网络的研究及应用方面,我国与发达国家几乎同步启动,它已经成为我国信息领域位居世界前列的少数方向之一。2006年,我国发布《国家中长期科学与技术发展规划纲要》,该纲要为信息技术确定了3个前沿方向,其中两项与无线传感器网络直接相关,即智能感知和自组网技术。当然,无线传感器网络的发展也符合计算设备的演化规律。

5.3 无线传感器网络的研究现状和前景

无线传感器网络技术是典型的具有交叉学科性质的军民两用高科技技术,可以广泛应用于军事、国家安全、交通管理、灾害预测、医疗卫生、制造业和城市信息化建设等领域。无线传感器网络由许多功能相同或不同的无线传感器节点组成,每一个传感器节点又由数据采集模块(传感器、A/D 转换器)、数据处理和控制模块(微处理器、存储器)、通信模块(无线收发器)和供电模块(电池、DC/AC 能量转换器)等组成。近期,微机电系统(MEMS)技术的发展为传感器的微型化提供了可能,微处理技术的发展促进了传感器的智能化,MEMS 技术和射频(RF)通信技术的融合促进了无线传感器及其网络的诞生。传统的传感器正逐步实现微型化、智能化、信息化、网络化,正经历着一个从传统传感器到智能传感器再到嵌入式 Web 传感器的内涵不断丰富的发展过程。无线传感器网络具有非常广泛的应用前景,其发展和应用将会给人类生活、生产的各个领域带来深远影响。

5.4 无线传感器网络的特点

目前常见的无线传感器网络包括移动通信网、无线局域网、蓝牙网络、AdHoc 网络等。无线传感器网络在通信方式、动态组网及多跳通信等方面有许多相似之处,但同时也存在很大的差别。无线传感器网络具有许多鲜明的特点。

1. 硬件资源有限

受价格、体积和功耗的限制,节点的计算能力、程序空间和内存空间比普通的计算机功能要弱很多。这一点决定了在节点操作系统设计中,协议层次不能太复杂。

2. 电源容量有限

传感器节点体积微小,通常仅携带能量十分有限的电池,且电池容量一般不是很大。由于传感器节点具有数目庞大,成本低廉,分布区域广的特点,而且部署区域环境复杂,有些区域甚至人员不能到达,因此,通过更换电池的方式为传感器节点补充能源是不现实的。但如果不能给电池充电或更换电池,一旦电池能量用完,这个节点也就失去了作用(死亡)。因此,在传感器网络设计过程中,任何技术和协议的使用都要以节能为前提。如何在使用过程中节省能源,最大化网络的生命周期,是传感器网络面临的首要挑战。

3. 通信能量有限

传感器网络的通信带宽较窄且经常变化,通信覆盖范围只有几十至几百米。传感器节点之间的通信断接频繁,容易导致通信失败。由于传感器网络更多地受到高山、建筑物、障碍物等地势地貌,以及风雨雷电等自然环境的影响,传感器可能会长时间脱离网络,离线工作。因此,如何在有限通信能力的条件下高质量地完成感知信息的处理与传输,是传感器网络面临的挑战之一。

4. 计算能力有限

传感器节点是一种微型嵌入式设备,价格低、功耗小,携带的处理器能力比较弱,存储器容量比较小。为了完成各种任务，传感器节点需要完成监测数据的采集和转换、数据的管理和处理、应答汇聚节点的任务请求和节点控制等多种工作。因此，如何利用有限的计算和存储资源完成诸多协同任务成为传感器网络设计的挑战。

5. 节点数量众多，分布密集

传感器网络中的节点分布密集，数量巨大，可能达到几百、几千万，甚至更多。此外，为了对一个区域执行监测任务，往往有成千上万的传感器节点空投到该区域。传感器节点分布非常密集，人们利用节点之间的高度连接性来保证系统的容错性和抗毁性。传感器网络的这一特点使得网络的维护十分困难，甚至不可维护。因此，传感器网络的软硬件必须具有高健壮性和容错性，以满足传感器网络的功能要求。

6. 自组织、动态性网络

在传感器网络应用中，节点通常被放置在没有基础结构的地方。传感器节点的位置不能预先精确设定，节点之间的邻居关系也不能预先知道，而是通过随机布撒的方式实现的。这就要求传感器节点具有自组织能力，能够自动进行配置和管理，通过拓扑控制机制和网络协议，自动形成转发监控数据的多跳无线网络系统。同时，由于部分传感器节点能量耗尽或环境因素造成失效，以及经常有新的节点加入，或是网络中的传感器、感知对象和观察者这三要素都可能具有移动性，这都要求传感器网络必须具有很强的动态性，以适应网络拓扑结构的动态变化。

7. 以数据为中心的网络

传感器网络的核心是感知数据，而不是网络硬件。观察者感兴趣的是传感器产生的数据，而不是传感器本身。观察者不会提出这样的查询："从 A 节点到 B 节点的连接是如何实现的？"他们经常会提出如下的查询："网络覆盖区域中的哪些地区出现了毒气？"在传感器网络中，传感器节点不需要地址之类的标识。因此，传感器网络是一种以数据为中心的网络。

8. 多跳路由

在网络中，节点的通信距离有限，一般在几百米的范围内，节点只能与它的邻居直接通信。如果希望节点能够与其射频覆盖范围之外的节点进行通信，则需要通过中间节点进行路由。固定网络的多跳路由使用网关和路由器来实现，而无线传感器网络中的多跳路由是由普通网络节点完成的，没有专门的路由设备。这样每个节点既可以是信息的发起者，也是信息的转发者。

9. 应用相关的网络

传感器网络用来感知客观物理世界，获取物理世界的信息量。不同的传感器网络应用系统关心不同的物理量，因此，人们对传感器的应用系统也有多种多样的要求。不同的应用背景对传感器网络的要求不同，其硬件平台、软件系统和网络协议必然有很大差别，在开发传感器网络应用时，人们更关心传感器网络差异。针对每个具体应用来研究传感器网络技术，这是传感器网络设计不同于传统网络设计的显著特征。

10. 传感器节点出现故障的可能性较大

由于 WSN 的节点数目庞大，分布密度超过如 AdHoc 网络的普通网络，而且所处环境可能十分恶劣，故出现故障的可能性会很大。有些节点可能是一次性使用，可能会无法修复，因此，要求其有一定的容错率。

5.5 无线传感器的网络体系结构

体系结构是无线传感器网络的研究热点之一。无线传感器网络是一种大规模自组织网络,拥有和传统无线网络不同的体系结构,如无线传感器节点结构、网络结构以及网络协议体系结构。

一般而言,传感器节点由 4 部分组成:传感器模块、处理器模块、无线通信模块和电源,如图 5.1 所示。它们各自负责自己的工作:传感器模块负责采集监测区域内的信息采集,并进行数据格式的转换,将原始的模拟信号转换成数字信号,将交流信号转换成直流信号,以供后续模块使用;处理器模块分成两部分,分别是处理器和存储器,它们分别负责节点控制和数据存储的工作;无线通信模块专门负责节点之间的相互通信;电源用来为传感器节点提供能量,一般采用微型电池供电。

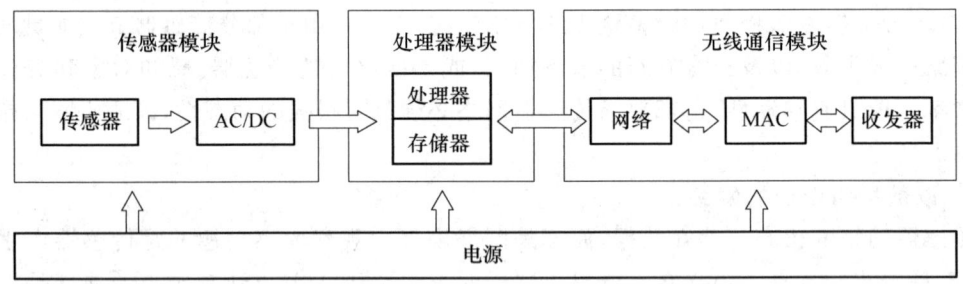

图 5.1 传感器节点的结构

无线传感器网络体系结构通常包括传感器节点、汇聚节点和管理节点,如图 5.2 所示。大量传感器节点随机部署在监测区域,通过自组织的方式构成网络。传感器节点采集的数据通过其他传感器节点逐跳地在网络中传输,传输过程中数据可能被多个节点处理,经过多跳后路由到汇聚节点,最后通过互联网或者卫星到达数据处理中心;也可以沿着相反的方向,通过管理节点对传感器网络进行管理,发布监测任务以及收集监测数据。

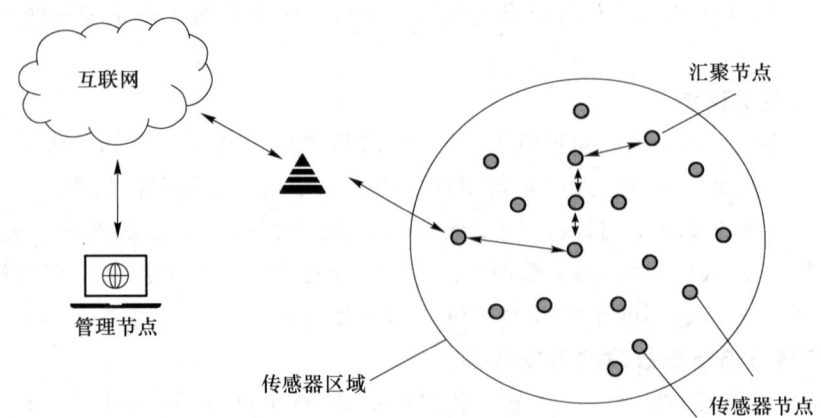

图 5.2 无线传感器网络体系结构

无线传感器网络协议体系结构是无线传感器网络的"软件"部分,包括网络的协议分层以及网络协议的集合,是对网络及其部件应完成功能的定义与描述。由网络通信协议、传感器网络管理及应用支撑技术组成,如图5.3所示。

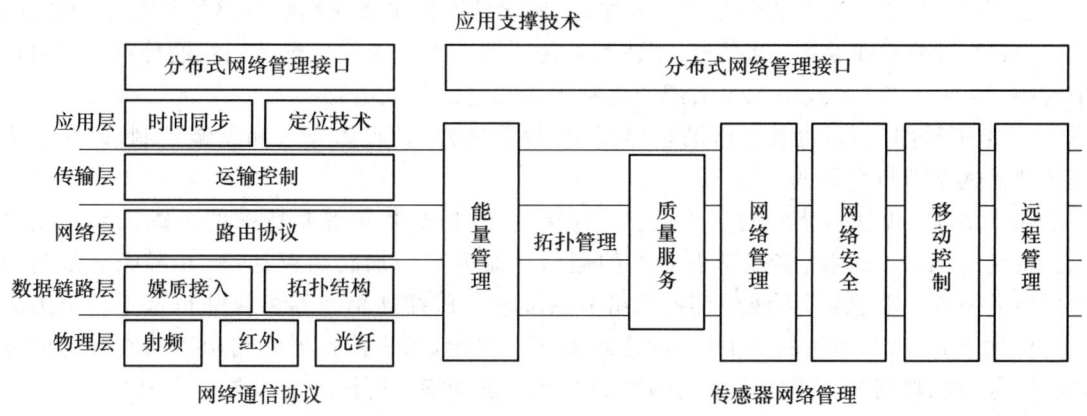

图 5.3 无线传感器网络协议体系结构

分层的网络通信协议结构类似于传统的 TCP/IP 协议体系结构,由物理层、数据链路层、网络层、传输层和应用层组成。物理层的功能包括信道选择、无线信号的监测、信号的发送与接收等。传感器网络采用的传输介质可以是无线、红外或者光波等。物理层的设计目标是以尽可能少的能量损耗获得较大的链路容量。数据链路层的主要任务是完成加权物理层传输原始比特的功能,使之对上层显现一条无差错的链路。该层一般包括媒体访问控制(MAC)子层与逻辑链路控制(LLC)子层,其中,MAC 层规定了不同用户如何共享信道资源,LLC 层负责向网络层提供统一的服务接口。网络层的主要功能包括分组路由、网络互联等。传输层负责数据流的传输控制,提供可靠、高效的数据传输服务。

网络管理技术主要是对传感器节点自身的管理,以及用户对传感器网络的管理。网络管理模块是网络故障管理、计费管理、配置管理、性能管理的总和。其他还包括网络安全模块、移动控制模块、远程管理模块。无线传感器网络的应用支撑技术为用户提供各种应用支撑,包括时间同步、节点定位,以及向用户提供协调应用服务接口。

无线传感器网络多采用 5 层协议标准:物理层、数据链路层、网络层、传输层、应用层。与互联网协议栈的 5 层协议相对应。另外,协议还包括能量管理平台、移动管理平台和任务管理平台。这些管理平台使得传感器节点能够按照能源高效的方式协同工作,在节点移动的无线传感器网络中转发数据,并支持多任务和资源共享。各层协议和平台的功能如下:

① 物理层提供简单但健壮的信号调制和无线收发技术;
② 数据链路层负责数据成帧、帧检测、媒体访问和差错控制;
③ 网络层主要负责路由生成与路由选择;
④ 传输层负责数据流的传输控制,是保证通信服务质量的重要部分;
⑤ 应用层包括一系列基于监测任务的应用层软件;
⑥ 能量管理平台管理传感器节点如何使用能源,在各个协议层都需要考虑如何节省能量;
⑦ 移动管理平台检测并注册传感器节点的移动,维护到汇聚节点的路由,使得传感器

节点能够动态跟踪其邻居的位置;

⑧ 任务管理平台在一个给定的区域内平衡和调度监测任务。

各层协议负责的任务如下:

① 物理层:负责数据的调制发送与接收,该层的设计将直接影响电路的复杂度和能耗。研究的目标是设计低成本、低功耗、小体积的传感器节点。无线传感器网络的传输介质可以是射频、红外、光纤,实践中大量采用的是基于无线电的射频电路。

② 数据链路层:负责数据流的多路复用、数据帧检测、媒体介入和差错控制,以保证无线传感器网络节点之间的连接。

③ 网络层:无线传感器网络中的节点和接收器节点之间需要特殊的多跳无线路由协议。传统的 AdHoc 网络多基于点对点的通信。而为了增加路由可达度,并考虑无线传感器网络的节点并非稳定,无线传感器网络节点多使用广播通信。路由算法也基于广播方式进行优化。此外,与传统的 AdHoc 网络路由技术相比,无线传感器的路由算法在设计时需要特别考虑能耗问题。无线传感器网络的网络层设计特色还体现在以数据为中心。

④ 传输层:负责数据流的传输控制,协作维护数据流,是保障通信质量的重要部分。

⑤ 应用层:在无线传感器网络中,应用层是直接与终端用户或应用程序交互的最高层次。它提供了特定的应用程序接口和服务,使得用户能够定义和执行监测任务。这一层负责处理来自底层的数据,并根据具体应用场景对数据进行解析、处理和展示。例如,在环境监控系统中,应用层可能需要收集温度、湿度等信息,并将这些数据以易于理解的形式呈现给用户;在安全监控系统中,应用层则可能涉及入侵检测、警报触发等功能。此外,应用层还支持多任务调度,确保多个监测任务可以同时运行而不相互干扰。通过提供丰富的应用功能,应用层提高了无线传感器网络的实用性和灵活性。

WSN 节点的典型硬件结构如图 5.4 所示,主要包括电池及电源管理电路、传感器、信号调理电路、A/D 转换器、存储器、微处理器和射频模块。节点采用电池供电,一旦电源耗尽,节点就失去了工作能力。为了最大限度地节约电源,在硬件设计方面,要尽量采用低功耗器件,在没有通信任务的时候,切断射频部分电源;在软件设计方面,各层通信协议都应该以节能为中心,必要时可以牺牲其他的网络性能指标,以获得更高的电源效率。

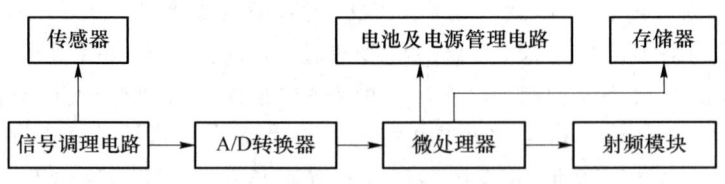

图 5.4 无线传感器网络节点的典型硬件结构图

5.6 无线传感器网络的关键技术

1. 时间同步技术

时间同步技术是完成实时信息采集的基本要求,也是提高定位精度的关键手段。常用方法是通过时间同步协议完成节点间的对时,通过滤波技术抑制时钟噪声和漂移。最近,利用耦合振荡器的同步技术实现网络无状态自然同步的方法也备受关注,这是一种高效的、可无限扩展的时间同步新技术。

由于无线传感器网络节点配置低,节点晶振漂移现象严重,为了保证节点间能以一个统一步调运作,必须对各节点定期进行时间同步。时间同步对时间敏感监测应用非常关键,同时,它也是一些依赖于局部同步或全局同步的网络协议设计的基础。传统因特网的时间同步技术(如 NTP)由于实现复杂及开销大,不利于无线传感器网络应用。现已有很多国内外学者针对无线传感器网络的时间同步问题展开了工作。例如,J. EIson 等提出了一个基于广播参考的时间同步算法(reference-broadcast synchronization,RBS)。该算法与传统的由一个服务器广播同步信号给多个客户进行时间同步的思想不同,在该算法中,相邻节点之间定期广播参考信号,各节点以自己的时钟记录事件,随后用接收到的广播的参考时间加以校正。这种同步算法应用在确定来自不同节点的监测事件的先后关系时有足够的精度。

2. 定位跟踪技术

定位跟踪技术包括节点自定位和网络区域内的目标定位跟踪。节点自定位是指确定网络中节点自身位置,这是随机部署组网的基本要求。GPS 技术是室外惯常采用的自定位手段,但一方面成本较高,另一方面在有遮挡的地区会失效。传感器网络更多采用混合定位方法:手动部署少量的锚节点(携带 GPS 模块),其他节点根据拓扑和距离关系进行间接位置估计。目标定位跟踪通过网络中节点之间的配合,完成对网络区域中特定目标的定位和跟踪,一般建立在节点自定位的基础上。

定位跟踪技术是大多数无线传感器网络应用的基础,同时也是一些网络协议设计的必备基础。无线传感器网络定位算法的研究有基于 TOA、TDOA 以及信号接收强度(RSSI)估计方法进行扩展的定位算法。这些算法受环境多径传播及信号衰落的影响较大,因此,也有研究人员提出通过多点协作的定位算法,如质心算法(centroid algorithm)、无定型定位算法(amorphous positioning algorithm)等。这些算法不同于传统的定位算法,是通过节点间的相互关系进行定位的。Pathirana 等还提出了一个基于移动机器人的新颖的定位算法,在该算法中,机器人带有 GPS 装置,在各节点间移动,每个节点在接收到它发出的信号后判断与它的位置关系,从而确定自己的位置。

3. 分布式数据管理和信息融合

分布式动态实时数据管理是以数据中心为特征的 WSN 的重要技术之一。该技术部署或者指定一些节点为代理节点,代理节点根据监测任务收集兴趣数据。监测任务通过分布式数据库的查询语言下达给目标区域的节点。在整个体系中,WSN 被当作分布式数据库独立存在,实现对客观物理世界的实时动态监测。

信息融合技术是指节点根据类型、采集时间、地点、重要程度等信息标度,通过聚类技术,将收集到的数据进行本地的融合和压缩。一方面,排除信息冗余,减少网络通信开销,节省能量;另一方面,通过贝叶斯推理技术实现本地的智能决策。

4. 安全技术

安全通信和认证技术在军事和金融等敏感信息传递应用中有直接需求。传感器网络由于部署环境和传播介质的开放性,很容易受到各种攻击。但受无线传感器网络资源限制,直接应用安全通信、完整性认证、数据新鲜性、广播认证等现有算法存在实现的困难。鉴于此,研究人员一方面探讨在不同组网形式、网络协议设计中可能遭到的各种攻击形式;另一方面设计安全强度可控的简化算法和精巧协议,以满足传感器网络的现实需求。

5. 精细控制、深度嵌入的操作系统技术

作为深度嵌入的网络系统,WSN 对操作系统也有特别的要求。它要求操作系统既要能够完成基本体系结构支持的各项功能,又不能过于复杂。从目前发展状况来看,TinyOS 是最成功的 WSN 专用操作系统。但随着芯片低功耗设计技术和能量工程技术水平的提高,更复杂的嵌入式操作系统,如 VxWorks、μCLinux 和 μCOS 等,也可能被 WSN 采用。

6. 能量工程

能量工程包括能量的获取和存储两方面。能量获取主要指将自然环境的能量转换成节点可以利用的电能,如太阳能、振动能量、地热、风能等。在无线能量传递方面,通过磁场的共振传递技术将实现远程能量传递,这项技术给 WSN 技术的成熟和发展带来了革命性的影响。在能量存储技术方面,高容量电池技术是延长节点寿命,全面提高节点能力的关键性技术。纳米电池技术是目前最有希望的技术之一。

5.7 无线传感器网络的应用与发展

作为一种新型网络,无线传感器网络在军事、工业、农业、交通、土木建筑、安全、医疗、家庭和办公自动化等领域都有着广泛的用途,其在国家安全、经济发展等方面发挥了巨大作用。随着无线传感器网络的快速发展,它还将被拓展到越来越多新的应用领域。

1. 智能交通

智能交通是与交通运输相关的一类应用,埋在街道或道路边的传感器在较高分辨率下收集交通状况的信息。它还可以与汽车进行信息交互,例如,道路状况危险警告或前方交通拥塞等。

2. 智能农业

无线传感器网络可以应用于农业,即将温度/土壤组合传感器放置在农田中,以计算出精确的灌溉量和施肥量。此应用所需的传感器数据相对较少,大约近万平方米面积的农田配备一个传感器就可以了。类似地,病虫害防治也可得益于对农田进行高分辨率的检测。另外,对于畜牧业,可以在猪或牛身上佩戴传感器,通过传感器监控动物的健康状况,一旦测量值超过阈值,传感器就会发出警告,以提高畜牧人员的收益。

3. 医疗健康

传统模式下的医疗检测需要病人躺在病床上,很不方便。利用无线传感器网络技术,通过让病人佩戴具有特殊功能的微型传感器,医生可以使用手持 PDA 等设备,随时查询病人健康状况或接收报警消息。另外,利用这种医护人员和病人之间的跟踪系统,医护人员可以及时地救治伤患。

4. 工业监控

工业生产环境一般都非常恶劣,温度、压力、湿度、振动、噪声和电磁等因素实时变化,且一些工作环境还存在一定的高危性,如煤矿、石油钻井、核电厂等。利用无线传感器网络对工业生产过程中环境状况、人员活动等敏感数据和信息进行监控,可以减少生产过程中人力和物力的损失,进而保证工厂工人或者大众的生命安全。

5. 军事应用

和许多技术一样,无线传感器网络最早是面向军事应用的。在战场上,使用无线传感器网络采集部队、武器装备和军用物资供给等信息,并通过汇聚节点将数据送至指挥所,再转发到指挥部,最后融合来自各战场的数据,形成完备的战区态势图。无线传感器网络已成为美国网络中心作战体系中面向武器装备的网络系统,该系统的目标是利用先进的高科技技术,为未来的现代化战争设计一个集命令、控制、通信、计算、智能、监视、侦察和定位于一体的战场指挥系统,因此,无线传感器网络受到了军事发达国家的高度重视。

6. 灾难救援与临时场合

在地震、水灾、强热带风暴等自然灾难打击后,原有的通信网络设施(如移动通信网、有线通信网、卫星通信地球站等)大部分都会被摧毁。这时,部署不依赖任何固定网络设施并能够快速构建的无线传感器网络就可以帮助抢险救灾,从而达到减少人员伤亡和财产损失的目的。

7. 家庭应用

信息技术的快速发展极大地改变了人们的生活和工作方式。无线传感器网络在家庭及办公自动化方面具有巨大的潜在应用前景。利用无线传感器网络将家庭中各种家电设备联系起来,可以组建一个家庭智能化网络,使它们可以自动运行,相互协作,为用户提供尽可能高的舒适度和便利度。例如,使用微型传感器能够将家用电器、个人计算机和手机通过互联网相连,实现远距离监控。

8. 其他

无线传感器网络具有非常广泛的应用前景,它不仅在工业、农业、军事、医疗、灾难救援等上述传统领域具有巨大的应用价值,未来还将在许多新兴领域中体现其较好的优越性,如空间探索、智能物流、灾害防范和环境监测等领域。

随着人们对无线传感器网络的深入研究,无线传感器网络将逐步深入到人类生活的各个领域,微型、智能、高效、廉价的传感器节点必将走进生活,形成一个无所不在的网络世界。

5.8 典型短距离无线通信网络技术

伴随着计算机网络及通信技术的飞速发展,人们对无线通信的要求越来越高。人们注意到,在同一幢楼内或在相距咫尺的地方,同样也需要无线通信。因此,短距离无线通信技术应运而生。短距离无线通信技术可以满足人们对低价位、低功耗、可替代电缆的无线数据网络和语音链路的需求。目前,便携式设备间的网络连接使用的短距离无线通信技术主要有蓝牙(Bluetooth)技术、无线局域网 802.11(Wi-Fi)、红外数据传输、ZigBee、超宽频(UWB)、短距离通信(NFC)和专用无线通信系统等。下面介绍几种典型的短距离无线通信网络技术。

1. 红外数据传输

红外数据协会(inftared data association,IrDA)为短距离红外无线数据通信制定了一系列开放的标准。IrDA 是点对点的数据传输协议,通信距离很短,一般为 0~1 m,通信介质为波长为 900 nm 左右的近红外线,传输速率最快可达 16 Mbit/s。其传输具备角度小

(30°以内)、距离短、数据直线传输、传输速率较高、保密性强等特点,适用于传输大容量的文件和多媒体数据,并且无须申请频率的使用权,成本较为低廉。目前主流的软硬件平台均提供对 IrDA 的支持,IrDA 已被全球范围内的众多厂商采用。

IrDA 数据通信按发送速率分为三大类:SIR、MIR 和 FIR。串行红外(SIR)速率覆盖了 RS-232 端口通常所支持的速率;MIR 指 0.576 Mbit/s 和 1.152 Mbit/s 的速率;高速红外(FIR)通常指 4 Mbit/s 的速率,也可以用于高于 SIR 的所有速率。在 IrDA 中,物理层、链路接入协议和链路管理协议(IRLMP)是必需的 3 个协议层,除此之外,还有一些适用于特殊应用模式的可选层。在基本的 IDA 应用模式中,设备分为主设备和从设备。主设备探测可视范围,寻找从设备。然后从那些响应它的设备中选择一个试图与其建立连接。IrDA 数据通信工作在半双工模式,因为发射时,接收器会被它自己屏蔽。通信的两个设备通过快速转向链路来模拟全双工通信,由主设备负责控制链路的时序。IrDA 协议层安排应用程序的数据逐层下传,最终以光脉冲的形式发出。IrDA 物理层协议提出了对工作距离、工作角度(视角)光功率、数据速率,以及不同品牌设备互连时抗干扰能力的建议。

IrDA 的缺点:它是一种视距传输,两个相互通信的设备之间必须对准,中间不能被其他物体阻隔,因而只适用于两台(非多台)设备之间的连接。

2. 蓝牙

蓝牙(Bluetooth)是 1994 年由爱立信公司首先提出的一种短距离无线通信技术规范。这个技术规范是使用无线连接来替代已经广泛使用的有线连接。"蓝牙"标准的协议栈包括:串口通信协议(RFCOMM),电话控制协议(TCS),对象交换协议(OBEX),控制命令(ATCommand),vGard 和 vCalender 电子商务表中协议,PPP、IP、TCP、UDP 等与因特网相关的协议以及 WAP。

蓝牙能够实现单点对多点的无线数据和声音传输,通信距离在 10 m 的半径范围内。数据传输带宽最高可达 1 Mbit/s。Bluetooth 工作在全球开放的 2.4 GHz ISM 频段,使用跳频频谱扩展技术,通信介质为 2.402~2.480 GHz 的电磁波。没有特别的通信视角和方向要求。蓝牙具有功耗低、支持语音传输、通信安全性好、组建网络简单等特点。目前,蓝牙还存在植入成本高、通信对象少、通信速率较低和技术不够成熟的问题。

就其工业实现而言,蓝牙可以分为硬件和软件两个部分。硬件部分包括射频/无线电协议、基带/链路控制器协议和链路管理器协议,一般制作成一个芯片;软件部分则包括逻辑链路控制与适配协议。硬件和软件之间通过 HCI 进行连接,也就是说,HCI 在硬件和软件中都有,两者提供相同的接口进行通信。

蓝牙的几种典型应用如下:

① 三合一电话蓝牙可以使一部移动电话在多种场合内使用:在办公室里,这部电话是内部电话,不计话费;在家里,这部电话是无绳电话,按固定电话的话费计费;出门在外,这部电话是一部移动电话,按移动电话的话费计费。

② 因特网桥蓝牙可以使便携式计算机在任何地方都能通过移动电话进入因特网,随时随地到因特网上"冲浪"。在交互性会议中,蓝牙可以迅速将自己的信息通过便携式计算机、手机、PDA 等与其他与会者共享。

③ 数码相机中图像的无线传输蓝牙将数码相机中的图像发送给其他的数字相机或者 PC、PDA 等。

④ 各种家用设备的遥控和组成家电网络。

3. 无线局域网 802.11

无线保真(wireless fidelity, Wi-Fi)属于无线局域网(WLAN)的一种,通常是指 IEEE 802.11b 产品,是利用无线接入手段的新型局域网解决方案。Wi-Fi 的主要特点是传输速率快、可靠性高、建网快速、便捷、可移动性好、网络结构弹性化、组网灵活、组网价格较低等,因此,具有良好的发展前景。

802.11 Wi-Fi 工作在 2.4 GHz 附近的频段,基于 IEEE 802.11a、IEEE 802.11b、IEEE 802.11g、IEEE 802.11n 协议。传输的有效距离很长,目前最新的交换机能把 Wi-Fi 无线网络从 100 m 的通信距离扩大到约 6.5 km。数据传输速率达到每秒上百兆位,与各种 802.11DSSS 设备兼容。另外,Wi-Fi 的使用方法十分简单、方便,厂商只要在机场、车站、图书馆等人员较密集的地方进行设置,通过高速线路即可接入因特网。

Wi-Fi 未来最具有潜力的应用场所主要为家居办公(small office home office, SOHO)、家庭无线网络及不便安装电缆的建筑物或场所。凭借这些优点,Wi-Fi 已成为最流行的便携式计算机技术。

目前,WLAN 的推广等工作主要由产业标准组织 W-Fi 联盟完成,所以 WLAN 技术常常被称为 W-Fi。IEEE 802.11 标准的制定推动了无线局域网的发展。在市场的驱动下,IEEE 802 标准委员会先后制定了 IEEE802.11b、IEEE802.11a 和 IEEE802.11g 等标准,随着新标准的不断确定网络的传输速率也不断被提高,可以越来越好地满足宽带通信的需求。

然而,随着 WLAN 的广泛使用和用户数的增加,出现了一系列需要解决的问题,如网络安全性的提高、2.4 GHz 频段的拥挤、具有 QoS 服务质量要求的应用等。于是 IEEE 开始研究和制定新一代 WLAN 标准,新标准是对原有标准的扩充和增强,是 IEEE 802.11 的扩展标准。

IEEE 802.11e 标准是对 WLAN MAC 协议进行改进,以支持多媒体传输,支持所有 WLAN 无线广播接口的服务质量保证的 QoS 机制。IEEE 802.11f 定义了访问节点之间的通信,支持 IEEE 802.11 的接入点互操作协议(IAPP)。IEEE 802.11h 用于 IEEE 802.11、IEEE 802.11a 的频道管理技术。IEEE 802.11i 在加密处理中引入了动态密钥管理协议 TKIP。

目前,在 WSN 的无线通信方面可以采用的主要有 ZigBee、蓝牙、Wi-Fi 和红外数据传输等技术。其中,红外数据传输的实现和操作相对简单,成本低廉,但红外光线易受遮挡,可移动性差,只支持点对点视频连接,无法灵活地构建网络;蓝牙是工作在 2.4 GHz 频段的无线技术,目前在计算机外设方面应用较广泛,但由于其协议本身较复杂、开发成本高、节点功耗大等特点,限制了其在工业方面的进一步推广;W-Fi 技术的通信效率为 11 Mbit/s,通信距离为 50～100 m,适合用于多媒体,但其本身实现成本高、功耗大、安全性能低,故其在 WSN 中应用较少;ZigBee 技术以其经济、可靠、高效等优点在 WSN 中有着广泛的应用前景。

5.9 无线传感器网络的主要研究领域

无线传感器网络目前研究的难点涉及通信、组网、管理、分布式信息处理等多个方面。无线传感器网络有相当广泛的应用前景,但是也面临很多待解决的关键技术难题。下面列出部分待解决的关键技术难题。

1. 网络拓扑管理

无线传感器网络是自组织的,如果有一个很好的网络拓扑控制管理机制,对于提高路由协议和 MAC 协议效率是很有帮助的,还有利于延长网络寿命。目前这个方面主要的研究方向是在满足网络覆盖度和连通度的情况下,通过选择路由路径,生成一个能高效转发数据的网络拓扑结构。拓扑控制又分为两种,分别是节点功率控制和层次型拓扑控制。前一种方法是控制每个节点的发射功率,均衡节点单跳可达的邻居数目。而层次型拓扑控制采用分簇机制,将一些节点作为簇头,它将作为一个簇的中心,簇内每个节点的数据都要通过它来转发。

2. 网络协议

因为传感器节点的计算能力、存储能力、通信能力、携带的能量有限,每个节点都只能获得局部网络拓扑信息,在节点上运行的网络协议也要尽可能地简单。目前研究的重点主要集中在网络层和 MAC 层上。网络层的路由协议主要控制信息的传输路径。好的路由协议不但要考虑每个节点的能耗,还要关心整个网络的能耗均衡,使得网络的寿命尽可能保持得长一些。目前已经提出了一些比较好的路由机制。MAC 层协议主要控制介质访问,控制节点通信过程和工作模式。设计无线传感器网络的 MAC 协议首先要考虑的是节省能量和网络的可扩展性,公平性和带宽利用率是其次才要考虑的。由于能量消耗主要发生在空闲监听,碰撞重传和接收到不需要的数据等方面,MAC 层协议的研究也主要在如何减少上述 3 种情况,从而降低能量消耗,以延长网络和节点的寿命。

3. 网络安全

无线传感器网络除考虑上面提出的两个方面的问题外,还要考虑数据的安全性。数据安全性主要从两个方面考虑。一个方面是从维护路由安全的角度出发,寻找尽可能安全的路由,以保证网络的安全。如果路由协议被破坏导致传送的消息被篡改,那么对于应用层上的数据包来说没有任何的安全性可言。现已提出了一种称为"有安全意识的路由"的方法,其思想是找出真实值和节点之间的关系,然后利用这些真实值来生成安全的路由。另一个方面是把重点放在安全协议上,在此领域也出现了大量研究成果。在具体的技术实现上,先假定基站总是正常工作的,并且总是安全的,满足必要的计算速度、存储器容量;基站功率满足加密和路由的要求;通信模式是点到点,通过端到端的加密保证了数据传输的安全性;射频层正常工作。基于以上前提,典型的安全问题可以总结为 4 个方面:信息被非法用户截获,一个节点遭到破坏,识别伪节点,如何向已有的传感器网络添加合法的节点。

4. 定位技术

位置信息是传感器节点在采集数据的过程中不可或缺的一部分,没有位置信息的监测消息可能毫无意义。节点定位是确定传感器的每个节点的相对位置或绝对位置。节点定位在军事侦察、环境检测、紧急救援等中尤其重要。节点定位分为集中定位方式和分布定位方式。定位机制也必须满足自组织性、鲁棒性、能量高效和分布式计算等要求。定位技术主要有两种方式:基于距离的定位和距离无关的定位。其中,基于距离的定位对硬件要求比较高,通常精度也比较高。距离无关的定位对硬件要求较小,受环境因素的影响也较小,虽然误差较大,但是其精度已经足够满足大多数传感器网络应用的要求,所以这种定位技术是最近研究的重点。

5. 时间同步技术

传感器网络中的通信协议和应用,如基于 TDMA 的 MAC 协议和敏感时间的监测任务等,要求节点间的时钟必须保持同步。EIlson 和 Estrin 曾提出了一种简单实用的同步策略。其基本思想是:节点以自己的时钟记录事件,随后用第三方广播的基准时间加以校正,精度依赖于对这段间隔时间的测量。这种同步机制应用在确定来自不同节点的监测事件的先后关系时有足够的精度,设计高精度的时钟同步机制是传感网络设计和应用中的一个技术难点。研究人员普遍认为,考虑精简 NTP(network time protocol)的实现复杂度,再将其移植到传感器网络中是一个有价值的研究课题。

6. 数据融合

传感器网络为了有效地节约能量,可以在传感器节点收集数据的过程中,利用本地计算和存储能力将数据进行融合,去除冗余信息,从而达到节省能量的目的。数据融合可以在多个层次中进行。在应用层中,可以应用分布式数据库技术,对数据进行筛选,达到融合效果。在网络层中,很多路由协议结合了数据融合技术来减少数据传输量。MAC 层也能通过减少发生冲突和头部开销来达到节省能量的目的。当然,数据融合是以牺牲延时等代价来换取能量的节约。

本书主要面向实训实验,因此,对理论部分不过多赘述。若想了解有关 IEEE 802.15.4 无线传感器网络通信标准的内容,请使用"北邮智信"App 扫描附件 A 的二维码。

附件 A

习　　题

一、选择题

1. 下列哪一项不是无线传感器网络(WSN)的特点?
   A. 节点数量多,网络密度高　　　　　B. 分布式的拓扑结构
   C. 需要固定的网络基础设施支持　　　D. 自组织特性
2. 最早的有关无线传感器网络的研究起源于哪个国家?
   A. 中国　　　　　B. 美国　　　　　C. 日本　　　　　D. 德国
3. 下列哪种短距离无线通信技术不适用于构建无线传感器网络?
   A. 蓝牙　　　　　B. Wi-Fi　　　　　C. ZigBee　　　　　D. 卫星通信

二、判断题

1. 无线传感器网络的核心是感知数据,而不是网络硬件。(　　)
2. 在无线传感器网络中,所有的节点都是同构的,这意味着它们具有相同的硬件配置和功能。(　　)
3. 时间同步技术对于完成实时信息采集并不是必需的。(　　)

三、简答题

1. 请简述无线传感器网络在农业领域的应用实例,并说明其带来的好处。
2. 请解释无线传感器网络中的"自组织"特性及其重要性。
3. 请描述无线传感器网络体系结构中的 3 个主要组成部分,并简述每个组成部分的

功能。

四、论述题

1. 结合实际案例,论述无线传感器网络在灾难救援中的作用及其面临的挑战。

2. 分析并比较 ZigBee、蓝牙、Wi-Fi 这 3 种短距离无线通信技术在无线传感器网络中的优缺点。

第6章 ZigBee 无线传感器网络通信标准

6.1 ZigBee 标准概述

ZigBee 技术在 IEEE 802.15.4 的推动下,不仅在工业、农业、军事、环境、医疗等传统领域取得了成功的应用[12],在未来,其应用可能涉及人类日常生活和社会生产活动的所有领域,真正实现无处不在的网络[13]。ZigBee 技术是一组基于 IEEE 802.15.4 无线标准研制开发的有关组网、安全和应用软件方面的技术标准,无线个人局域网工作组 IEEE802.15.4 技术标准是 ZigBee 技术的基础。ZigBee 技术建立在 IEEE 802.15.4 标准之上,IEEE 802.15.4 只处理低级 MAC 层和物理层协议,ZigBee 联盟对其网络层协议和 API 进行了标准化。

ZigBee 技术是一种近距离、低复杂度、低功耗、低速率、低成本的双向无线通信技术,主要用于距离短、功耗低且传输速率不高的各种电子设备之间进行数据传输,以及典型的有周期性数据、间歇性数据和低反应时间数据传输的应用,因此,非常适用于家电和小型电子设备的无线控制指令传输。其典型的传输数据类型有周期性数据(如传感器)、间歇性数据(如照明控制)和重复低反应时间数据(如鼠标)。其目标功能是自动化控制。它采用跳频技术,使用的频段分别为 2.4 GHz(ISM)、868 MHz(欧洲)及 915 MHz(美国),而且均为免执照频段,有效覆盖范围为 10~275 m。当网络速率降低到 28 kbit/s 时,传输范围可以扩大到 334 m,具有更高的可靠性。

ZigBee 标准是一种新兴的短距离无线网络通信技术,它基于 IEEE 802.15.4 协议栈,主要是针对低速率的通信网络设计的。它功耗低,是最有可能应用在工控场合的无线方式。另外,它可与 254 个包括仪器和家庭自动化应用设备的节点联网。它本身的特点使得其在工业监控、传感器网络、家庭监控、安全系统等领域有很大的发展空间[14]。ZigBee 体系结构如图 6.1 所示。

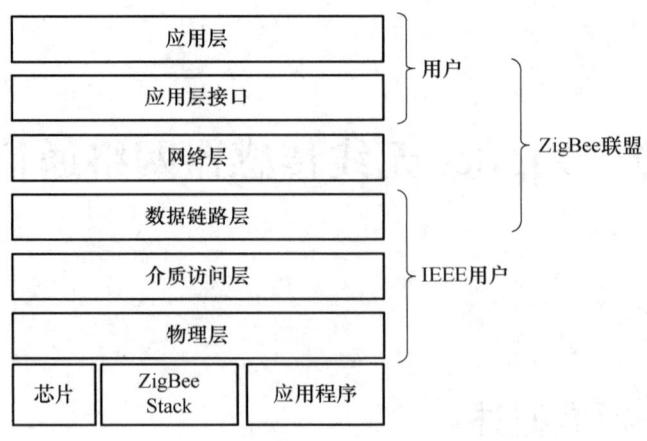

图 6.1 ZigBee 体系结构

6.2 ZigBee 技术特点

ZigBee 是一种无线连接,可工作在 2.4 GHz(全球流行)、868 MHz(欧洲流行)和 915 MHz(美国流行)3 个频段上,分别具有最高 250 kbit/s、20 kbit/s 和 40 kbit/s 的传输速率,它的有效覆盖范围为 10~75 m。作为一种无线通信技术,ZigBee 自身的技术优势主要表现在以下几个方面。

1. 功耗低

ZigBee 网络节点设备工作周期较短、收发数据信息功耗低,且使用了休眠模式(当不需要接收数据时,处于休眠状态;当需要接收数据时,由"协调器"唤醒它们),因此,ZigBee 技术特别省电。据估算,ZigBee 设备仅靠两节 5 号电池就可以维持长达 6 个月到两年的使用时间,避免了频繁更换电池或充电,从而减轻了网络维护的负担,这是其他无线设备望尘莫及的。

2. 成本低

由于 ZigBee 协议栈的设计非常简单,所以其研发和生产成本较低。普通网络节点硬件只需要 8 位微处理器,4~32 KB 的 ROM,且其软件实现也很简单。随着产品产业化,ZigBee 通信模块的价格预计可以降低到 10 元人民币,并且 ZigBee 协议是免专利费的。低成本对于 ZigBee 也是一个关键的优势。

3. 可靠性高

ZigBee 由于采用了碰撞避免机制并且为需要固定带宽的通信业务预留了专用时隙,故避免了收发数据时的竞争和冲突,且 MAC 层采用完全确认的数据传输机制,每个发送的数据包都必须等待接收方的确认信息,所以从根本上保证了数据传输的可靠性。如果传输过程中出现问题,ZigBee 可以进行重发。

4. 容量大

1 个 ZigBee 网络最多可以容纳 254 个从设备和 1 个主设备,一个区域内最多可以同时存在 100 个 ZigBee 网络,而且网络组成灵活。

5. 时延小

ZigBee 技术与蓝牙技术的时延相比,其各项指标值都非常小。通信时延和从休眠状态激活的时延都非常短,典型的搜索设备时延为 30 ms,而蓝牙为 3~10 s。休眠激活的时延为 15 ms,活动设备信道接入的时延为 15 ms。因此,ZigBee 技术适用于对时延要求苛刻的无线控制(如工业控制场合等)应用。

6. 安全性好

ZigBee 技术提高了数据完整性检查和鉴权功能,加密算法使用 AES-128,且各应用可以灵活地确定安全属性,从而使网络安全能够得到有效的保障。

7. 有效范围小

有效覆盖范围在 10~75 m 之间,具体依据实际发射功率的大小和各种不同的应用模式而定,基本上能够覆盖普通的家庭或办公室环境。

8. 兼容性

ZigBee 技术与现有的控制网络标准无缝集成。通过网络协调器自动建立网络,采用载波侦听/冲突检测(CSMACA)方式进行信道接入。为了可靠传递,还提供全握手协议。

ZigBee 具有广阔的应用前景。ZigBee 联盟预言在未来的 4~5 年,每个家庭都将拥有 50 个 ZigBee 器件,最后将达到每个家庭 150 个。据估计,ZigBee 市场价值将超过数亿美元。其应用领域如图 6.2 所示。

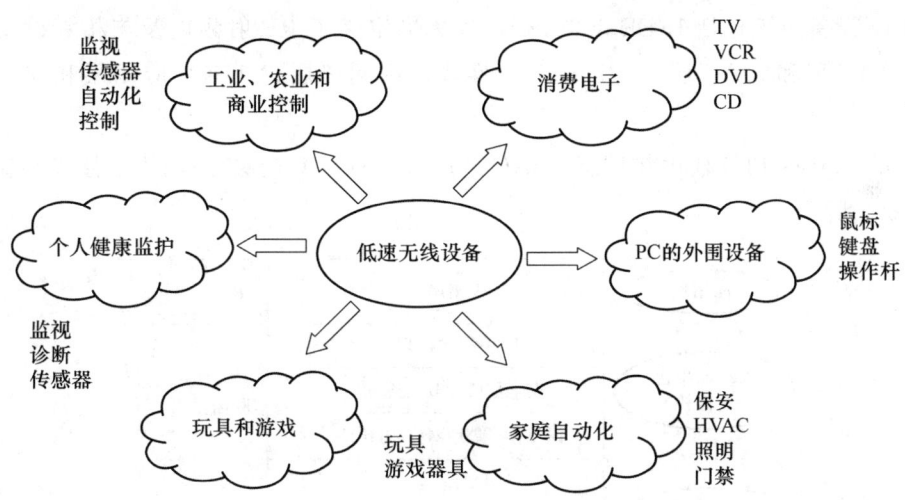

图 6.2 ZigBee 的应用领域

下面介绍几个 ZigBee 主要的应用领域。

(1) 家庭自动化。通过 ZigBee 网络,人们可以远程控制家里的电器、门窗等,可以方便地实现水、电、气三表的远程自动抄表。通过一个 ZigBee 遥控器,人们控制所有的家电节点。未来的家庭将会有 50~100 个支持 ZigBee 的芯片安装在电灯开关、烟雾检测器、抄表系统、无线报警、安保系统、HVAC、厨房机械中,为实现远程控制服务。

(2) 工业控制。在工业自动化领域,利用传感器和 ZigBee 网络,使得数据的自动采集分析和处理变得更加容易,可以作为决策辅助系统的重要组成部分。例如,危险化学成分的检测,火警的早期检测和预报,高速旋转机器的检测和维护等。

(3) 农业控制。传统农业主要使用孤立的、没有通信能力的机械设备，主要依靠人力监测作物的生长状况。采用了传感器和 ZigBee 网络后，农业将可以逐渐地向以信息和软件为中心的生产模式转化，使用更多的自动化、网络化、智能化和远程控制的设备来耕种。传感器可以收集包括土壤湿度、氮浓度、pH 值、降水量、温湿度和气压等信息。这些信息和采集信息的地理位置经由 ZigBee 网络传递到中央控制设备供农民决策和参考，这样就能够尽早且准确地发现问题，从而有助于提高农作物的产量。

(4) 商业控制。采用低功耗、高集成度、功能丰富的 ZigBee 无线解决方案，适用于大型仓库或生产类型配置的工业照明控制等场所。例如，智慧型标签等。

(5) 个人健康监护。借助于各种传感器和 ZigBee 网络，医生可以准确且实时地监测病人的血压、体温和心跳速度等信息，从而减少医生查房的工作负担，有助于医生做出快速的反应，特别是在对重病和病危患者的监护治疗过程中。

6.3 ZigBee 协议框架

ZigBee 堆栈是在 IEEE 802.15.4 标准的基础上建立的，定义了协议的 MAC 层和 PHY 层。ZigBee 设备应该包括 IEEE 802.15.4(该标准定义了 RF 射频以及与相邻设备之间的通信)的 PHY 层和 MAC 层，以及 ZigBee 堆栈层的网络层(NWK)、应用层和安全服务提供层。

完整的 ZigBee 协议栈由物理层、MAC 子层、网络层、安全层、应用程序接口和应用层组成，如图 6.3 所示。

图 6.3 ZigBee 协议栈

ZigBee 协议栈的网络层、安全层和应用程序接口等由 ZigBee 联盟制定。物理层和 MAC 层由 IEEE 802.15.4 标准定义。MAC 子层提供与上层的接口，通过该接口，MAC 子层可以直接与网络层连接，或者通过中间子层 SSCS 实现与 LLC 连接。ZigBee 联盟在 802.15.4 的基础上定义了网络层和应用层。其中，安全层主要实现密钥管理、存取等功能。应用程序接口负责向用户提供简单的应用软件接口(API)，包括应用子层支持(application sub-layer support，APS)、ZigBee 设备对象(ZigBee device object，ZDO)等，以实现应用层对设备的管理。

6.4 ZigBee 网络层规范

1. 网络层参考模型及实现

网络层主要实现节点加入、离开、路由查找和传送数据等功能。目前 ZigBee 网络层主要支持两种路由算法,即树路由和网状网路由,支持星状(star)、树状(cluster-tree)、网状(mesh)等多种拓扑结构,如图 6.4 所示。

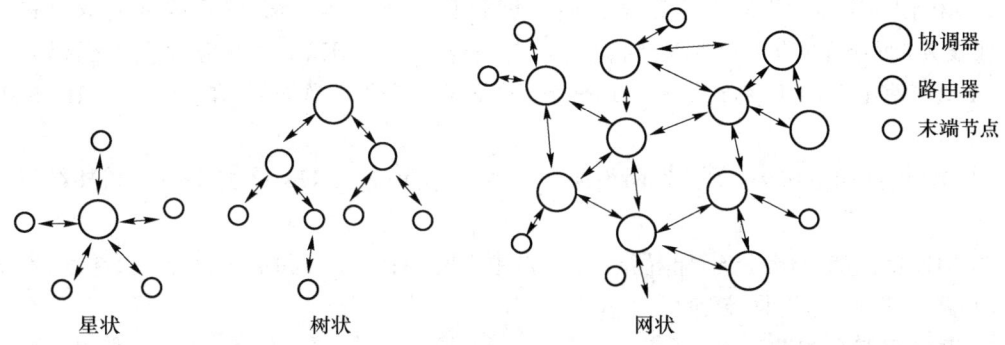

图 6.4 ZigBee 组网拓扑结构

在这些拓扑结构中,一般包括 3 种设备:协调器、路由器和末端节点。

协调器也称为全功能设备(full-function device,FFD),相当于蜂群结构中的蜂后,是唯一的,是 ZigBee 网络启动或建立网络的设备。一旦网络建立,该协调器就如同一个路由器,在网络中提供数据交换,建立安全机制,建立网络中绑定等路由功能。网络中的其他操作并不依赖该协调器,因为 ZigBee 网络是分布式网络。路由器相当于雄蜂,数目不多,需要一直处于工作状态,需要主干线供电。但树状拓扑网络模式允许路由器周期地运行操作,所以可以采用电池供电。路由器的主要功能为:作为普通设备接入网络实现多跳路由,辅助其他的子节点完成通信。末端节点则相当于数量最多的工蜂,也称精简功能设备(reduced-function device,RFD),只能传送数据给 FFD 或从 FFD 接收数据,该设备需要的内存较少(特别是内部 RAM)。为了维持网络最基本的运行,末端节点没有指定的责任,没有不可或缺性,可以根据自己的功能需要休眠或唤醒,一般可以由电池供电。

树路由把整个网络看作是以协调器为根的一棵树,树路由不需要路由表,节省存储资源。但其缺点是不灵活,浪费了大量的地址空间,路由效率低。

网状网路由算法是无线自组网按需平面距离矢量路由协议(AdHoc on-demand distance vector routing,AODV)的一个简化版本。在 AODV 中,一个网络节点在需要建立连接时才广播一个连接建立的请求,其他的 AODV 节点转发这个请求消息,并记录源节点和回到源节点的临时路由。当接收连接请求的节点知道了到达目的节点的路由时,就会把这个路由信息按照先前记录的、回到源节点的临时路由,发回源节点。源节点和目的节点之间使用这个经由其他节点并且有最短跳数的路由进行数据传输。当链路断掉,路由错误回送源节点,源节点将重新发起路由查找的过程。它可以用于较大规模的网络,需要节点维护一个路由表,耗费一定的存储资源,但往往能达到最优的路由效率,而且使用灵活。

除了这几种路由方法,ZigBee还可以进行邻居表路由,其实邻居表可以看作是特殊的路由表,只不过只需要一跳就可以发送到目的节点。

2. 网络层规范概述

ZigBee协议栈的核心部分在网络层。网络层负责拓扑结构的建立和维护、命名和绑定服务,它们协同完成寻址、路由、传送数据及安全这些不可或缺的任务,支持星状(star)、树状(cluster-tree)、网状(mesh)等多种拓扑结构。

网络层必须从功能上为MAC子层提供支持,并为应用层提供合适的服务接口。为了实现与应用层的接口,网络层从逻辑上分为两个具有不同功能的服务实体,即数据实体(NLDE)和管理实体(NLME)。数据实体通过和它相连的NLDE-SAP服务存取点提供数据管理服务,而管理实体(NLME)则通过和它相连的NLME-SAP服务存取点提供管理服务。NLME使用NLDE完成一些管理任务,并维护一个被称作网络信息中心(NIB)的数据库对象。

NLDE提供如下服务:①产生网络层协议数据单元(NPDU);②提供基于拓扑结构的路由策略。

NLME提供如下服务:①配置新设备;②建立网络;③加入和离开网络;④寻址;⑤邻居发现;⑥路由发现;⑦接收控制。

3. 网络层服务规范

网络层提供了两种服务,可以通过两个服务存取点(SAP)分别进行访问。这两种服务是网络层数据服务和网络层管理服务。前者可以通过网络层数据实体服务存取点(NLDE-SAP)进行访问,后者则可以通过网络层管理服务实体服务存取点(NLME-SAP)进行访问。这两种服务与MCPS-SAP和MLME-SAP一起组成了应用层和MAC子层之间的接口。除了这些外部接口,在网络层内部,NLME和NLDE之间也存在一个接口,NLME可以通过它访问网络层的数据服务。

4. 网络层的帧结构

网络层的帧是由网络层帧头和网络负载组成的。在帧头部分,域的顺序是固定的,但是根据具体情况,其他域不一定必须包含,如表6.1所示。

表6.1 ZigBee网络层的帧结构

8 B	2 B	2 B	1 B	1 B	n B
帧控制域	目标地址	源地址	网络传输半径	序列号	帧负载
	路由域				
帧头					数据负载

网络层定义了数据帧和命令帧,它的帧结构由网络层帧头和数据负载构成。网络层通用帧结构如表6.1所示。网络层帧头信息格式是固定的,帧控制域8 B、目标地址2 B、源地址2 B、网络传输半径1 B、序列号1 B,但是地址域和序列号域并非在所有的结构中都出现。网络层数据负载 n B。其中,目标地址、源地址、网络传输半径和序列号统称为路由域。网络层数据帧和命令帧的区别在于命令帧的数据域有1 B的NWK命令标识符。

5. 网络层功能

网络层负责拓扑结构的建立和维护网络连接,主要功能包括设备连接和断开网络时所采用的机制,以及在帧信息传输过程中所采用的安全性机制。此外,还包括设备的路由发现和路由维护及转交。并且,网络层完成对一跳(one-hop)邻居设备的发现和相关节点信息的存储。一个 ZigBee 协议器创建一个新网络,为新加入的设备分配短地址等。网络层还提供一些必要的函数,以确保 ZigBee 的 MAC 层正常工作,并为应用层提供合适的服务接口。

网络层的主要功能包括以下 8 个方面:
① 通过添加恰当的协议头,从应用层生成网络层的 PDU,即 NPDU;
② 确定网络的拓扑结构;
③ 配置一个新的设备,可以是网络协调器,也可以向存在的网络中加入设备;
④ 建立并启动无线网络;
⑤ 加入或离开网络;
⑥ ZigBee 的协调器和路由能为加入网络的设备分配地址;
⑦ 发现并记录邻居表、路由表;
⑧ 信息的接收控制,同步 MAC 子层或直接接收信息。

6.5 ZigBee 应用层规范

ZigBee 协议栈的层结构包括 IEEE 802.15.4 媒体接入控制层(MAC)和物理层(PHY),以及 ZigBee 网络层。每一层通过提供特定的服务完成相应的功能。其中,ZigBee 应用层包括 APS 子层、ZDO(包括 ZDO 管理层)以及用户自定义的应用对象。APS 子层的任务包括维护绑定表和绑定设备间的消息传输。所谓的绑定指的是根据两个设备所提供的服务和它们的需求而将两个设备关联起来。ZDO 的任务包括界定设备在网络中的作用,发现网络中的设备并检查它们能够提供哪些应用服务,产生或者回应绑定请求,并在网络设备间建立安全的通信。

ZigBee 应用层有 3 个组成部分,包括应用支持子层(application support sub-layer, APS)、应用框架(application framework, AF)、ZigBee 设备对象(ZigBee device object, tZDO)。它们共同为应用开发者提供统一的接口,规定了与应用相关的功能,如端点(endpoint)的规定、绑定(binding)、服务发现和设备发现等。

1. 应用支持子层

APS 的主要作用包括:协议数据单元(APDU)的处理,APSDE 提供在同一个网络中的应用实体之间的数据传输机制,APSME 向应用对象提供多种服务,并维护管理对象的数据库。

APS 是网络层(NWK)和应用层(APL)之间的接口。该接口包括一系列可以被 ZDO 和用户自定义应用对象调用的服务。这些服务由两个实体提供:APS 数据实体(APSDE)通过 APSDE 服务接入点(APSDE-SAP),APS 管理实体(APSME)通过 APSME 服务接入点(APSME-SAP)。APSDE 在同一个网络中的两个或多个设备提供传输应用 PDU 的数据传输服务。APSME 提供设备发现和设备绑定服务,并维护一个管理对象的数据库,也就是

APS 信息库(AIB)。

2. 应用框架

在 ZigBee 应用中,应用框架提供了两种标准服务类型。一种是键值对(key value pair, KVP)服务类型,另一种是报文(message,MSG)服务类型。KVP 服务用于传输规范所定义的特殊数据。它定义了属性(attribute)、属性值(value),以及用于 KVP 操作的命令:Set、Get、Event。其中,Set 用于设置一个属性值,Get 用于获取一个属性值,Event 用于通知一个属性已经发生改变。KVP 消息主要用于传输一些较为简单的变量格式。由于 ZigBee 的很多应用领域中的消息较为复杂,并不适用于 KVP 格式,因此,ZigBee 协议规范定义了 MSG 服务类型。MSG 服务对数据格式不做要求,适合任何格式的数据传输。因此,它可以用于传送数据量大的消息。

应用框架(AF)为每个应用对象提供了键值对(KVP)服务和报文(MSG)服务。KVP 命令帧的格式如表 6.2 所示。MSG 命令帧的格式如表 6.3 所示。

表 6.2 KVP 命令帧的格式

4 B	4 B	16 B	0/8 B	n B
命令类型标识符	属性数据类型	属性标识符	错误代码	属性数据

表 6.3 MSC 命令帧的格式

8 B	n B
事物长度	属性数据

3. ZigBee 设备对象

ZDO 实际上是介于应用层端点和应用支持子层之间的端点,其主要功能集中在网络管理和维护上。应用层的端点可以通过 ZDO 提供的功能来获取网络或者是其他节点的信息,包括网络的拓扑结构、其他节点的网络地址和状态,以及其他节点的类型和提供的服务等信息。

端点是应用对象存在的地方,ZigBee 允许多个应用同时位于一个节点上,ZigBee 定义了几种描述符,对设备以及提供的服务进行描述,可以通过这些描述符来寻找合适的服务或者设备。

此外,ZigBee 协议栈还提供了安全组件,如采用了 AES128 的算法对网络层和应用层的数据进行加密保护;设立信任中心的角色,用于管理密钥和管理设备,可以执行设置的安全策略。

通过以上分析可知,ZigBee 协议套件简单紧凑,因而,其对与之兼容的硬件要求也比较简单,8 位微处理器 80C51 就可以满足要求。全功能协议软件需要 32 KB 的 ROM,最小功能协议软件需要大约 4 KB 的 ROM。目前,飞思卡尔、德州仪器(TI)等国际巨头已推出了比较成熟的 ZigBee 开发平台,如 TI 推出基于 CC2420 收发器和 TIMSP430 超低功耗单片机的平台、基于 CC2430 收发器的 SOC 平台 C51RF-3-PK 等。

ZigBee 设备配置层提供标准的 ZigBee 配置服务,它定义和处理描述符请求。在 ZigBee 设备配置层中定义了称为 ZigBee 设备对象的特殊软件对象,在其他服务中提供绑定服务。远程设备可以通过 ZDO 接口请求任何标准的描述符信息。当接收到这些请求时,

ZDO 会调用配置对象，以获取相应的描述符值。在目前的 ZigBee 协议版本中，还没有完全实现设备配置层。ZDO 是特殊的应用对象，它在端点（end-point）0 上实现。

6.6　ZigBee 安全服务规范

ZigBee 设备之间的通信使用 IEEE 802.15.4 无线标准，该标准指定物理层（PHY）和媒介存取控制层（MAC）两层规范。而 ZigBee 规范了网络层（NWK）和应用层（APL）标准，各层规范功能分别如下：

① PHY：提供基本的物理无线通信能力。
② MAC：提供设备间的可靠性授权和一跳通信连接服务。
③ NWK：提供用于构建不同网络拓扑结构的路由和多跳功能。
④ APL：包括一个应用支持子层、ZigBee 设备对象和应用。

在安全服务规范方面，协议栈分别在 MAC、NWK 和 APS 3 层具有安全机制，以保证各层数据帧的安全传输。同时，APS 提供建立和保持安全关系的服务。ZDO 管理安全性策略和设备的安全性结构。

习　题

一、选择题

1. 在 ZigBee 网络中，哪种设备可以作为网络启动或建立网络的设备？
   A. 路由器　　　　　B. 协调器　　　　　C. 末端节点　　　　D. 网关
2. 一个 ZigBee 网络最多可以容纳多少个从设备？
   A. 64　　　　　　　B. 128　　　　　　 C. 254　　　　　　 D. 512
3. （多选）ZigBee 网络层支持哪两种主要路由算法？
   A. 树路由　　　　　B. 星状路由　　　　C. 网状网路由　　　D. 直接路由

二、判断题

1. ZigBee 网络中的协调器只能维持数据交换，不能提供安全机制。（　　）
2. 在 ZigBee 协议栈中，应用层直接与物理层交互，无须经过网络层。（　　）

三、简答题

1. 请描述 ZigBee 技术的 5 个主要优点。
2. 在 ZigBee 协议栈中，哪一层负责密钥管理及存取控制？
3. 在 ZigBee 网络中，协调器的作用是什么？

四、论述题

1. 比较树路由算法和网状网路由算法的优缺点，并讨论它们各自适合的应用场景。
2. 请描述 KVP 服务类型和 MSG 服务类型的区别及应用场景，并结合实际案例说明它们如何在不同的应用环境中发挥作用。

第 7 章 单片机实验

若想学习单片机实验的软件安装方法,请使用"北邮智信"App 扫描附件 B 的二维码。

附件 B

微课视频 B.1

微课视频 B.2

微课视频 B.3

微课视频 B.4

微课视频 B.5

微课视频 B.6

微课视频 B.7.1

微课视频 B.7.2

7.1 基础实验

7.1.1 流水灯实验

微课视频 7.1.1

1. 实验目的

(1) 掌握 CC2530 芯片 GPIO 的配置方法;

(2) 掌握 LED 驱动电路及开关 LED 的原理。

2. 实验设备

硬件:PC 机 1 台,ZB2530(底板、核心板、仿真器、USB 线)1 套。

软件:IAR 8.10 集成开发环境。

3. 实验相关电路

本实验电路图如图 7.1 所示。

发光二极管属于二极管的一种,具有二极管的单向导电特性,即只有在正向电压(二极管的正极接正,负极接负)下才能导通发光。P1.0 引脚接发

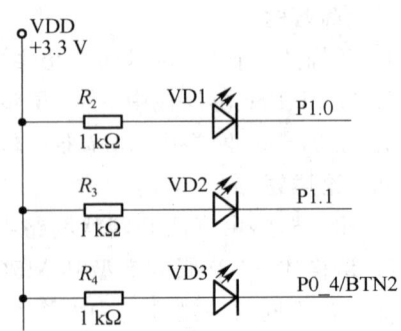

图 7.1 流水灯实验电路图示例

光二极管(VD1)的负极时,P1.0 引脚输出低电平,VD1 亮;P1.0 引脚输出高电平时,VD1 熄灭,VD2、VD3 同理。

4. 实验相关寄存器

操作 P1.0 需要了解实验相关寄存器的作用,并掌握其配置方法,如表 7.1 所示。

表 7.1 实验相关寄存器的作用

寄存器	作用	描述
P1(0x90)	端口 1	通用 I/O 端口,可以从 SFR 位寻址
P1SEL(0xF4)	端口 1 功能选择	P1.7 到 P0.0 的功能选择 0:通用 I/O 1:外设功能
P1DIR(0xFE)	端口 1 方向	P1.7 到 P1.0 的 I/O 方向 0:输入 1:输出
P1INP(0xF6)	端口 1 输入模式	P1.7 到 P1.2 的 I/O 输入模式 由于 P1.0 和 P1.1 没有上拉/下拉功能,故 P1INP 暂时不需要配置 0:上拉/下拉 1:三态

按照表 7.1 中实验相关寄存器的作用,对 P1.0 端口进行配置,当 P1.0 输出低电平时, VD1 被点亮。所以配置如下:

```
P1SEL &= ~0x03;    //配置 P1.0 为通用 I/O 端口,默认为 0 可以不设
P1DIR |= 0x03;     //P10、P11 定义为输出
P0DIR |= 0x10;     //P14 定义为输出
```

由于 CC2530 寄存器初始化时默认值为[①]:

```
P1SEL = 0x00;
P1DIR = 0xff;
P1INP = 0x00;
```

所以,I/O 端口初始化时可以简化初始化指令:

```
P1DIR |= 0x01;     //配置 P1.0 为输出
```

5. 实验现象

VD1、VD2、VD3 依次亮起,并依次熄灭,循环往复,如图 7.2 所示。

---

① 详细说明请参考《zigbee 开发板\相关资料\CC2530 中文数据手册完全版.pdf》

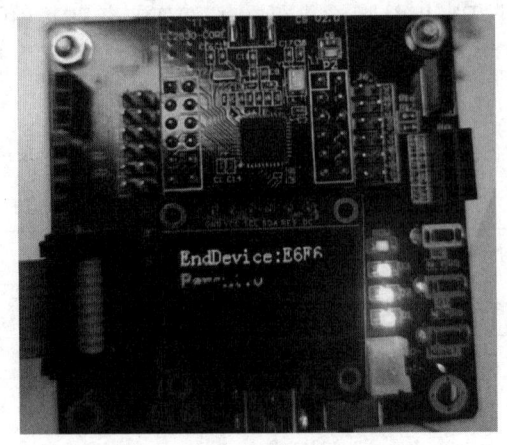

图 7.2 流水灯实验现象

7.1.2 按键控制流水灯实验

1. 实验目的

(1) 掌握 CC2530 芯片 GPIO 的配置方法;
(2) 掌握 LED 驱动电路及开关 LED 的原理;
(3) 掌握检测按键的方法。

2. 实验设备

硬件:PC 机 1 台,ZB2530(底板、核心板、仿真器、USB 线)1 套。
软件:IAR 8.10 集成开发环境。

3. 实验相关电路

本实验电路图如图 7.3 所示。

微课视频 7.1.2

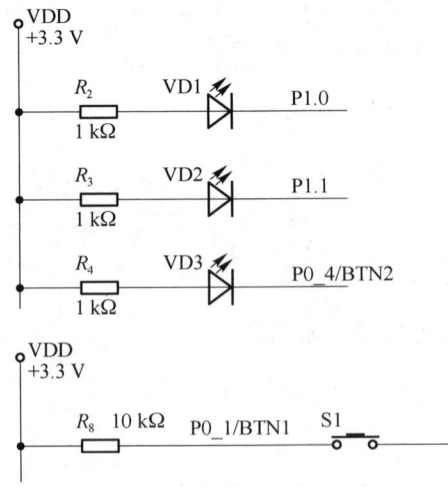

图 7.3 按键控制流水灯实验电路图示例

发光二极管属于二极管的一种,具有二极管的单向导电特性,即只有在正向电压(二极管的正极接正,负极接负)下才能导通发光。P1.0 引脚接发光二极管(VD1)的负极时,P1.0 引脚输出低电平,VD1 亮;P1.0 引脚输出高电平时,VD1 熄灭,VD2、VD3 同理。

本实验需注意按键 S1 接在 P0_1/BTN1 上,当按键松开时,P0_1/BTN1 通过电阻上拉为高电平;当按键 S1 按下时,P0_1/BTN1 为低电平。

4. 实验相关寄存器

操作 P1.0 需要掌握的实验相关寄存器的作用和配置方法同 7.1.1 小节。

本实验按键 S1 的配置如下:

```
P0SEL&=~0X2;        //设置 P01 为普通 I/O 端口
P0DIR&=~0X2;        //按键在 P01,设置为输入模式 0000 0010
P0INP&=~0x2;        //打开 P01 的上拉电阻,不影响
```

5. 实验现象

按下 S1,VD1、VD2、VD3 依次亮起,并保持亮起状态,再次按下 S1,3 个灯依次熄灭。

7.1.3 中断控制流水灯实验

1. 实验目的

(1) 掌握 CC2530 芯片 GPIO 的配置方法;
(2) 掌握 LED 驱动电路及开关 LED 的原理;
(3) 通过按键 S1 产生外部中断,改变 LED1、LED2、LED3 的状态。

微课视频 7.1.3

2. 实验设备

硬件:PC 机 1 台,ZB2530(底板、核心板、仿真器、USB 线)1 套。
软件:IAR 8.10 集成开发环境。

3. 实验相关电路

与 7.1.2 小节相同。

4. 实验相关寄存器

操作 P1.0 需要掌握的实验相关寄存器的作用和配置方法同 7.1.1 小节。

本实验的 CC2530 外部中断需要配置 P0IEN、PICTL、P0IFG、IEN1 寄存器。外部中断寄存器的作用如表 7.2 所示。

表 7.2 外部中断寄存器的作用

寄存器	作用	描述
P0IEN(0xAB)	端口 0 中断屏蔽	端口 P0.7 到 P0.0 中断使能 0:中断禁用 1:中断使能
PICTL(0x8C)	端口中断控制 P0ICON(Bit0)	端口 0,位 7 到位 0 输入模式下的中断配置,该位为所有端口 0 的输入选择中断请求条件 0:输入的上升沿引起中断 1:输入的下降沿引起中断

续表

寄存器	作用	描述
P0IFG(0x89)	端口 0 中断状态标志	端口 0,位 7 到位 0 输入中断状态标志,当输入端口中断请求未决信号时,其相应的标志位将置 1
IEN1（0xB8）	中断使能 1P0IE(Bit5)	端口 0 中断使能 0:中断禁止 1:中断使能

按照表 7.2 中外部中断寄存器的作用,对 P1.0 端口进行配置。当 P1.0 输出低电平时,VD1 被点亮,VD2、VD3 同理。按下 S1 时,P0.1 产生外部中断,从而控制 LED1、LED2、LED3 的亮灭。因此,配置如下:

```
P1SEL &= ~0x03;      //配置 P1.0 为通用 I/O 端口,默认为 0 的可以不设
P1DIR |= 0x03;       //P10、P11 定义为输出
P0DIR |= 0x10;       //P14 定义为输出
```

按键 S1 配置如下:

```
P0IEN |= 0x2;        //P0.1 设置为中断方式,1:中断使能
PICTL |= 0x2;        //下降沿触发
IEN1 |= 0x20;        //允许 P0 端口中断
P0IFG = 0x00;        //初始化中断标志位
EA = 1;              //打开总中断
```

5. 实验现象

按下 S1,VD1、VD2、VD3 依次亮起,并保持亮起状态,再次按下 S1,3 个灯依次熄灭。

7.1.4 查询方式使用定时器实验

1. 实验目的

(1) 掌握 CC2530 芯片 GPIO 的配置方法;
(2) 掌握 LED 驱动电路及开关 LED 的原理;
(3) 掌握定时器 T1 的配置与使用。

微课视频 7.1.4

2. 实验设备

硬件:PC 机 1 台,ZB2530(底板、核心板、仿真器、USB 线)1 套。
软件:IAR 8.10 集成开发环境。

3. 实验相关电路

与 7.1.1 小节相同。

4. 实验相关寄存器

CC2530 的 T1 定时器(16 位)需要配置 3 个寄存器,分别为 T1CTL、T1STAT、IRCON,如表 7.3 所示。

表 7.3 相关寄存器的作用

寄存器	作用	描述
T1CTL(0xE4)	定时器 1 的控制和状态	T1CTL(Bit 3:2)分频器划分值 00:标记频率/1 01:标记频率/8 10:标记频率/32 11:标记频率/128 T1CTL(Bit 1:0)选择定时器 1 模式 00:暂停运行 01:自由运行,从 0x0000 到 0xFFFF 反复计数 10:模,从 0x0000 到 T1CC0 反复计数 11:正计数/倒计数,从 0x0000 到 T1CC0 反复计数,并且从 T1CC0 倒计数到 0x0000
T1STAT(0xAF)	定时器 1 状态	Bit5:定时器 1 计数器溢出中断标志 Bit4:定时器 1 通道 4 中断标志 Bit3:定时器 1 通道 3 中断标志 Bit2:定时器 1 通道 2 中断标志 Bit1:定时器 1 通道 1 中断标志 Bit0:定时器 1 通道 0 中断标志
IRCON(0xC0)	中断标志 4	Bit1:定时器 1 中断标志 当定时器 1 中断发生时设为 1,并且当 CPU 向量指向中断服务例程时清除 0:无中断未决 1:中断未决

按照表 7.3 中相关寄存器的作用,对 LED1 和 T1 进行配置。
LED1 配置如下:

```
P1SEL& =～0x01;      //配置 P1.0 为通用 I/O 端口
P1DIR|= 0x01;        //配置 P1.0 为输出
```

T1 配置如下:

```
T1CTL = 0x0d;        //128 分频,自动重装 0x0000-0xFFFF
T1STAT = 0x21;       //通道 0,中断有效
```

5. 实验现象

VD1 闪烁,如图 7.4 所示。

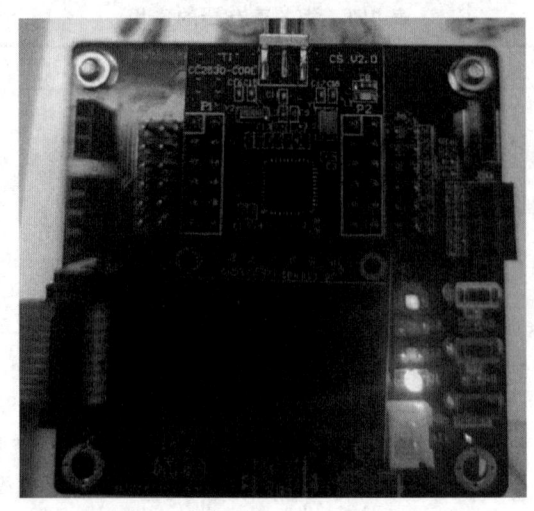

图 7.4 查询方式使用定时器实验现象

7.1.5 串口收发字符串实验

1．实验目的

（1）掌握 CC2530 芯片串口配置与使用；

（2）观察 VD2 串口发送指示灯的变化是每发送一串字符闪一次。

微课视频 7.1.5

2．实验设备

硬件：PC 机 1 台，ZB2530（底板、核心板、仿真器、USB 线）1 套。

软件：IAR 8.10 集成开发环境。

3．实验相关电路

P0_2、P0_3 配置为外设功能时：P0_2 为 RX，P0_3 为 TX。USART0 和 USART1 是串行通信接口，它们能够分别运行于异步 UART 模式或者同步 SPI 模式。两个 USART 具有同样的功能，可以设置在单独的 I/O 引脚。此种串口设计是没有流控功能的。

注：电阻值为 0 的电阻是空贴的！

4．实验相关寄存器

实验相关寄存器 U_xCSR、U_xGCR、U_xBAUD、U_xDBUF、UTX0IF、CLKCONCMD 的作用如表 7.4 所示。

表 7.4 实验相关寄存器的作用

寄存器	位	描述
U0CSR(0x86)-USART0 控制和状态	Bit[7]MODE	USART 模式选择 0：SPI 模式 1：UART 模式
	Bit[6]RE	UART 接收器使能 0：禁用接收器 1：接收器使能

续表

寄存器	位	描述
U0CSR(0x86)-USART0 控制和状态	Bit[5]SLAVE	SPI 主或者从模式选择 0:SPI 主模式 1:SPI 从模式
	Bit[4]FE	UART 帧错误状态 0:无帧错误检测 1:字节收到不正确停止位级别
	Bit[3]ERR	UART 奇偶错误状态 0:无奇偶错误检测 1:字节收到奇偶错误
	Bit[2]RX_BYTE	接收字节状态 0:没有收到字节 1:准备好接收字节
	Bit[1]TX_BYTE	传送字节状态 0:字节没有被传送 1:写到数据缓存寄存器的最后字节被传送
	Bit[0]ACTIVE	USART 传送/接收主动状态、在 SPI 从模式下该位等于从模式选择 0:USART 空闲 1:在传送或者接收模式 USART 忙碌
U0GCR(0xC5)-USART 0 通用控制	Bit[7]CPOL	SPI 的时钟极性 0:负时钟极性 1:正时钟极性
	Bit[6]CPHA	SPI 时钟相位 0:当 SCK 从 CPOL 倒置到 CPOL 时,数据输出到 MOSI,并且当 SCK 从 CPOL 倒置到 CPOL 时,数据输入抽样到 MISO 1:当 SCK 从 CPOL 倒置到 CPOL 时,数据输出到 MOSI,并且当 SCK 从 CPOL 倒置到 CPOL 时,数据输入抽样到 MISO
	Bit[5]ORDER	传送位顺序 0:LSB 先传送 1:MSB 先传送
	Bit[4:0]BAUD_E	波特率指数值。BAUD_E 和 BAUD_M 决定了 UART 波特率和 SPI 的主 SCK 时钟频率
U0BAUD(0xC2)- USART 0 波特率控制	BAUD_M[7:0]	波特率小数部分的值。BAUD_E 和 BAUD_M 决定了 UART 的波特率和 SPI 的主 SCK 时钟频率
U0DBUF		USART 0 接收/发送数据缓存
UTX0IF(发送中断标志)	IRCON2 Bit1	USART 0 TX 中断标志 0:无中断未决 1:中断未决

续表

寄存器	位	描述
CLKCONCMD 时钟控制命令	Bit[7]OSC32K	32 kHz 时钟振荡器选择 0:32 kHz XOSC 1:32 kHz RCOSC
	Bit[6]OSC	系统时钟源选择 0:32 MHz XOSC 1:16 MHz RCOSC
	Bit[5:3]TICKSPD	定时器标记输出设置 000:32 MHz 001:16 MHz 010:8 MHz 011:4 MHz 100:2 MHz 101:1 MHz 110:500 kHz 111:250 kHz
	Bit[2:0]CLKSPD	时钟速度 000:32 MHz 001:16 MHz 010:8 MHz 011:4 MHz 100:2 MHz 101:1 MHz 110:500 kHz 111:250 kHz

由寄存器 UxBAUD.BAUD_M[7:0]和 UxGCR.BAUD_E[4:0]定义波特率。该波特率用于 UART 传送,也用于 SPI 传送的串行时钟速率。波特率由下式给出:

$$波特率 = \frac{(256 + \text{BAUD\_M}) \times 2^{\text{BAUD\_E}}}{2^{28}} F$$

其中,F 是系统时钟频率,为 16 MHz RCOSC 或 32 MHz XOSC。32 MHz 系统时钟常用的波特率设置如表 7.5 所示。

表 7.5　32 MHz 系统时钟常用的波特率设置

波特率/(bit/s)	UxBAUD.BAUD_M	UxGCR.BAUD_E	误差/%
2 400	59	6	0.14
4 800	59	7	0.14
9 600	59	8	0.14
14 400	216	8	0.03
19 200	59	9	0.14
28 800	216	9	0.03
38 400	59	10	0.14
57 600	216	10	0.03
76 800	59	11	0.14
115 200	216	11	0.03
230 400	216	12	0.03

CC2530 配置串口的一般步骤如下：

① 配置 I/O，使用外部设备功能，此处配置 P0_2 和 P0_3 用作串口 UART0；

② 配置相应串口的控制和状态寄存器；

③ 配置串口工作的波特率。

5. 实验步骤

① 烧录程序至开发板。

② 按下"RESET"按键，用数据线将开发板连接到计算机上，并打开设备管理器，通过插拔数据线，查看开发板的端口，发现是"COM3"端口（每台计算机对应的端口可能不一样，一定要自己查看一下），如图 7.5 所示。

图 7.5 端口确认界面

③ 打开串口软件"SSCOM3.2"，选择正确的串口号，即②中查找的端口号和波特率，如图 7.6 所示。

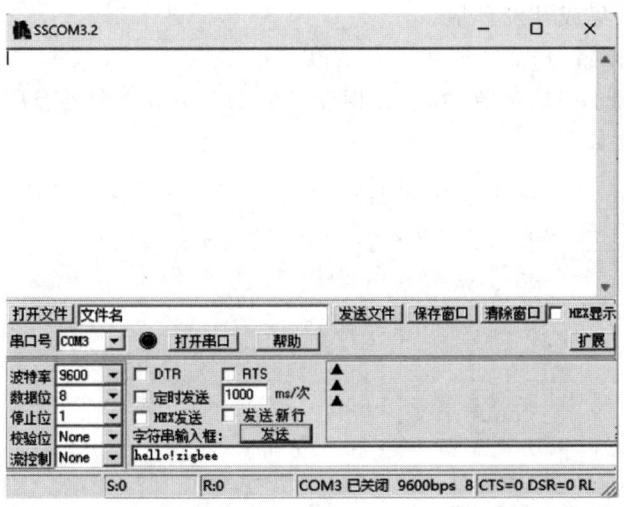

图 7.6 串口软件界面

④ 按下打开串口按钮,并按下板子上的 RESET 按键,会出现"hello zigbee!"。同时,用户可在字符串输入框中输入自己想发送的字符,单击"发送"按钮,将字符发送到板子上,如图 7.7 所示。

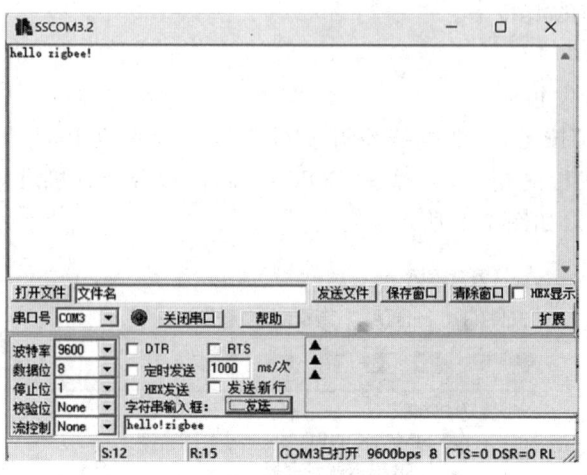

图 7.7 字符发送界面

⑤ 实验完成后,记得单击"关闭串口"按钮,并关闭软件。否则,进行下次串口实验时会出现端口被占用的情况,从而导致实验失败。

7.1.6 串口发送指令控制 LED 实验

微课视频 7.1.6

1. 实验目的

(1) 掌握 CC2530 芯片串口配置与使用;
(2) 接收串口发送过来的数据,通过分析数据内容控制 LED。

2. 实验设备

硬件:PC 机 1 台,ZB2530(底板、核心板、仿真器、USB 线)1 套。
软件:IAR 8.10 集成开发环境。

3. 实验相关寄存器

由于此实验增加了串口接收功能,故相较于 7.1.5 小节寄存器有所改变(改变部分标注了下划线),具体配置如下:

```
PERCFG = 0x00;        //位置 1 P0 端口
P0SEL = 0x0c;         //P0_2、P0_3 用作串口(外部设备功能)
P2DIR &= ~0XC0;       //P0 优先作为 UART0
U0CSR |= 0x80;        //设置为 UART 方式
U0GCR |= 8;
U0BAUD |= 59;         //波特率设为 9 600
UTX0IF = 0;           //UART0 TX 中断标志初始置位 0
U0CSR |= 0x40;        //允许接收
IEN0 |= 0x84;         //开总中断,允许接收中断
```

4. 实验步骤

步骤①~步骤③与 7.1.5 小节相同。

④ 按下"打开串口"按钮,在字符串输入框输入自己想发送的字符,单击"发送"按钮,将其发送到板子上。例如,输入"A1♯"则全部灯亮起,如表 7.6 所示。字符发送界面和实物示意图分别如图 7.8 和图 7.9 所示。

表 7.6 发送字符与 LED 灯状态对应表

串口发送字符	LED 灯状态
R0♯	VD1 关
R1♯	VD1 开
G0♯	VD2 关
G1♯	VD2 开
Y0♯	VD3 关
Y1♯	VD3 开
A0♯	关 VD1,VD2,VD3
A1♯	开 VD1,VD2,VD3

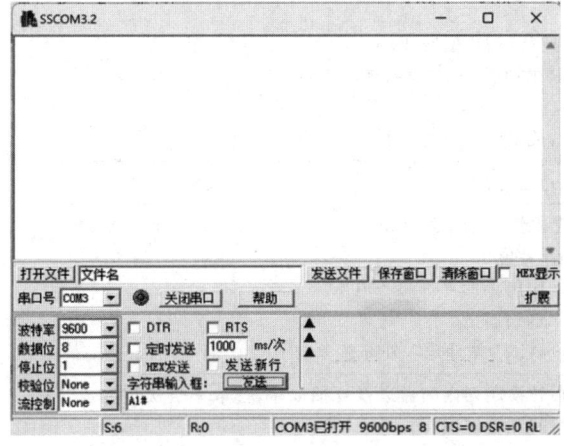

图 7.8 字符发送界面

图 7.9 实物示意图

⑤ 实验完成后,记得单击"关闭串口"按钮,并关闭软件。否则,进行下次串口实验时会出现端口被占用的情况,从而导致实验失败。

7.1.7 AD 采集内部温度串口显示实验

1. 实验目的

(1) 掌握 CC2530 芯片串口配置与使用;
(2) 学会将采集到的内部温度传感器的信息通过串口发送到上位机。

2. 实验设备

硬件:PC 机 1 台,ZB2530(底板、核心板、仿真器、USB 线)1 套。
软件:IAR 8.10 集成开发环境。

微课视频 7.1.7

3. 实验相关寄存器

实验相关寄存器的作用如表 7.7 所示。

表 7.7 实验相关寄存器的作用

寄存器	位	描述
ADCCON1（0xB4）-ADC 控制 1	Bit[7]EOC	转换结束。当 ADCH 被读取的时候清除。如果在读取前一数据之前完成了一个新的转换，那么 EOC 位仍然为高 0：转换没有完成 1：转换完成
	Bit[6]ST	开始转换。读取为 1，直到转换完成 0：没有转换正在进行 1：如果 ADCCON1.STSEL=11 并且没有序列正在运行，那么启动一个转换序列
	Bit[5:4]STSEL	启动选择。选择该事件，将启动一个新的转换序列 00：P2.0 引脚的外部触发 01：全速，不等待触发器 10：定时器 1 通道 0 比较事件 11：ADCCON1.ST=1
	Bit[3:2]RCTRL	控制 16 位随机数发生器。当写 01 时，操作完成后设置将自动返回 00 00：正常运行（13X 型展开） 01：LFSR 的时钟一次（没有展开） 10：保留 11：停止，关闭随机数发生器
	Bit[1:0]	保留。一直设为 11
ADCCON2（0xB5）-ADC 控制 2	Bit[7:6]SREF	选择参考电压用于序列转换 00：内部参考电压 01：AIN7 引脚上的外部参考电压 10：AVDD5 引脚 11：AIN6-AIN7 差分输入外部参考电压
	Bit[5:4]SDIV	为包含在转换序列内的通道设置抽取率，抽取率也决定完成转换需要的时间和分辨率 00：64 抽取率（7 位 ENOB）　　01：128 抽取率（9 位 ENOB） 10：256 抽取率（10 位 ENOB） 11：512 抽取率（12 位 ENOB）
	Bit[3:0]SCH	序列通道选择。选择序列结束。一个序列可以是从 AIN0 到 AIN7(SCH<=7)，也可以是从差分输入 AIN0-AIN1 到 AIN6-AIN7(8<=SCH<=11)。对于其他的设置，只能执行单个转换。读取的时候，这些位将代表有转换进行的通道号码 0000：AIN0　　　　　　0001：AIN1 0010：AIN2　　　　　　0011：AIN3 0100：AIN4　　　　　　0101：AIN5 0110：AIN6　　　　　　0111：AIN7 1000：AIN0-AIN1　　　1001：AIN2-AIN3 1010：AIN4-AIN5　　　1011：AIN6-AIN7 1100：GND　　　　　　1101：正电压参考 1110：温度传感器　　　1111：VDD/3

续表

寄存器	位	描述
ADCCON3 (0xB6)-ADC 控制 3	和 ADCCON2 基本相同,仅 Bit[3:0]有点差异	Bit[3:0]单个通道选择。选择写 ADCCON3 触发的单个转换所在的通道号码。当单个转换完成后,该位自动清除
TR0(0x624B)-测试寄存器 0	Bit[0]	设置为 1,连接温度传感器到 SOC_ADC;也可参考 ATEST 寄存器的描述来使能温度传感器
ATEST(0x61BD)-模拟测试控制	Bit[5:0]	模拟测试控制模式 000001:使能温度传感器,其他值保留
CLKCONCMD 时钟控制命令	Bit[7]OSC32K	32 kHz 时钟振荡器选择 0:32 kHz XOSC 1:32 kHz RCOSC
	Bit[6]OSC	系统时钟源选择 0:32 MHz XOSC 1:16 MHz RCOSC
	Bit[5:3]TICKSPD	定时器标记输出设置 000:32 MHz 001:16 MHz 010:8 MHz 011:4 MHz 100:2 MHz 101:1 MHz 110:500 kHz 111:250 kHz
	Bit[2:0]CLKSPD	时钟速度 000:32 MHz 001:16 MHz 010:8 MHz 011:4 MHz 100:2 MHz 101:1 MHz 110:500 kHz 111:250 kHz
CLKCONSTA		CLKCONSTA 寄存器是一个只读寄存器,用来获得当前时钟状态

温度传感器配置:

```
TR0 = 0x01;        //设置为 1,将温度传感器连接到 SOC_ADC
ATEST = 0x01;      //使能温度传感器
```

AD 传感器配置:

```
ADCCON3 = (0x3E);   //选择 1.25 V 为参考电压,12 位分辨率,对片内温度传感器采样
ADCCON1 |= 0x30;    //将 ADC 的启动模式选择为手动 0011 0000
ADCCON1 |= 0x40;    //启动 AD 转化
```

4. 实验步骤

步骤①~③与 7.1.5 小节相同。

④ 按下"打开串口"按钮,如图 7.10 所示,并按下板子上的"RESET"按键,按下后会显示温度,如图 7.11 所示。

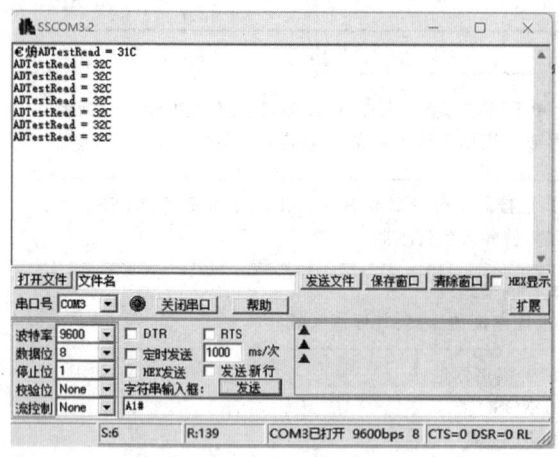

图 7.10 温度显示界面　　　　　　　　图 7.11 实物示意图

⑤ 实验完成后,记得单击"关闭串口"按钮,并关闭软件。否则,进行下次串口实验时会出现端口被占用的情况,从而导致实验失败。

7.1.8　睡眠定时器唤醒系统实验

微课视频 7.1.8

1. 实验目的

(1) 掌握睡眠的作用

了解 ZigBee 的特点:远距离、低功耗的无线传输设备,节点模块闲时可以进入睡眠模式,在需要传输数据的时候可以被唤醒,该特点能进一步节省电量。

(2) 掌握几种系统电源模式的基本设置及切换

系统电源有以下几种管理模式:

① 全功能模式:高频晶振(16M 或者 32M)和低频晶振(32.768K RCOSC/XOSC)全部工作,数字处理模块正常工作。

② PM1:高频晶振(16M 或者 32M)关闭,低频晶振(32.768K RCOSC/XOSC)工作,数字核心模块正常工作。

③ PM2:低频晶振(32.768K RCOSC/XOSC)工作,数字核心模块关闭,系统通过RESET、外部中断或者睡眠计数器溢出唤醒。

④ PM3:晶振全部关闭,数字处理核心模块关闭,系统只能通过 RESET 或外部中断唤醒,此模式下功耗最低。

(3) 观察现象

将睡眠模式下的 CC2530 通过定时器唤醒,观察 LED 闪烁现象。

2. 实验设备

硬件:PC 机 1 台,ZB2530(底板、核心板、仿真器、USB 线)1 套。

软件:IAR 8.10 集成开发环境。

3. 实验相关电路

与 7.1.1 小节相同。

4. 实验相关寄存器

实验相关寄存器 PCON、SLEEPCMD、ST0、ST1、ST2 的作用如表 7.8 所示。

表 7.8 实验相关寄存器的作用

寄存器	作用	描述
PCON(0x87)	供电模式控制	Bit[0]供电模式控制 写 1 到该位则强制设备进入 SLEEP. MODE(注意 MODE=0x00 且 IDLE=1 将停止 CPU 内核活动)设置的供电模式,该位读出来一直是 0。当活动时,所有的使能中断将清除该位,设备将重新进入主动模式
SLEEPCMD(0xBE)	睡眠模式控制	Bit[1:0]供电模式设置 00:主动/空闲模式 01:供电模式 1 10:供电模式 2 11:供电模式 3
ST0		睡眠计数器数据 Bit[7:0]
ST1		睡眠计数器数据 Bit[15:8]
ST2		睡眠计数器数据 Bit[23:16]

睡眠时间具体配置如下:

```
sleepTimer |= ST0;
sleepTimer |= (ulong)ST1<<8;
sleepTimer |= (ulong)ST2<<16;
sleepTimer += ((ulong)sec * (ulong)32768);
ST2 = (uchar)(sleepTimer>>16);
ST1 = (uchar)(sleepTimer>>8);
ST0 = (uchar)sleepTimer;
```

配置完毕后 sleepTimer 与 ST2<<16|ST1<<8|ST0 之差即为睡眠秒数。

5. 实验现象

开机后,LED1 闪 3 次后进入睡眠,睡眠 5 s 后,自动醒来,LED1 闪 3 次后再次进入睡眠。当睡眠结束时,LED2 亮灭交替。

6. 提高实验

引入中断,控制睡眠定时器唤醒系统。

7.1.9 看门狗实验

微课视频 7.1.9

1. 实验目的

(1) 掌握看门狗的原理及应用

看门狗是在程序跑飞的情况下 CPU 自恢复的一个方式,当软件在选定的时间间隔内不能置位看门狗定时器(WDT)时,WDT 就会复位系统。看门狗可用于电噪声、电源故障、静电放电等恶劣工作环境,或高可靠性要求的环境。如果系统不需要应用看门狗,则 WDT

可配置成间隔定时器,在选定的时间间隔内产生中断。

(2) 掌握 WDT 的特性

4 个可选择的时间间隔看门狗定时器模式下产生中断请求时钟独立于系统时钟,WDT 包括一个 15 位定时/计数器,它的频率由 32.768 KHz 的晶振决定。用户不能查看计数器的值工作于哪个电源模式。

(3) 了解几种看门狗定时器的使用

2. 实验设备

硬件:PC 机 1 台,ZB2530(底板、核心板、仿真器、USB 线)1 套。

软件:IAR 8.10 集成开发环境。

3. 实验相关电路

与 7.1.1 小节相同。

4. 实验相关寄存器

实验相关寄存器 WDCTL 的作用如表 7.9 所示。

表 7.9 实验相关寄存器的作用

寄存器	位	描述
WDCTL(0xC9) 看门狗定时器 控制	Bit[7:4]	清除定时器 当 0xA 跟随 0x5 写到 Bit[7:4]时,定时器被清除(即加载 0)。注意定时器仅写入 0xA 后,在 1 个看门狗时钟周期内写入 0x5 时被清除。当看门狗定时器运行在 IDLE 打开的情况下,写这些位没有影响。当运行在定时器模式,定时器可以通过写 1 到 CLR[0](不管其他 3 位)被清除为 0x0000(但是不停止)
	Bit[3:2]	模式选择 该位用于启动 WDT,使其处于看门狗模式还是定时器模式。当处于定时器模式时,设置这些位为 IDLE 将停止定时器。注意:当运行在定时器模式时要转换到看门狗模式,首先停止 WDT,然后启动 WDT 处于看门狗模式。当运行在看门狗模式时,写位没有影响 00:IDLE 01:IDLE(未使用,同 00) 10:看门狗模式 11:定时器模式
	Bit[1:0]	定时器间隔选择 该位选择定时器间隔定义为 32 kHz 振荡器周期的规定数。注意间隔只能在 WDT 处于 IDLE 时改变,这样,间隔必须在定时器启动的同时设置 00:定时周期×32 768(~1 s),当运行在 32 kHz 时,XOSC 01:定时周期×8 192(~0.25 s) 10:定时周期×512(~15.625 ms) 11:定时周期×64(~1.9 ms)

具体配置如下:

```
WDCTL = 0x00;      //打开 IDLE 才能设置看门狗
WDCTL |= 0x08;     //定时器间隔选择,间隔 1 s
```

停止喂狗：

```
WDCTL = 0xa0;        //清除定时器。当 0xA 跟随 0x5 写到这些位,定时器被清除
WDCTL = 0x50;
```

5．实验结果

代码配置如图 7.12 所示,LED1、LED2 不断闪烁,系统不断复位。

```
void main(void)
{
    SET_MAIN_CLOCK(0) ;
    InitLEDIO();
    Init_Watchdog();

    Delay(10000);

    LED1=0;
    LED2=0;
    while(1)
    {
        //FeetDog();
    }           //喂狗指令（加入后系统不复位，LED1和LED2不再闪烁）
}
```

图 7.12　系统复位代码配置

代码配置如图 7.13 所示,LED1、LED2 不闪烁,系统不复位。

```
void main(void)
{
    SET_MAIN_CLOCK(0) ;
    InitLEDIO();
    Init_Watchdog();

    Delay(10000);

    LED1=0;
    LED2=0;
    while(1)
    {
        FeetDog();
    }           //喂狗指令（加入后系统不复位，LED1和LED2不再闪烁）
}
```

图 7.13　系统不复位代码配置

7.1.10　温度传感器实验

1．实验目的

(1) 掌握温度传感器的原理及应用

ZigBee 很容易建立起无线传感网,低成本是研究 ZigBee 的目的。

(2) 了解 DS18B20

DS18B20 数字温度传感器接线方便,封装后可应用于多种场合,其有多种形式,如管道

微课视频 7.1.10

式、螺纹式、磁铁吸附式、不锈钢封装式,主要根据应用场合的不同而改变其外观。封装后的DS18B20可用于电缆沟测温、高炉水循环测温、锅炉测温、机房测温、农业大棚测温、洁净室测温、弹药库测温等各种非极限温度场合。DS18B20耐磨耐碰,体积小,使用方便,封装形式多样,适用于各种狭小空间设备数字测温和控制领域。

2. 实验设备

硬件:PC 机 1 台,ZB2530(底板、核心板、仿真器、USB 线)1 套,DS18B20 1 个。

软件:IAR 8.10 集成开发环境。

3. 实验相关寄存器

实验中用到了串口和 P0_7,前面已详细讲解了串口相关寄存器的配置与使用,此实验就不再重复讲串口配置了。DS18B20 程序采用模块化编程思想,只需调用温度读取函数即可,相当方便,移植到其他平台也非常容易。

本小节将重点讲 P0_7 的配置和 DS18B20 使用 P0_7 的方法。

```
P0SEL& = 0x7f;              //DS18B20 的 I/O 端口初始化
#define Ds18b20IO P0_7      //温度传感器引脚,在 ds18b20.c 修改
                            //不同 I/O 修改此处即可
```

4. 实验步骤

① 烧录程序至开发板中,打开串口调试助手,如图 7.14 所示,并将 DS18B20 安装到开发板上,如图 7.15 所示。

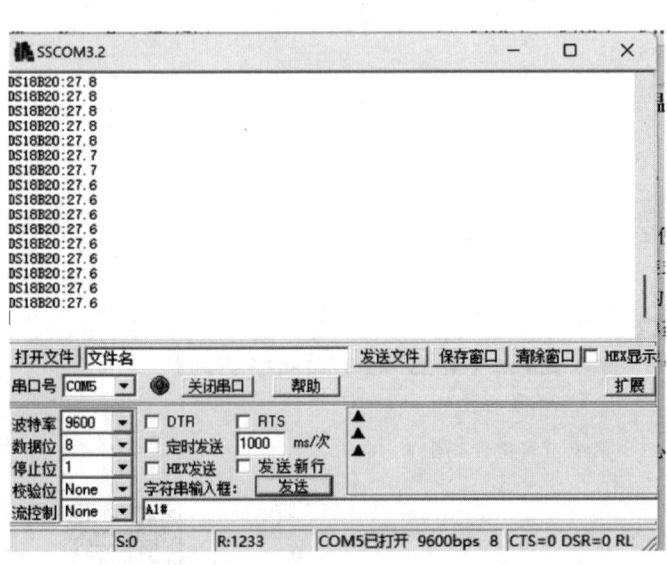

图 7.14 DS18B20 安装串口通信界面　　　　图 7.15 将 DS18B20 安装到开发板上

② 按下"RESET"按键,用数据线将开发板连接到计算机上,并打开设备管理器。通过插拔数据线,查看开发板的端口,发现是 COM3 端口(每台计算机对应的端口可能不一样,一定要自己查看一下),如图 7.16 所示。

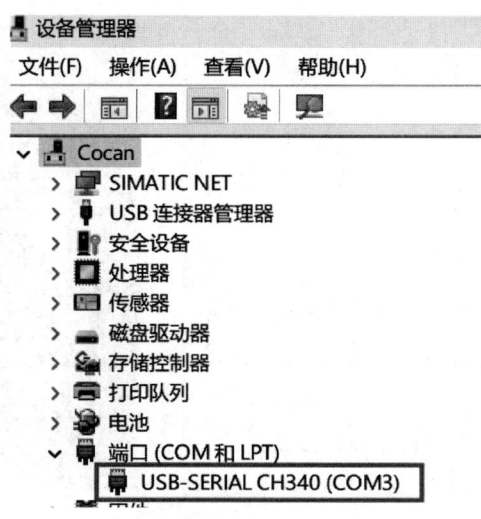

图 7.16 端口识别

③ 打开串口软件 SSCOM3.2,选择正确的串口号,即②中查找的端口号和波特率,如图 7.17 所示。

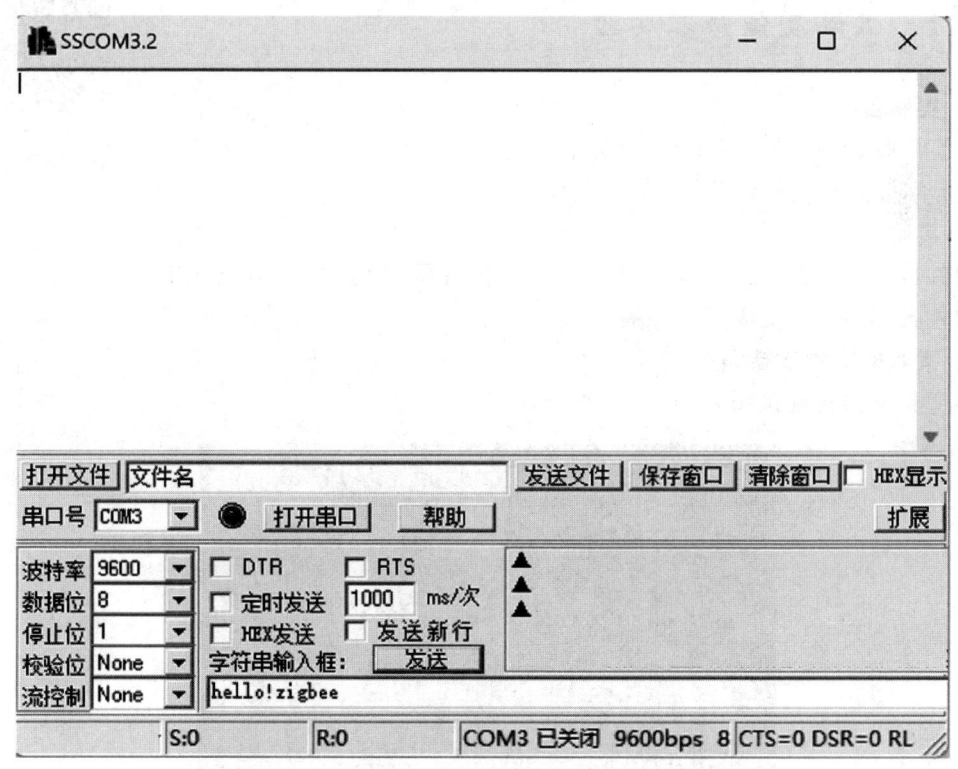

图 7.17 串口通信设置

④ 按下打开串口按钮,如图 7.18 所示,并按下板子上的"RESET"按键,按下后会显示温度,用手摸 DS18B20,温度会发生改变,如图 7.19 所示。

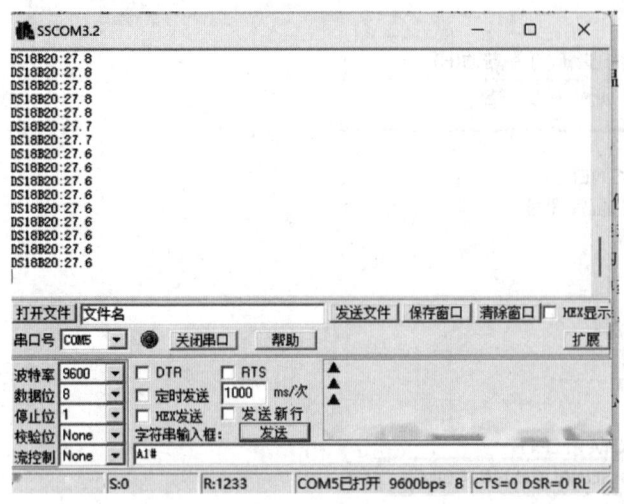

图 7.18 温度读取界面　　　　　　　　　图 7.19 温度变化显示

⑤ 实验完成后,记得单击"关闭串口"按钮,并关闭软件。否则,进行下次串口实验时会出现端口被占用的情况,从而导致实验失败。

7.1.11　温湿度传感器实验

1. 实验目的

(1) 掌握 CC2530 芯片 GPIO 的配置方法;
(2) 掌握温湿度传感器 DHT11 的使用。

微课视频 7.1.11

2. 实验设备

硬件:PC 机 1 台,ZB2530(底板、核心板、仿真器、USB 线)1 套,DHT11 1 个。
软件:IAR 8.10 集成开发环境。

3. 实验的实物连接图

本实验的实物连接图如图 7.20 所示。

图 7.20　实验的实物连接图

注意:传感器模块上从左到右是+out-,板子上从左到右是 3V3 P07 GND,刚好是对应的。

DHT11 数字温湿度传感器是一款含有已校准数字信号输出的温湿度复合传感器。它应用专用的数字模块采集技术和温湿度传感技术,确保产品具有极高的可靠性与卓越的长期稳定性。

4. 实验相关寄存器

实验中用到了串口和 P0_7,前面已详细讲解了串口相关寄存器的配置与使用,此实验就不再重复讲串口配置了。DHT11 程序采用模块化编程思想,只需调用温度读取函数即可,相当方便,移植到其他平台也非常容易。

本小节将重点讲 P0_7 的配置和 DHT11 使用 P0_7 的方法。

```
P0SEL& = 0x7f;              //设置连接 DHT11 的 I/O 端口
#define DATA_PIN P0_7       //传感器引脚,在 DHT11.c 修改,不同 I/O 修改此处即可
```

5. 实验步骤

步骤①~③与 7.1.5 小节相同。

④ 按下"打开串口"按钮,并按下板子上的"RESET"按键,如图 7.21 所示。

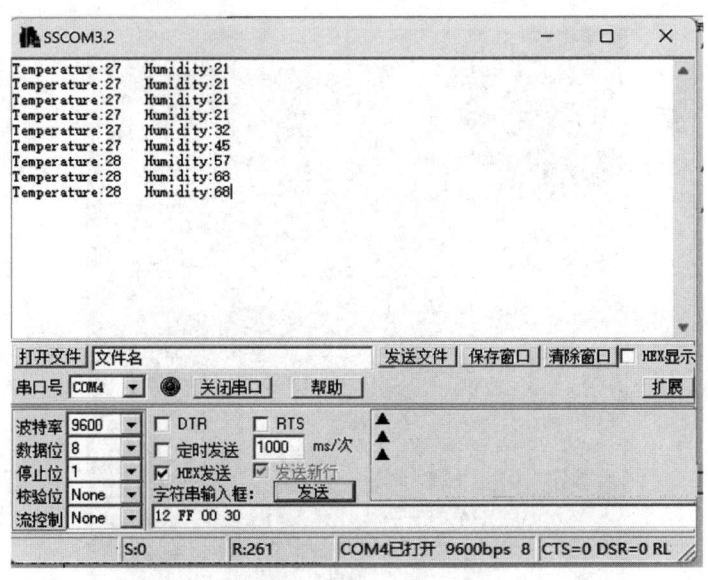

图 7.21 温湿度数据界面

⑤ 实验完成后,记得单击"关闭串口"按钮,并关闭软件。否则,进行下次串口实验时会出现端口被占用的情况,从而导致实验失败。

7.1.12 MQ-2 气体传感器实验

1. 实验目的

(1) 掌握 CC2530 芯片 GPIO 的配置方法;
(2) 掌握 MQ-2 气体传感器的使用。

微课视频 7.1.12

2. 实验设备

硬件：PC 机 1 台，ZB2530（底板、核心板、仿真器、USB 线）1 套，MQ-2 气体传感器 1 个。
软件：IAR 8.10 集成开发环境。

3. 实验相关电路

(1) MQ-2 传感器简介

MQ-2 气体传感器所使用的气敏材料是在清洁空气中电导率较低的二氧化锡（SnO_2）。当传感器所处环境中存在可燃气体时，传感器的电导率随空气中可燃气体浓度的增加而增大。使用简单的电路即可将电导率的变化转换为与该气体浓度相对应的输出信号。MQ-2 气体传感器对液化气、丙烷、氢气的灵敏度高，对天然气和其他可燃蒸汽的检测也很理想。这种传感器可检测多种可燃性气体，是一款适合多种应用的低成本传感器。

(2) 接线方式

① VCC：接电源正极（5 V）。
② GND：接电源负极。
③ DO：TTL 开关信号输出。
④ AO：模拟信号输出（悬空没有使用）。

自己购买的模块请仔细核对一下引脚，以确保连接正确，如图 7.22 所示。

图 7.22 MQ-2 传感器引脚连接

4. 实验相关寄存器

实验中使用 P0_5 作为检测引脚，当浓度高于设定值时，P0_5 为低电平；平时正常状态时，P0_5 为高电平。DO 输出电平和厂家有关，请参考具体模块的参数。

配置 P0_5 的方法如下：

```
P0DIR&~0x20;              //配置与MQ-2连接的P0.5为输入口
#define DATA_PIN P0_5     //定义P0.5口为传感器的输入端
```

5. 实验结果

当 MQ-2 气体浓度高于设定值时，LED3 熄灭，平常状态显示亮起，如图 7.23 所示。

图 7.23　MQ-2 实验结果

7.1.13　红外传感器实验

微课视频 7.1.13

1. 实验目的

(1) 掌握 CC2530 芯片 GPIO 的配置方法；
(2) 掌握温湿度传感器 DHT11 的使用。

2. 实验设备

硬件：PC 机 1 台，ZB2530（底板、核心板、仿真器、USB 线）1 套，热释电红外传感器 1 个。

软件：IAR 8.10 集成开发环境。

3. 实验实物图

本实验的实物图如图 7.24 所示。

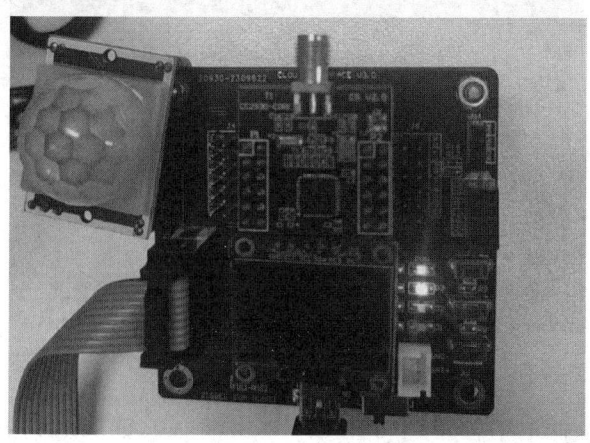

图 7.24　红外传感器实物

HC-SR501 人体红外感应模块是基于红外线技术的自动控制产品。灵敏度高、可靠性强、超低功耗,超低电压工作模式。接线方式是接到 J10 上,且:

① VCC:接电源正极(5 V)。

② OUT:检测引脚。

③ GND:接电源负极。

自己购买的模块请仔细核对一下引脚,以确保连接正确。

4. 实验相关寄存器

实验中使用 P0_6 作为检测引脚,人进入其感应范围内,模块输出高电平,点亮 LED1;人离开感应范围,LED1 熄灭。P0.6 口为 HC-SR501 传感器的输入端。具体 HC-SR501 人体感应模块 OUT 输出电平由模块决定,不同厂家所生产的模块,其输出电平可能存在差异,但即使存在差异,影响也有限,相应的调整极小。

5. 实验结果

有人时,LED1 亮起;没人时,LED1 熄灭。

7.1.14 继电器模块实验

微课视频 7.1.14

1. 实验目的

(1) 掌握 CC2530 芯片 GPIO 的配置方法;

(2) 掌握继电器模块的使用。

2. 实验设备

硬件:PC 机 1 台,ZB2530(底板、核心板、仿真器、USB 线)1 套,继电器模块 1 个。

软件:IAR 8.10 集成开发环境。

3. 实验实物图

本实验的实物图如图 7.25 所示。

图 7.25 继电器模块实物图

1 路继电器模块为低电平触发,上面写有 5V 或者 3V,购买时请选 5V 或者 3V 的继电

器,买图片中的也可正常使用。接线方式为
① VCC:接电源正极。
② GND:接电源负极。
③ IN:信号输入端(本实验使用 P04)。

4. 实验相关寄存器

本实验将继电器接开发板 J9 座子,使用 P0.4 口作为继电器的信号输入端,高电平继电器断开;低电平继电器吸合,并且继电器吸合指示灯亮。

5. 实验步骤

继电器啪嗒、啪嗒不断开启和关闭,高电平继电器断开;低电平继电器吸合,蓝色指示灯亮。

7.1.15 光敏和热敏传感器实验

微课视频 7.1.15

1. 实验目的

(1) 掌握 CC2530 芯片 GPIO 的配置方法;
(2) 掌握光敏和热敏传感器的使用。

2. 实验设备

硬件:PC 机 1 台,ZB2530(底板、核心板、仿真器、USB 线)1 套,光敏或热敏传感器 1 个。

软件:IAR 8.10 集成开发环境。

3. 实验实物图

本实验的接线实物图如图 7.26 所示,光敏和热敏传感器如图 7.27 所示。

图 7.26 光敏和热敏传感器接线实物图

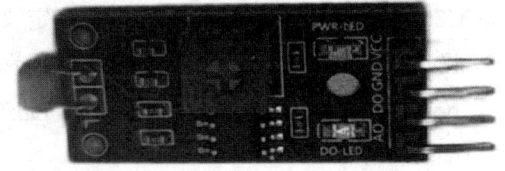

图 7.27 光敏和热敏传感器实物图

接线方法:
① VCC:接电源正极(3.3 V)。
② GND:接电源负极。
③ DO:TTL 开关信号输出。
④ AO:模拟信号输出(悬空没有使用)。

4. 实验相关寄存器

仔细核对引脚后将传感器插到 J8 上,光敏传感器、热敏传感器、振动传感器、酒精传感器、一氧化碳传感器等共用 P0.5 引脚,但配置不同。当使用继电器时,P0.5 作为输出引脚;使用光传感器时,配置成输入引脚。

5. 实验结果

有光时,LED1 亮;用手挡住光敏电阻时,LED1 熄灭;拿开手后,LED1 亮。

7.1.16 PWM 调光实验

1. 实验目的

(1) 掌握 CC2530 芯片 GPIO 的配置方法;
(2) 掌握 LED 驱动电路及开关 LED 的原理;
(3) 掌握 PWM 原理。

微课视频 7.1.16

2. 实验设备

硬件:PC 机 1 台,ZB2530(底板、核心板、仿真器、USB 线)1 套。
软件:IAR 8.10 集成开发环境。

3. 实验相关电路

本实验的电路图如图 7.28 所示。

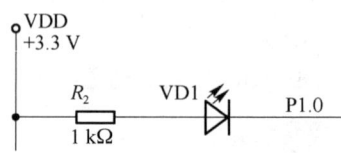

图 7.28 PWM 调光实验电路图

4. 实验相关寄存器

操作 GPIO 口需要了解的寄存器,P0、P 相同,故以下只列出 P1 的寄存器。在头文件 "ioCC2530.h" 中,对所有的寄存器都有定义,如端口 0 的方向选择为 P0DIR。

操作 P1.0 所需的相关寄存器的作用和配置方法与 7.1.1 小节相同。

按照表格寄存器的内容,对 P1.0 口进行配置,当 P1.0 输出低电平时,VD1 被点亮。

配置如下:

```
P1DIR |= 0x01;       //P1.0 定义为输出
LED1 = 1;            //LED1 灯初始化为熄灭状态
```

5. 实验结果

VD1 由亮变暗,由暗变亮,不断变化。

6. 提高实验

实现按键控制 LED 灯亮度。

7.1.17 MQ-2 ADC 读模拟量实验

1. 实验目的

(1) 掌握 CC2530 芯片 GPIO 的配置方法；

(2) 学会在协议栈中使用 MQ-2 气体传感器；

(3) 通过串口输出显示相关浓度信息。

微课视频 7.1.17

2. 实验设备

硬件：PC 机 1 台，ZB2530(底板、核心板、仿真器、USB 线)1 套，MQ-2 1 个。

软件：IAR 8.10 集成开发环境。

3. 实验实物图

本实验的电路图如图 7.29 所示。

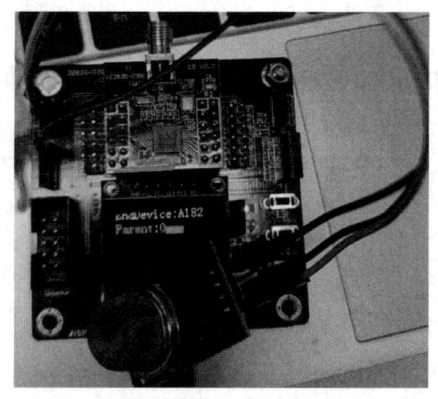

图 7.29　实验实物图

接线方式：

① VCC：接电源 5 V。

② GND：接电源 GND。

③ DO：悬空，未使用。

④ AO：接 P0_6。

注：图中电阻值为 0 的电阻是空贴的。

4. 实验相关寄存器

实验中使用 P0_6 作为检测引脚，并且通过 ADC 把采集到的模拟量电压值变成数字量，从而得到浓度值。MQ-2 传感器可以调整灵敏度，蓝色电阻用来调整灵敏度，插好后用打火机放些可燃气体。

对应代码段如下：

```
ADCCFG |= 0x40; /* Enable channel */
/* writing to this register starts the extra conversion */
ADCCON3 = 0x86;       // 0x87;
/* Wait for the conversion to be done */
while(!(ADCCON1&0x80));
```

```
/* Disable channel after done conversion */
ADCCFG& =(0x80^0xFF);        //按位异或。如 1010^1111 = 0101(二进制)
/* Read the result */
reading = ADCL;
reading |=(int16)(ADCH<<8);
reading>> = 8;
```

MQ-2 气体传感器所使用的气敏材料是在清洁空气中电导率较低的二氧化锡(SnO_2)。当传感器所处环境中存在可燃气体时,传感器的电导率随空气中可燃气体浓度的增加而增大。使用简单的电路即可将电导率的变化转换为与该气体浓度相对应的输出信号。MQ-2 气体传感器对液化气、丙烷、氢气的灵敏度高,对天然气和其他可燃蒸汽的检测也很理想。这种传感器可检测多种可燃性气体,是一款适合多种应用的低成本传感器。

5. 实验步骤

步骤①~③与 7.1.5 小节相同。

④ 按下"打开串口"按钮,并按下板子上的"RESET"按键,如图 7.30 所示。

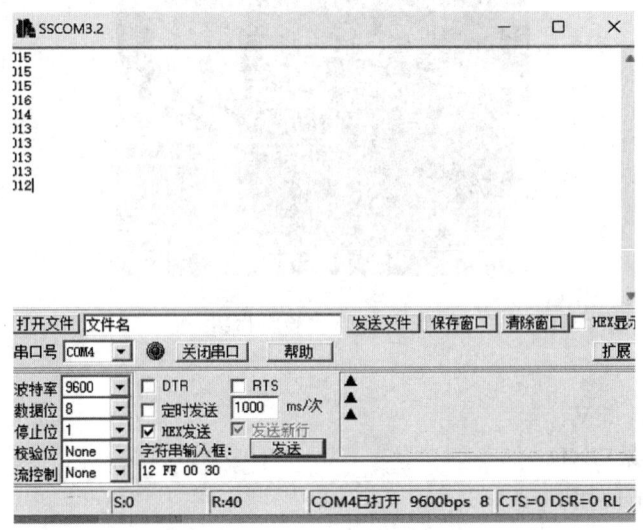

图 7.30　MQ-2 气体传感器实验结果图

⑤ 实验完成后,记得单击"关闭串口"按钮,并关闭软件。否则,进行下次串口实验时会出现端口被占用的情况,从而导致实验失败。

7.1.18　ADC 做电压表实验

1. 实验目的

(1) 掌握 CC2530 芯片 GPIO 的配置方法;
(2) 掌握 ADC 的使用。

2. 实验设备

硬件:PC 机 1 台,ZB2530(底板、核心板、仿真器、USB 线)1 套,DHT11 1 个。

微课视频 7.1.18

软件:IAR 8.10 集成开发环境。

3. 实验相关电路

本实验的电路图如图 7.31 所示。

如果没有可调电阻,可以把 P0.6 用杜邦线引出测试底板上的 3.3 V 或 GND 观察效果;也可以测试一节电池的电压,电池负极与底板相连,P0.6 与电池正极相连,观察计算机输出数值。

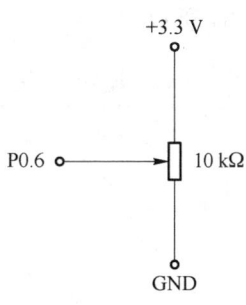

图 7.31 ADC 做电压表实验电路图

4. 实验步骤

① 烧录程序至开发板中,并连接电路,本实验选择 5 V 电压和 P0.6 连接,如图 7.32 所示。

图 7.32 ADC 电压表实验连接图

② 按下"RESET"按键,用数据线将开发板连接到计算机上,并打开设备管理器,通过插拔数据线,查看开发板的端口,发现是 COM3 端口(每台计算机对应的端口可能不一样,一定要自己查看一下),如图 7.33 所示。

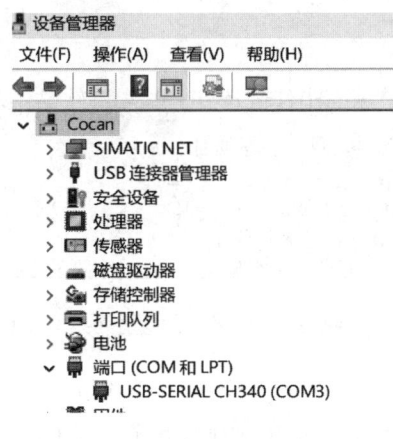

图 7.33 开发板端口识别界面

③ 打开串口软件"SSCOM3.2",选择正确的串口号,即②中查找的端口号和波特率,如图 7.34 所示。

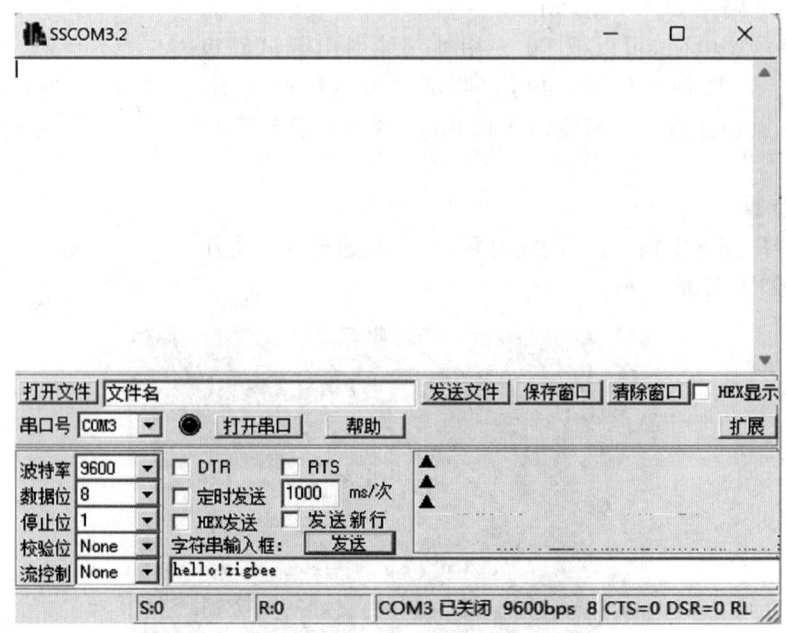

图 7.34　串口软件设置图

④ 按下"打开串口"按钮,并按下板子上的"RESET"按键,显示电压数值,如图 7.35 所示。

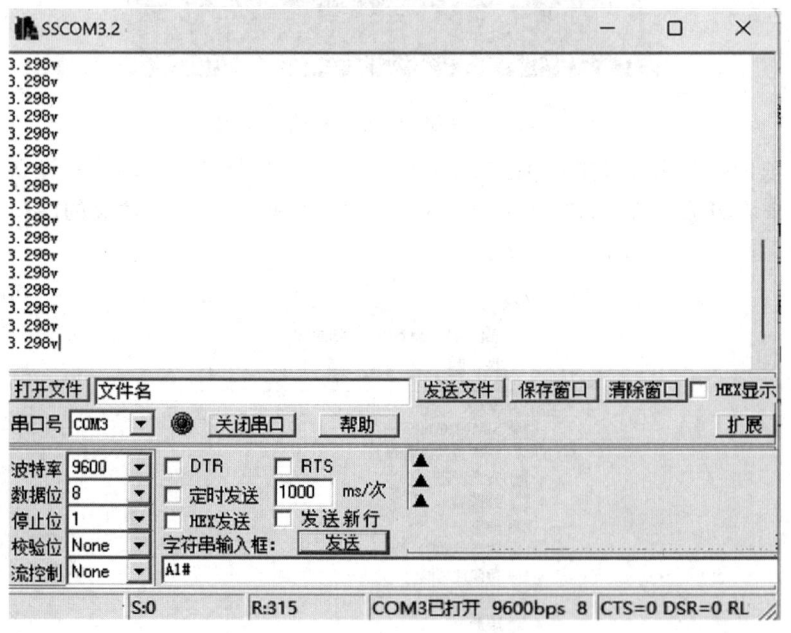

图 7.35　ADC 电压表实验结果图

⑤ 实验完成后,记得单击"关闭串口"按钮,并关闭软件。否则,进行下次串口实验时会出现端口被占用的情况,从而导致实验失败。

7.1.19 红外对管计数器实验

1. 实验目的

（1）掌握 CC2530 芯片 GPIO 的配置方法；

（2）学会 E18-D80NK 或者 E18-D50NK 模块的使用方法；

（3）通过串口输出计数信息。

2. 实验设备

硬件：PC 机 1 台，ZB2530（底板、核心板、仿真器、USB 线）1 套，光电传感器 1 个。

软件：IAR 8.10 集成开发环境。

3. 实验实物图

本实验的实物图如图 7.36 所示。

微课视频 7.1.19

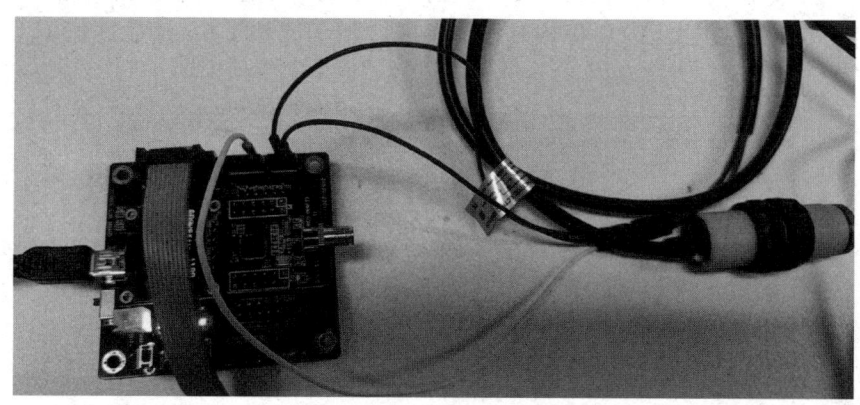

图 7.36　红外对管计数器实物图

（1）接线方式

① 棕色：5 V。

② 蓝色：GND。

③ 黑色：P0_6。

（2）红外对射模块的应用

① 生产线货物自动计数设备；

② 多功能提醒器；

③ 走迷宫机器人。

（3）注意事项

为保护动作的可靠性和长使用寿命，请避免在规定以外的温度外界（户外）条件下，接近传感器。虽传感器为耐水结构，但仍需装上罩使用，勿使其被水和水溶性切削液等淋到，从而更好地提高其可靠性并延长其使用寿命。

（4）光电式传感器（光电开关）NPN

常开，型号为 E18-D80NK/E18-D50NK。

（5）光电开关 E18 的技术参数

① 输出电流：DC/SCR/继电器。

② 消耗电流:DC<25 mA。

③ 响应时间:<2 ms。

④ 指向角:≤15°。

⑤ 检测物体:透明或不透明体。

⑥ 工作环境温度:-25~+55 ℃。

⑦ 标准检测物体:太阳光10 000lx 以下,白炽灯3000lx 以下。

⑧ 外壳材料:塑料。

⑨ 控制输出:100 mA/5 V 供电。

⑩ 有效距离:3~80 cm 可调。

4. 实验步骤

步骤①~③与7.1.5小节相同。

④ 按下"打开串口"按钮,并按下板子上的"RESET"按键,挡住红外对管时,对管上的灯亮;拿开就灭。发生1次,VD1即改变,如图7.37所示。挡1次,计数器加1。

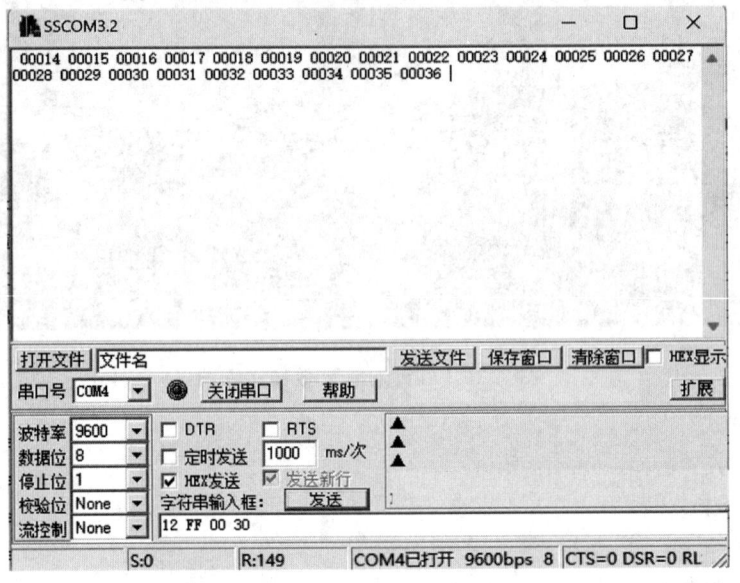

图7.37 红外对管计数器实验结果

7.1.20 RFID 射频卡实验

微课视频 7.1.20

1. 实验目的

(1) 掌握 CC2530 芯片 GPIO 的配置方法;

(2) 学会在 RFID 射频模块的使用方法;

(3) 通过串口输出显示卡号信息。

2. 实验设备

硬件:PC 机1台,ZB253(底板、核心板、仿真器、USB线)1套,RFID 射频模块1个。

软件:IAR 8.10 集成开发环境。

3. 实验实物图

本实验的实物图如图 7.38 所示。

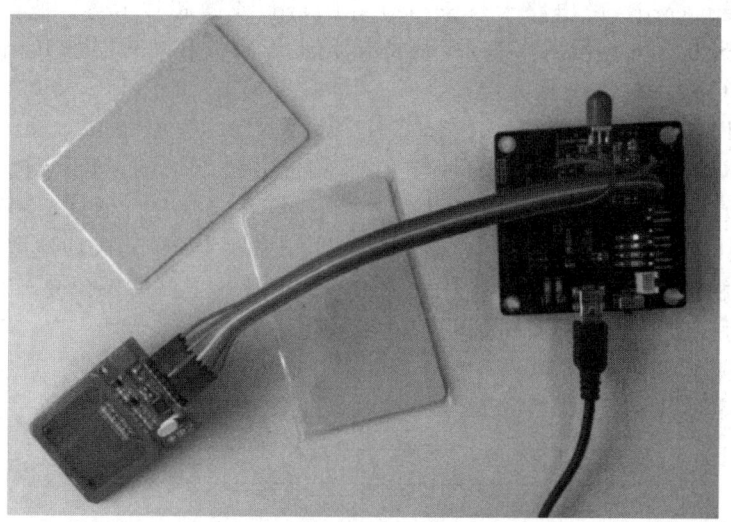

图 7.38　RFID 射频卡实验实物图

接线方式如表 7.10 所示。

表 7.10　接线对应表

RC522 接口	CC2530
SDA(数据接口)	P2.0
SCK(时钟接口)	P0.7
MOSI(SPI 接口主出从入)	P0.6
MISO(SPI 接口主入从出)	P0.5
NC(悬空)	不接
GND(地)	GND
RST(复位信号)	P0.4
3.3 V(电源)	3.3 V

图 7.39 为射频模块示意图，图中的 IRQ 即为表 7.10 中的 NC。

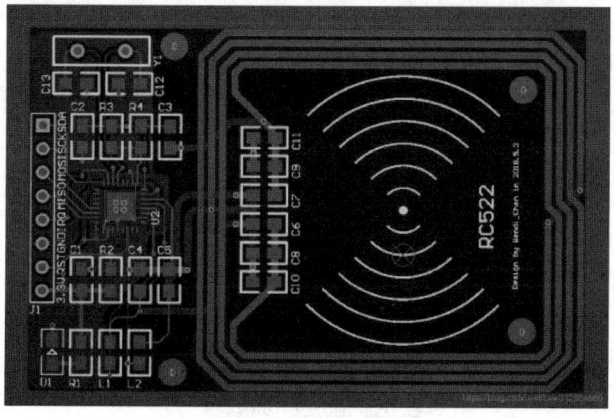

图 7.39　射频模块

(1) IC 卡

集成电路卡（integrated circuit card，IC 卡），有些国家和地区也称智能卡（smart card）、智慧卡（intelligent card）、微电路卡（microcircuit card）或微芯片卡等。它是将一个微电子芯片嵌入符合 ISO 7816 标准的卡基中，做成卡片形式。IC 卡读写器是 IC 卡与应用系统之间的桥梁，在 ISO 国际标准中称为接口。

(2) 设备 IFD(interface device)

在 IFD 内，CPU 通过一个接口电路与 IC 卡相连并进行通信。IC 卡接口电路是 IC 卡读写器中至关重要的部分，根据实际应用系统的不同，可选择并行通信、半双工串行通信和 I2C 通信等不同的 IC 卡读写芯片。非接触式 IC 卡又称射频卡，其成功地解决了无源（卡中无电源）和免接触这一难题，是电子器件领域的一大突破。主要用于公交、轮渡、地铁的自动收费系统，也应用在门禁管理、身份证明和电子钱包。

4. 实验步骤

① 烧录程序至开发板中，并将 RC522 模块按上图连接，如图 7.40 所示。

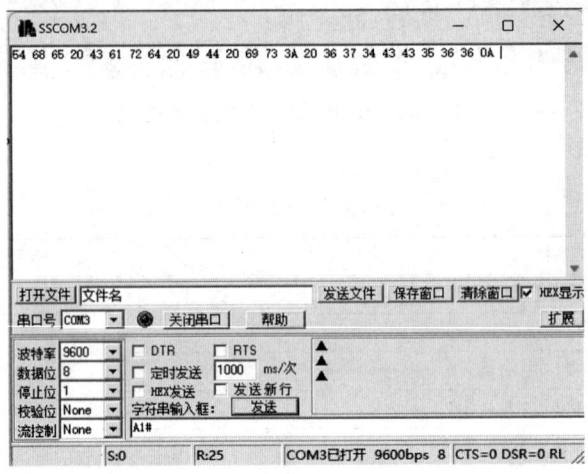

图 7.40　RFID 射频卡实验设置图

② 按下"RESET"按键，用数据线将开发板连接到计算机上，并打开设备管理器，通过插拔数据线，查看开发板的端口，发现是 COM3 端口（每台计算机对应的端口可能不一样，一定要自己查看一下），如图 7.41 所示。

图 7.41　端口识别图

③ 打开串口软件"SSCOM3.2",选择正确的串口号即②中查找的端口号和波特率。

④ 按下"打开串口"按钮,并按下板子上的"RESET"按键,将射频卡放在RC522模块中的感应区,则会显示如图7.42所示信息。

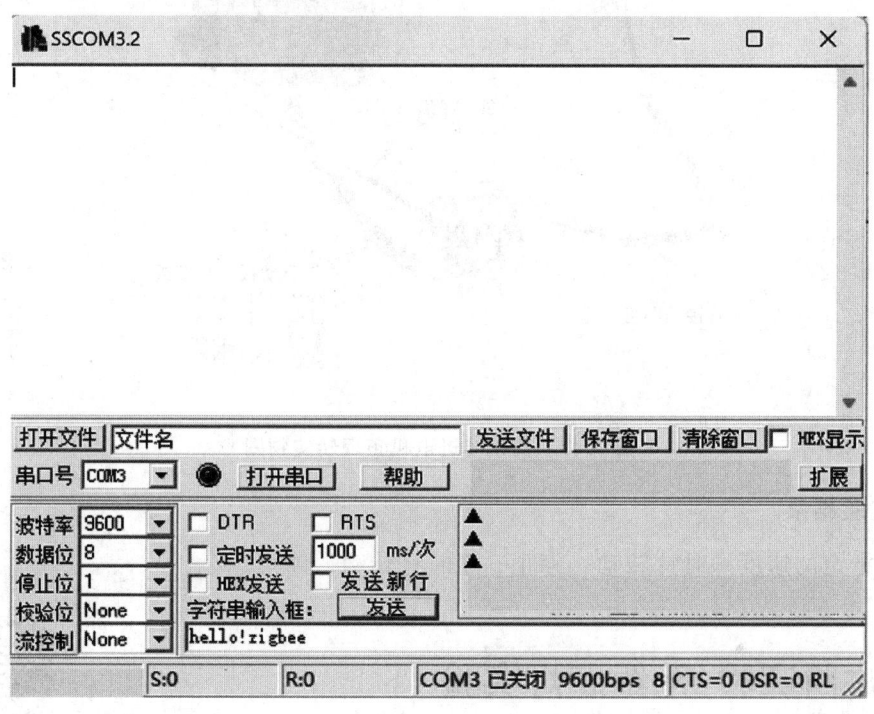

图 7.42　RFID射频卡实验结果图

⑤ 实验完成后,记得单击"关闭串口"按钮,并关闭软件。否则,进行下次串口实验时会出现端口被占用的情况,从而导致实验失败。

7.1.21　控制步进电机正反转实验

1. 实验目的

(1) 掌握CC2530芯片GPIO的配置方法;

(2) 掌握步进电机控制原理。

微课视频 7.1.21

2. 实验设备

硬件:PC机1台,ZB2530(底板、核心板、仿真器、USB线)1套,电机1套。

软件:IAR 8.10集成开发环境。

3. 实验实物图

本实验的实物图如图7.43所示。

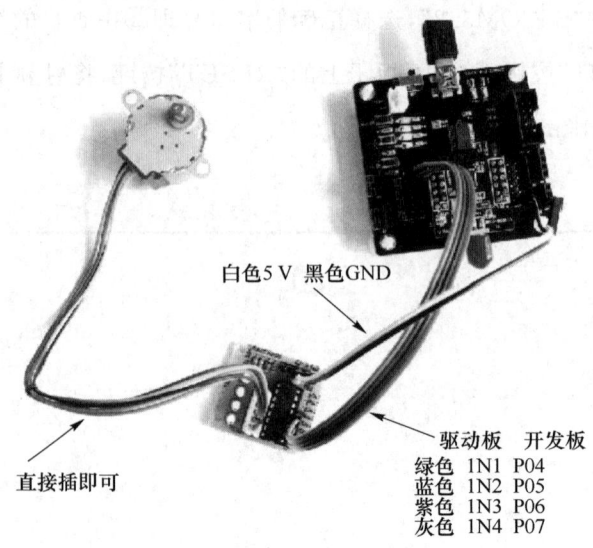

图 7.43 控制步进电机正反转实物图

4. 实验结果

按照指定的速度顺时针转动—停止—逆时针转动—停止。

7.2 进阶实验：无线点灯实验

微课视频 7.2

1. 实验目的

(1) 了解 CC2530 BasicRF 工程文件介绍的内容；

(2) 掌握实验下载、测试的方法；

(3) 掌握源码分析的方法。

2. 实验设备

硬件：PC 机 1 台，ZB2530（底板、核心板、仿真器、USB 线）2 套。

软件：IAR 7.10 集成开发环境。

3. 实验步骤

(1) 打开工程《2.进阶篇-TI BasicRF 简单无线点对点传输协议\1.CC2530 BasicRF（无线点灯）基于 Q2530SB 板\BasicRF\ide\ide\cc2530_sw_examples.eww》，进入 IAR 界面，如图 7.44 所示。

第 7 章 单片机实验

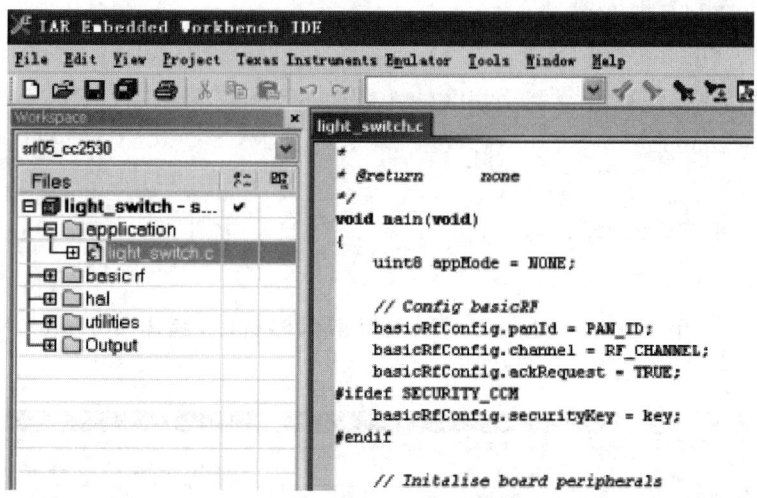

图 7.44　CC2530 BasicRF 工程文件界面图

选择并打开左侧窗口"application"下的"light_switch.c",找到 main()函数中的如下代码：

```
//注:函数 appSwitch()和 appLight()只能打开 1 个
//作为开关板打开此函数(appSwitch)
//appSwitch();
//被点灯的板打开此函数(appLight)
appLight();
```

此时界面如图 7.45 所示,使用 Rebuild All 将程序下载到接收模块中。

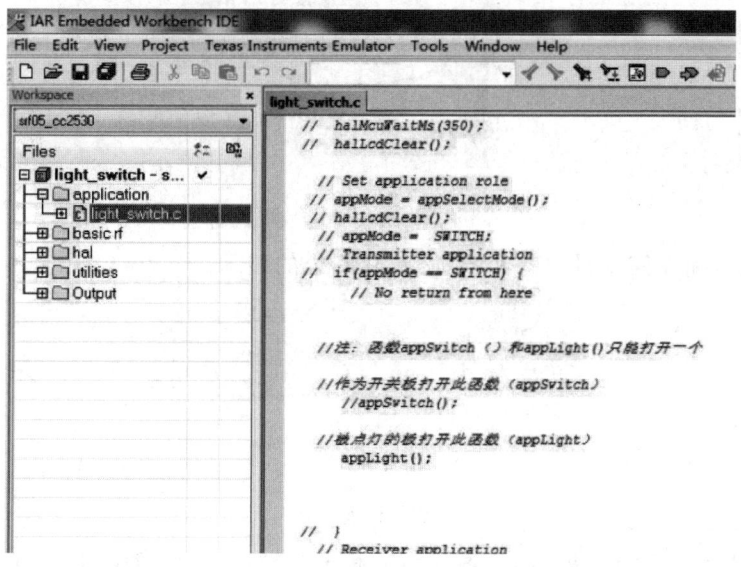

图 7.45　light_switch.c 代码编辑界面图

· 251 ·

(2) 下载程序到发射模块

修改代码如下:

```
//注:函数 appSwitch()和 appLight()只能打开 1 个
//作为开关板打开此函数(appSwitch)
appSwitch();
//被点灯的板打开此函数(appLight)
//appLight();
```

确认打开函数 appSwitch()后,在工程上单击鼠标右键,选择"Rebuild All",如图 7.46 所示。

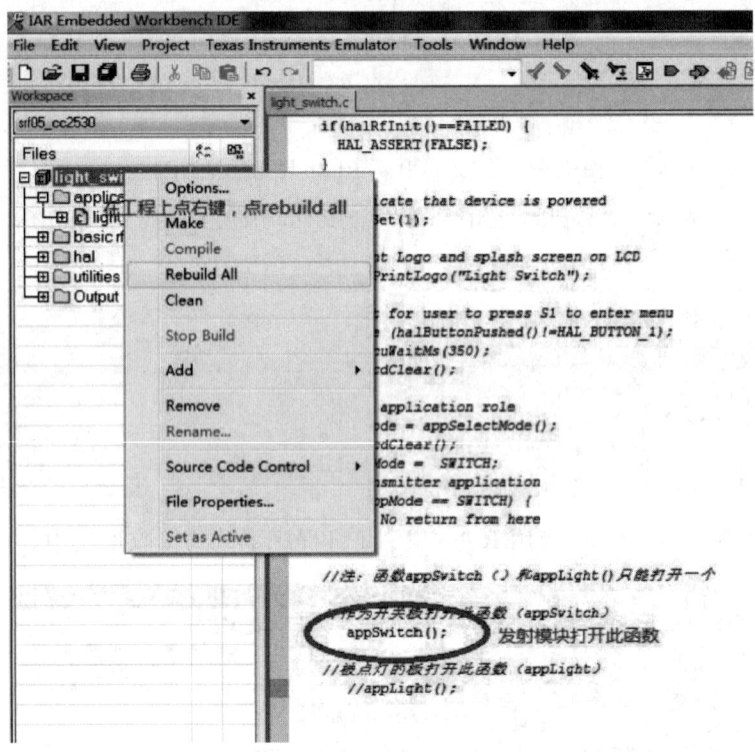

图 7.46　Rebuild All 编译程序

编译完成后,编译信息栏应有如图 7.47 圆圈处的显示。

图 7.47　编译完成界面

连接 PC、仿真器和目标板,接着将程序下载到开发板 A 上,如图 7.48 所示。

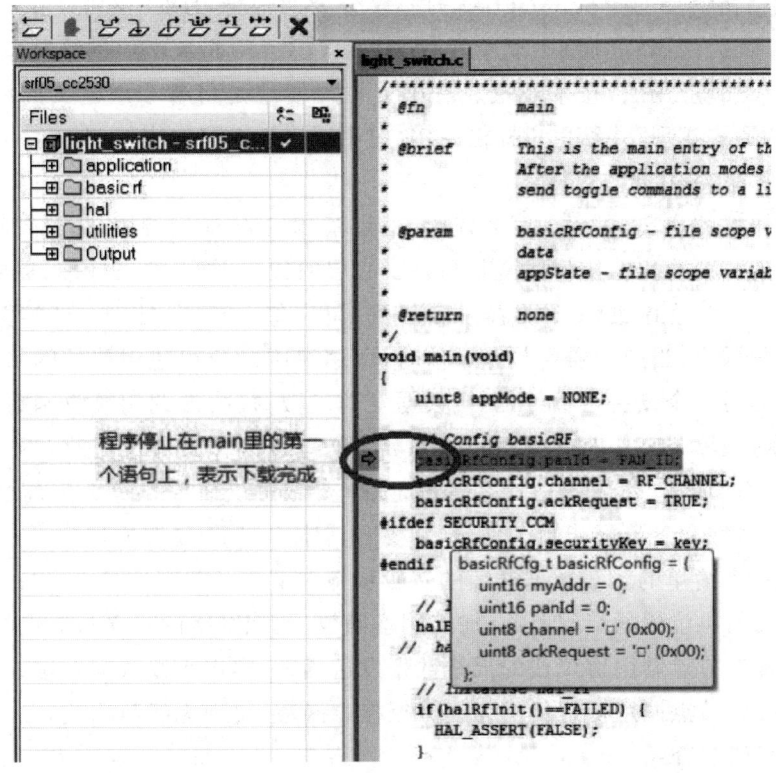

图 7.48　程序下载到开发板界面显示

4. 实验结果

给两块板上电,按下发射模块板的 S1,接收模块的 VD1 会被点亮。

7.3　高级实验:ZigBee 协议栈应用与组网

7.3.1　无线收发控制 LED 实验

1. 实验内容

(1) 了解 ZigBee 协议栈及其使用方法;
(2) 掌握 ZigBee 协议栈的安装、编译与下载的方法;
(3) 掌握协议栈无线收发控制 LED 的方法;
(4) 掌握协议栈的工作流程。

2. 实验知识

(1) ZigBee 协议栈简介

协议是一系列的通信标准,通信双方需要共同按照这一标准进行正常的数据发射和接收。协议栈是协议的具体实现形式,通俗点来理解就是协议栈是协议和用户之间的一个接口,开发人员通过使用协议栈来使用这个协议,进而实现无线数据收发。图 7.49 展示了

微课视频 7.3.1

ZigBee 无线网络协议层的架构。ZigBee 的协议分为两部分，IEEE 802.15.4 定义了 PHY（物理层）和 MAC（介质访问层）技术规范，ZigBee 联盟定义了 NWK（网络层）、APS（应用程序支持子层）、APL（应用层）技术规范。ZigBee 协议栈就是将各个层定义的协议都集合在一起，以函数的形式实现，并给用户提供 API（应用层），用户可以直接调用。

（2）如何使用 ZigBee 协议栈

协议栈是协议的实现，可以理解为代码、函数库，供上层应用调用，协议较底下的层与应用是相互独立的。商业化的协议栈就是写好了底层的代码，符合协议标准，提供一个功能模块调用。需要关注其应用逻辑，即数据从哪里到哪里，怎么存储、处理。还需关注系统里的设备之间的通信顺序，当应用需要数据通信时，调用组网函数组建想要的网络；当需要从一个设备发数据到另一个设备时，调用无线数据发送函数；接收端调用接收函数；当设备空闲时，调用睡眠函数；需要工作时就调用唤醒函数。所以当制作具体应用时，不需要关心协议栈是怎么写的，里面的每条代码是什么意思，除非要做协议研究。每个厂商的协议栈有区别，也就是函数名称和参数可能有区别，这个要看具体的例子、说明文档。

用户实现一个简单的无线数据通信的一般步骤如下：

① 组网：调用协议栈的组网函数、加入网络函数，实现网络的建立与节点的加入。

② 发送：发送节点调用协议栈的无线数据发送函数，实现无线数据发送。

③ 接收：接收节点调用协议栈的无线数据接收函数，实现无线数据接收。

（3）工程代码包介绍

ZigBee 无线网络协议层架构如图 7.49 所示。

① App：应用层目录，这是用户创建各种不同工程的区域，在这个目录中包含了应用层的内容和这个项目的主要内容。

② HAL：硬件层目录，包含与硬件相关的配置和驱动及操作函数。

③ MAC：MAC 层目录，包含了 MAC 层的参数配置文件及其 MAC 的 LIB 库的函数接口文件。

④ MT：实现通过串口可控制各层，并与各层进行直接交互。

⑤ NWK：网络层目录，包含网络层配置参数文件、网络层库的函数接口文件及 APS 层库的函数接口。

⑥ OSAL：协议栈的操作系统。

⑦ Profile：应用框架（application framework）层目录，包含 AF 层处理函数文件。应用框架层是应用程序和 APS 层的无线数据接口。

⑧ Security：安全层目录，包含安全层处理函数，如加密函数等。

⑨ Services：地址处理函数目录，包括地址模式的定义及地址处理函数。

⑩ Tools：工程配置目录，包括空间划分 Z-Stack 相关配置信息。

⑪ ZDO：ZDO 目录。

⑫ ZMac：MAC 层目录，包括 MAC 层参数配置及 MAC 层 LIB 库函数回调处理函数。

⑬ ZMain：主函数目录，包括入口函数及硬件配置文件。

⑭ Output：输出文件目录，IAR IDE 自动生成。

第 7 章　单片机实验

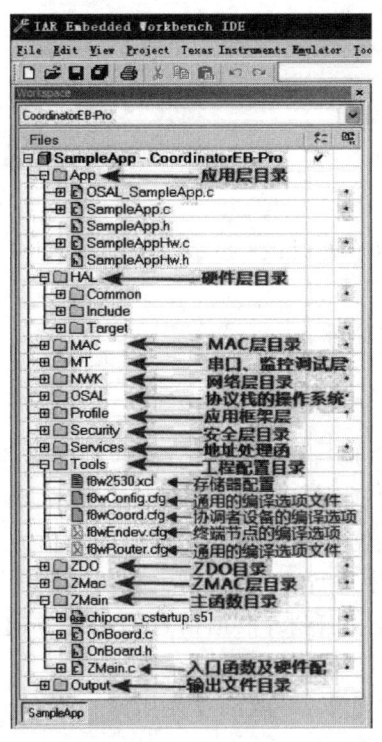

图 7.49　ZigBee 无线网络协议层架构图

3. 实验步骤

（1）编译协议器的程序，在 Workspace 下拉框中选择"CoordinatorEB-Pro"，在工程名上单击鼠标右键选择"Rebuild All"，没错误提示再下载到开发板中。

（2）编译终端设备的程序选择"EndDeviceEB-Pro"编译下载即可，如图 7.50 所示。

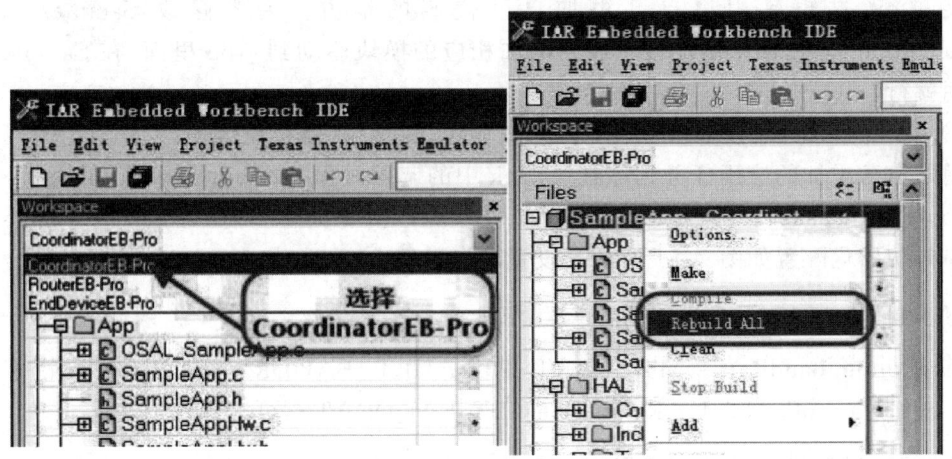

图 7.50　编译协议栈程序界面

4. 实验结果

按照指定的速度顺时针转动—停止—逆时针转动—停止。

7.3.2 协议栈中串口基础实验

微课视频 7.3.2

1. 实验目的

掌握串口的使用。

2. 实验设备

硬件:PC 机 1 台,ZB2530(底板、核心板、仿真器、USB 线、天线)1 套。

软件:IAR 8.10 集成开发环境。

3. 实验知识掌握

(1) 串行简介

串行接口(serial interface)是指数据一位一位地顺序传送,其特点是通信线路简单,只要一对传输线就可以实现双向通信,从而大大降低了成本,特别适用于远距离通信,但传送速度较慢。一条信息的各位数据被逐位按顺序传送的通信方式称为串行通信。串行通信的特点是:数据位的传送按位顺序进行,最少只需一根传输线即可完成,成本低但传送速度慢。串行通信的距离可以从几米到几千米;根据信息的传送方向,串行通信可以进一步分为单工、半双工和全双工 3 种。

串口在嵌入式开发中非常重要,一般都要使用串口通信、调试,所以学会串口使用也是必需的。

(2) 使用串口步骤(本工程代码中,串口配置工作均已完成,以下内容方便学生学习串口使用)

打开《3.高级篇-zigbee 协议栈应用与组网\2.协议栈中串口基础实验\ZStack-CC2530-2.3.0-1.4.0\Projects\zstack\Samples\SampleApp\CC2530DB\SampleApp.eww》工程。在左侧 workspace 目录下比较重要的两个文件夹分别是 Zmain 和 App。开发主要在 App 文件夹进行,这也是用户自己添加自己代码的地方。主要修改 SampleApp.c 和 SampleApp.h 即可,如果增加传感器则增加相应的模块驱动到 App 里面,在 SampleApp.c 中调用就行。

① 串口初始化:配置串口号、波特率、校验位、数据位、停止位等等。

用户自己添加的应用任务程序在 Zstack 中的调用过程是:main()--->osal_init_system()--->osalInitTasks()--->SampleApp_Init()。

串口初始化配置如图 7.51 所示。设置串口参数:

```
MT_UartInit();
```

uartConfig.baudRate= MT_UART_DEFAULT_BAUDRATE 是配置波特率,右击 "go to definition of" MT_UART_DEFAULT_BAUDRATE,可以看到:

```
#define MT_UART_DEFAULT_BAUDRATE HAL_UART_BR_38400
```

默认的波特率是 38 400 bit/s,将其修改为 9 600 bit/s,代码如下:

```
#define MT_UART_DEFAULT_BAUDRATE HAL_UART_BR_9600
uartConfig.flowControl = MT_UART_DEFAULT_OVERFLOW
```

语句是配置流控的,进入定义可以看到:

```
#define MT_UART_DEFAULT_OVERFLOW TRUE
```

默认是打开串口流控的,如果只连了 TX/RX 2 根线,则务必关闭流控。

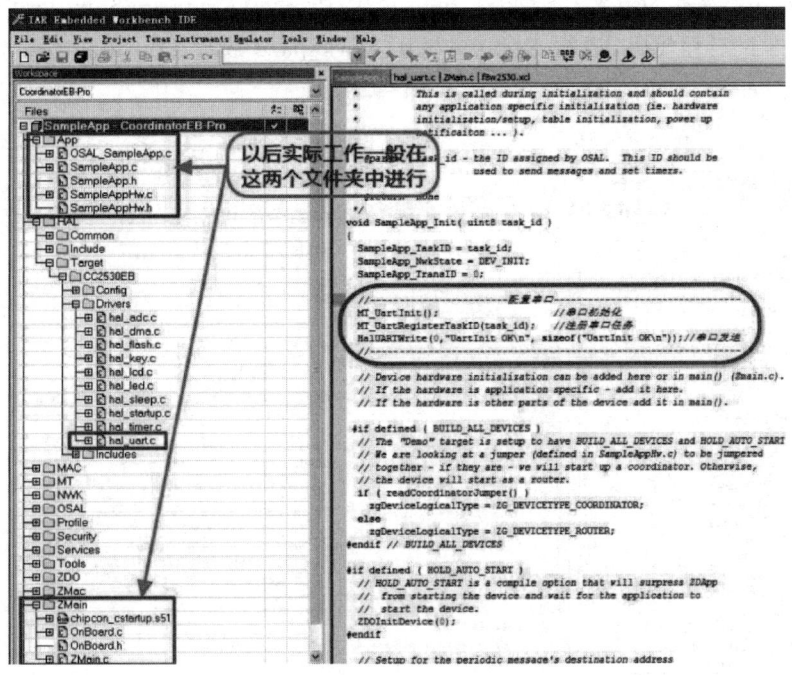

图 7.51 串口初始化配置图

预编译根据预先定义的 ZTOOL 或者 ZAPP 选择不同的数据处理函数。后面的 P1 和 P2 则是串口 0 和串口 1。我们使用 ZTOOL,串口 0。可以在 option 下 C/C++ 的 Compiler Preprocessor 处加入,如图 7.52 和图 7.53 所示。至此,初始化配置完成。

图 7.52 项目配置选项卡

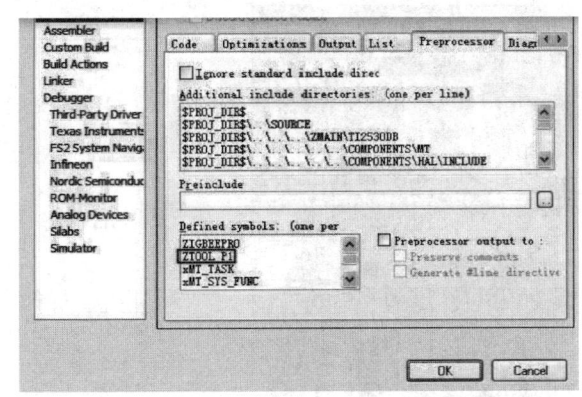

图 7.53 修改串口参数设置

② 注册串口任务在 SampleApp_Init(),在刚添加的串口初始化语句下面加入如下语句:

```
MT_UartRegisterTaskID(task_id); //注册串口任务任务
```

③ 串口发送

```
HalUARTWrite(0,"UartInit OK\n",sizeof("UartInit OK\n")); //串口发送
```

4. 实验步骤

（1）选择"…\ZStack-CC2530-2.3.0-1.4.0\Projects\zstack\Samples\SampleApp\CC2530DB"，打开工程代码，进行 Rebuild All，workspace 选择 CoordinatorEB-Pro，下载工程到开发板上，如图 7.54 所示。

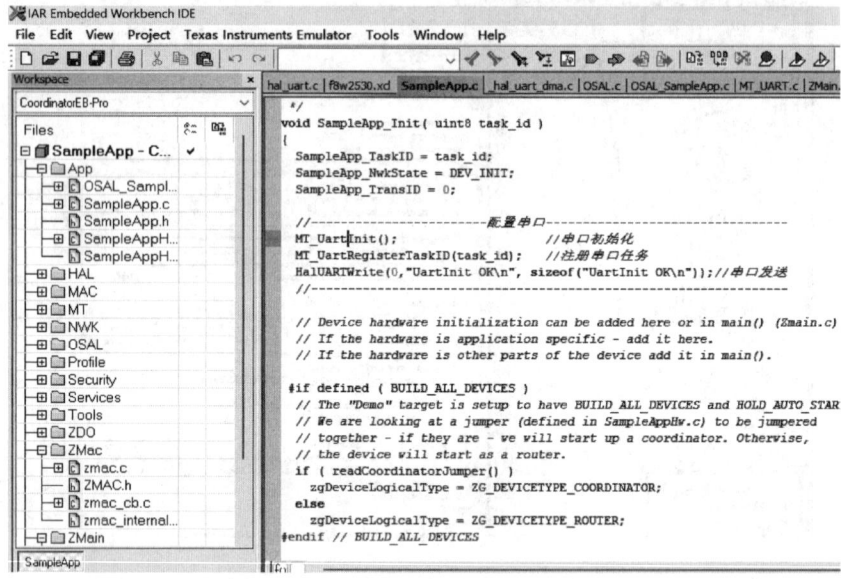

图 7.54　工程代码编译图

（2）连接天线，并给开发板上电，打开串口助手，在开发板上按下"reset"键，串口助手会显示"UartInit OK"，说明串口初始化完成，如图 7.55 和图 7.56 所示。

图 7.55　串口助手初始化完成显示

图 7.56　串口通信测试结果图

7.3.3 广播组网-无线数据传输实验

1. 实验目的

(1) 掌握串口的使用；

(2) 掌握协调器和终端通信过程。

微课视频 7.3.3

2. 实验设备

硬件:PC 机 1 台,ZB2530(底板、核心板、仿真器、天线、USB 线)2 套。

软件:IAR 8.10 集成开发环境。

3. 实验详解(工程代码文件已完成修改,以下作为了解)

此实验是基于"2. 协议栈中串口基础实验"的,只需在原工程上增加发送和接收部分即可。打开《3. 高级篇-zigbee 协议栈应用与组网\3. 广播组网-无线数据传输\ZStack-CC2530-2.3.0-1.4.0\Projects\zstack\Samples\SampleApp\CC2530DB\SampleApp.eww》工程。在左边 workspace 目录下比较重要的两个文件夹分别是 Zmain 和 App。开发主要在 App 文件夹中进行,这也是用户自己添加自己代码的地方。主要修改 SampleApp.c 和 SampleApp.h 即可。

(1) 接收数据(标注下划线字样为新增代码)

SampleApp_MessageMSGCB,在函数 case SAMPLEAPP_PERIODIC_CLUSTERID 下增加 3 行代码,修改后的代码如下:

```
voidSampleApp_MessageMSGCB(afIncomingMSGPacket_t * pkt) //接收数据
{
uint16flashTime;
switch(pkt->clusterId )
{
case SAMPLEAPP_PERIODIC_CLUSTERID:
HalUARTWrite(0,"Rx:",3); //提示信息
HalUARTWrite(0,pkt->cmd.Data,pkt->cmd.DataLength); //输出接收到的数据
HalUARTWrite(0,"\n",1); //回车换行
break;
case SAMPLEAPP_FLASH_CLUSTERID: //此实验没有使用,到后面实验详解
flashTime = BUILD_UINT16(pkt->cmd.Data[1],pkt->cmd.Data[2]);
HalLedBlink(HAL_LED_4,4,50,(flashTime/4));
break;
}
}
```

(2) 发送数据

```
voidSampleApp_SendPeriodicMessage(void) //周期发送函数
{
uint8 data[11] = "0123456789";
//调用 AF_DataRequest 将数据无线广播出去,在第一个实验详解里就不重复了
if(AF_DataRequest(&SampleApp_Periodic_DstAddr,&SampleApp_epDesc,
SAMPLEAPP_PERIODIC_CLUSTERID,10,data,&SampleApp_TransID,AF_DISCV_ROUTE,
AF_DEFAULT_RADIUS) = = afStatus_SUCCESS)
{
}
 else
{
// Error occurred in request to send.
}
}
```

4. 实验步骤

(1) 选择 CoodinatorEB-Pro,下载到开发板 A,作为协调器,通过 USB 线跟计算机连接。

(2) 选择 EndDeviceEB-Pro,下载到开发板 B,作为终端设备无线发送数据给协调器。

(3) 给两块开发板上电,打开串口调试助手,设置波特率为 9 600,数据位为 8,停止位为 1,协调器间隔 5 s 会收到终端发过来的数据。此时,可以把终端设备的电源关闭,观察计算机是否还能收到数据,如图 7.57 所示。

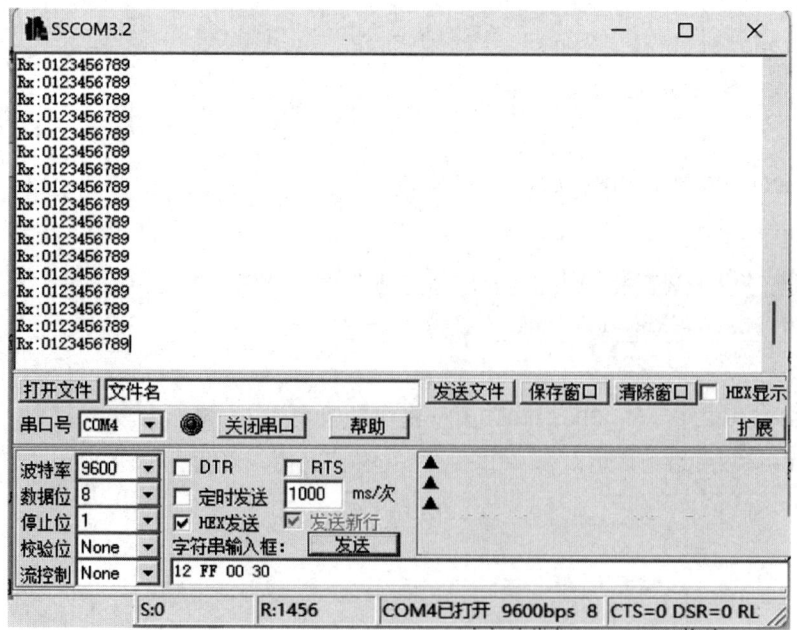

图 7.57 串口调试界面

5. 提高实验

结合基础篇中的传感器相关实验,实现 ZigBee 读取传感器相关数据的实验(包括温度传感器、温湿度传感器、MQ-2 气体传感器、红外传感器、光敏传感器)。

7.4 实战实验:ZigBee 上位机采集和控制

微课视频 7.4

1. 实验目的

(1) 了解建立网络的过程;
(2) 了解 ZigBee 在实际的运用项目。

2. 实验设备

硬件:PC 机 1 台,ZB2530(底板、核心板、仿真器、USB 线)2 套,温湿度传感器 1 套。
软件:IAR 8.10 集成开发环境。

3. 实验步骤

(1) 使用 SmartRF Flash Programmer 烧写 Hex 固件到 ZigBee 节点,如图 7.58 和图 7.59 所示。

将《4.实战篇-zigbee 一个协调器多个终端控制采集\生成好的 HEX\Coordinator.hex 和 EndDevice 1-4.hex》分别下载到协调器和终端,并将温湿度传感器安装到终端板子上。

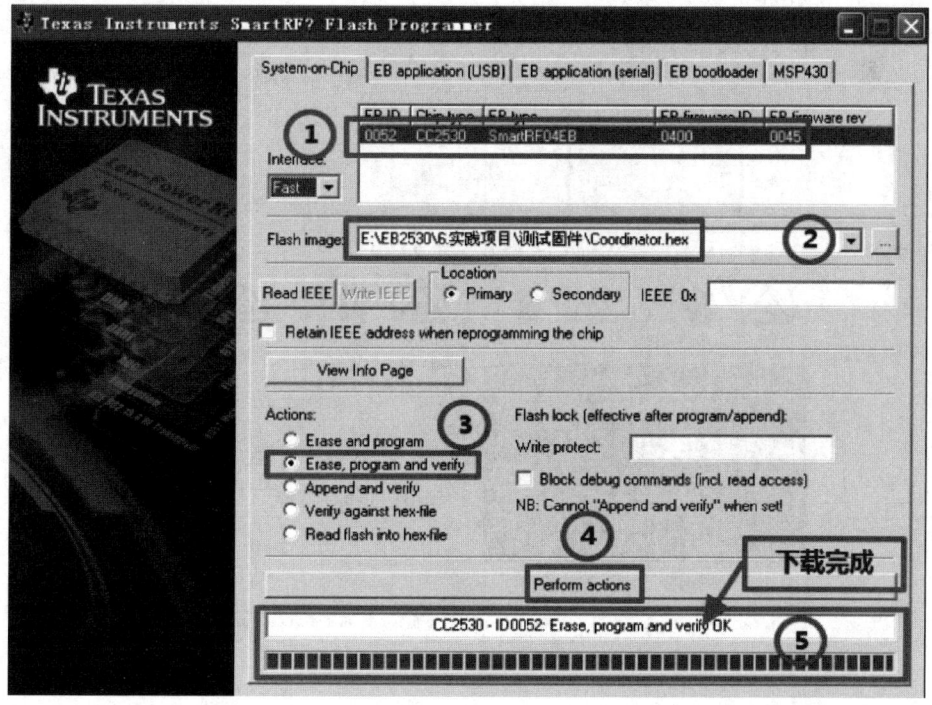

图 7.58　SmartRF Flash Programmer 烧写固件界面

图 7.59 温湿度传感器安装示意图

（2）安装上位机软件

打开《4.实战篇-zigbee 一个协调器多个终端控制采集\RFonline-上位机\RFonline-pc 源码\RFonline.dsw》，先安装控件，打开《4.实战篇-zigbee 一个协调器多个终端控制采集\RFonline-上位机\先安装控件\先安装控件下的 Setup.exe》，多次单击"下一步"按钮，安装完成。

一定要给协调器先上电，因为使用的 USB 转串口，程序自动识别串口。双击"RFonline.exe"，如图 7.60 所示。

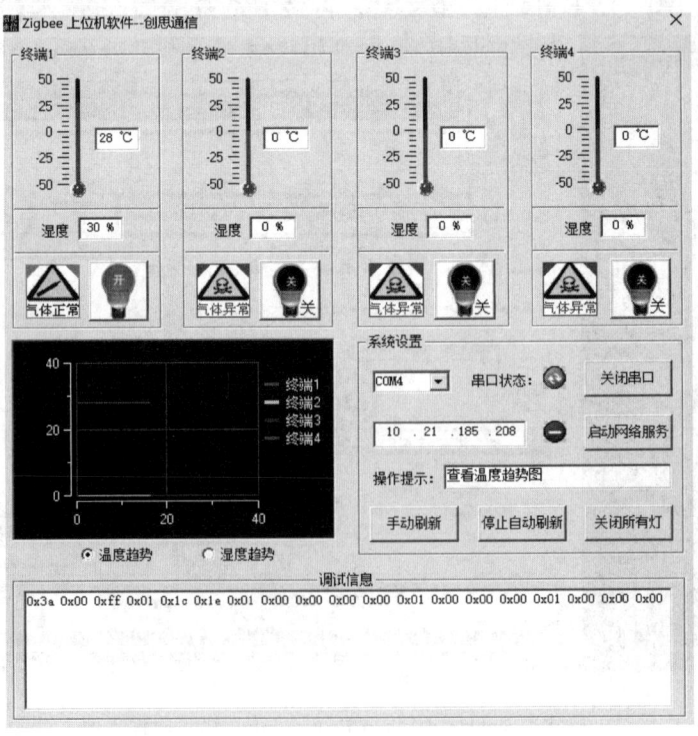

图 7.60 上位机软件 RFonline 安装控件界面

在 Windows7 系统中，如果看不到串口号，鼠标右键单击"以管理员身份运行"，以管理员身份运行 RFonline.exe 即可。上电后，观察协调器是否为 VD3 常亮的，终端上电后 VD1 闪，入网成功后 VD3 常亮。串口号不要大于 COM9，如果太大可以改小，如图 7.61 所示。

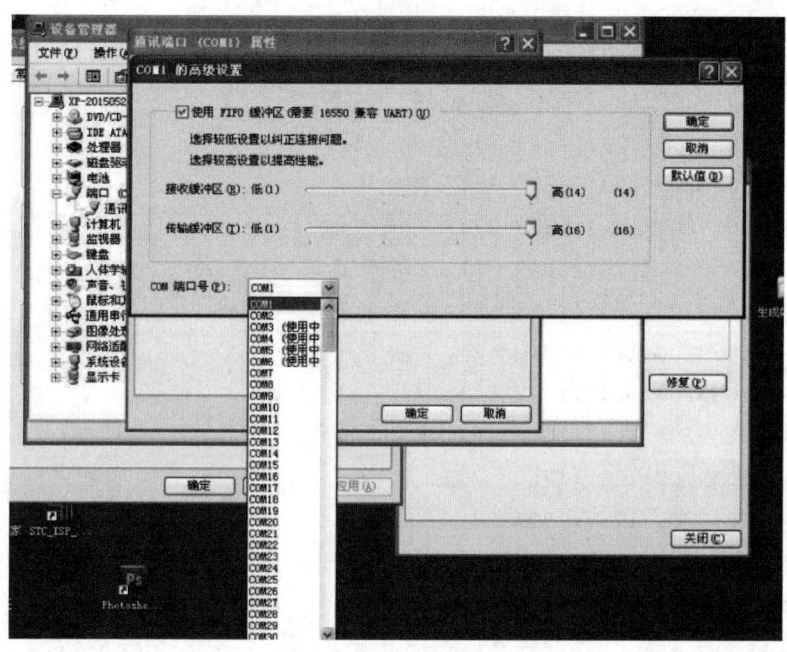

图 7.61　RFonline 上位机软件主界面

按照上面的步骤运行操作后，按下终端 S1 键开始上传数据，可以自己修改代码，使终端联网自己上传，如果想停止上传可以再按一下 S1 键。

7.5　蜂鸣器音乐实验

微课视频 7.5

1. 实验要求

奏一段音乐。

2. 提升要求

累计奏超过 30 段不同的音乐。

3. 提示

本次实验最重要的是每首歌的节拍和音符，只要知道每首歌的音符和节拍即可，参考代码如下(修改标注下划线部分的代码，即可奏出不同乐曲)：

```
#include<reg52.h>
sbit BUZZ = P2^5;  //蜂鸣器控制引脚
unsigned int codeNoteFrequ[] = {  //中音1～7和高音1～7对应频率列表
    523,587,659,698,784,880,988,  //中音1～7
    1047,1175,1319,1397,1568,1760,1976  //高音1～7
```

```c
};
unsigned int codeNoteReload[] = { //中音1~7和高音1~7对应的定时器重载值
    65536-(11059200/12)/(523*2),//中音1
    65536-(11059200/12)/(587*2),//中音2
    65536-(11059200/12)/(659*2),//中音3
    65536-(11059200/12)/(698*2),//中音4
    65536-(11059200/12)/(784*2),//中音5
    65536-(11059200/12)/(880*2),//中音6
    65536-(11059200/12)/(988*2),//中音7
    65536-(11059200/12)/(1047*2),//高音1
    65536-(11059200/12)/(1175*2),//高音2
    65536-(11059200/12)/(1319*2),//高音3
    65536-(11059200/12)/(1397*2),//高音4
    65536-(11059200/12)/(1568*2),//高音5
    65536-(11059200/12)/(1760*2),//高音6
    65536-(11059200/12)/(1976*2),//高音7
};
bit enable = 1; //蜂鸣器发声使能标志
bit tmrflag = 0; //定时器中断完成标志
unsigned char T0RH = 0xFF; //T0重载值的高字节
unsigned char T0RL = 0x00; //T0重载值的低字节
void PlayTwoTiger();
void main()
{
    unsigned int i;

    EA = 1; //使能全局中断
    TMOD = 0x01; //配置T0工作在模式1
    TH0 = T0RH;
    TL0 = T0RL;
    ET0 = 1; //使能T0中断
    TR0 = 1; //启动T0

    while(1)
    {
        PlayTwoTiger(); //播放乐曲"两只老虎"
        for(i = 0; i<40000; i++); //停止一段时间
    }
}
```

```c
/*    我在马路边捡到一分钱乐曲播放函数    */
voidPlayTwoTiger()
{
    unsigned char beat; //当前节拍索引
    unsigned char note; //当前节拍对应的音符
    unsigned int time = 0; //当前节拍计时
    unsigned intbeatTime = 0; //当前节拍总时间
    unsigned intsoundTime = 0; //当前节拍需发声时间
    //音符表
    unsigned char codeTwoTigerNote[] = {
5,3,5,3,5,3,2,3,5,5,5,3,
6,5,3,5,3,2,1,2,3,5,3,2,1,2,
3,6,5,6,5,3,6,5,6,5,6,5,
2,3,1,
};
//节拍表,4 表示 1 拍,1 就是 1/4 拍,8 就是 2 拍
unsigned char codeTwoTigerBeat[] = {
4,2,4,2,2,2,2,2,8,4,2,2,
4,4,2,2,2,2,4,4,4,4,2,2,2,2,
8,2,2,2,2,4,4,8,2,2,2,2,
4,4,8,
};

for(beat = 0;beat<sizeof(TwoTigerNote);) //用节拍索引作为循环变量
{
    while(! tmrflag); //每次定时器中断完成后,检测并处理节拍
tmrflag = 0;
if(time == 0) //当前节拍播完则启动一个新节拍
{
note = TwoTigerNote[beat]-1;
T0RH = NoteReload[note] >> 8;
T0RL = NoteReload[note];
//计算节拍总时间,右移 2 位相当于除 4,移位代替除法可以加快执行速度
beatTime = (TwoTigerBeat[beat] * NoteFrequ[note])>>2;
//计算发声时间,为总时间的 0.75,移位原理同上
soundTime = beatTime - (beatTime>>2);
enable = 1; //指示蜂鸣器开始发声
time ++ ;
}
```

```c
        else  //当前节拍未播完则处理当前节拍
        {
            if(time>=beatTime)  //当前持续时间到达节拍总时间时归零,
            {  //并递增节拍索引,以准备启动新节拍
                time = 0;
                beat++;
            }
            else  //当前持续时间未达到总时间时,
            {
                time++;  //累加时间计数
                if(time==soundTime)  //到达发声时间后,指示关闭蜂鸣器,
                {  //插入 0.25*总时间的静音间隔,
                    enable = 0;  //用以区分连续的两个节拍
                }
            }
        }
    }
}
/* T0 中断服务函数,用于控制蜂鸣器发声 */
void InterruptTimer0()interrupt 1
{
    TH0 = T0RH;  //重新加载重载值
    TL0 = T0RL;
    tmrflag = 1;
    if(enable)  //使能时反转蜂鸣器控制电平
        BUZZ =~ BUZZ;
    else  //未使能时关闭蜂鸣器
        BUZZ = 1;
}
```

若想阅读参考乐谱请使用"北邮智信"App 扫描附件 C 二维码。

附件 C

参 考 文 献

[1] 蔡华锋,陈俊.可编程控制器技术及应用[M].北京:人民邮电出版社:2016.
[2] 颜庭欢.浅析电气控制与 PLC 技术[J].现代工业经济和信息化,2022,12(11):292-294.
[3] 施尚英,黄世瑜.低压电器常用控制方式[J].电工技术,2023(6):38-41.
[4] 梁洛铭,唐增亮.可编程逻辑控制器在自动化控制领域的应用研究与发展趋势展望[J].中国设备工程,2024(1):23-25.
[5] 宫琛.机电工程自动化技术的应用与展望[J].造纸装备及材料,2022,51(4):45-47.
[6] 王诗豪.PLC 控制系统在智能制造中的应用及发展趋势[J].造纸装备及材料,2021,50(7):36-37.
[7] 刘英会,岳伟利,张宗彩.PLC 脉冲输出控制功能及其应用[J].机电工程技术,2023,52(11):134-137.
[8] 刘艳伟,张凌寒,张玉光.欧姆龙 PLC 编程指令与梯形图快速入门[M].北京:电子工业出版社:2018.
[9] 郭志鹏,李娟,赵友刚,等.物联网中的无线传感器网络技术综述[J].计算机与应用化学,2019,36(1):72-83.
[10] 任志玲,张广全,林冬,等.无线传感器网络应用综述[J].传感器与微系统,2018,37(3):1-2.
[11] 刘洁琳.无线传感器网络节点定位技术综述[J].数码世界,2017,(6):164.
[12] 郦亮.IEEE802.15.4 标准及其应用[J].电子设计应用,2003(Z1):14-16.
[13] 庄黎明.Zigbee 技术在智能家居中的应用[J].电子技术,2024,53(8):230-231.
[14] 吴海欣,肖蕾,李冠希,等.基于 ZigBee 的无线物联网传感系统[J].自动化与仪表,2024,39(6):142-146.